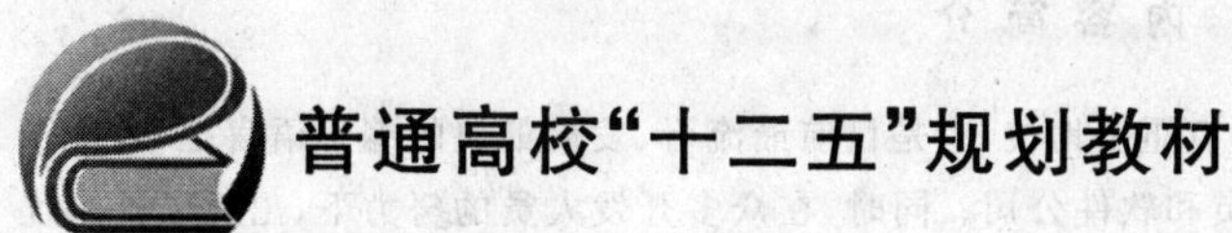

Java Web 应用开发

姜新华　高　静　主编

李　乐　冯晓龙　吕国玲　参编

北京航空航天大学出版社

内容简介

Java Web开发在目前的Web开发领域占有重要地位，它是目前最流行、发展最快的编程语言之一，由于其开放、跨平台的特点，吸引了众多的开发人员和软件公司。同时，在众多开发人员的努力下，出现了许多优秀的开源框架，为Java Web在企业级开发领域注入了新的活力。

本书共10章，从Web客户端编程开始，到Struts2框架的使用，讲述了如何使用Java Web开发应用系统。书中主要内容包括Java Web开发环境、Web客户端编程、异步通信Ajax技术、JSP 2.0、JavaBean、Servlet、Struts2等。每章内容都涵盖了理论和实践教学的全过程，有助于学生更好地掌握知识和提高动手能力。

本书可作为大学本科和专科相关课程教材、课程设计和教学参考用书，也可供从事Java Web应用系统开发的技术人员学习和参考。

图书在版编目(CIP)数据

Java Web应用开发 / 姜新华，高静主编. -- 北京 ：北京航空航天大学出版社，2011.8

ISBN 978-7-5124-0557-8

Ⅰ. ①J… Ⅱ. ①姜… ②高… Ⅲ. ①JAVA语言—程序设计 Ⅳ. ①TP312

中国版本图书馆CIP数据核字(2011)第158959号

Java Web应用开发

姜新华　高　静　主编

李　乐　冯晓龙　吕国玲　参编

责任编辑　刘晓明

*

北京航空航天大学出版社出版发行

北京市海淀区学院路37号(邮编100191)　http://www.buaapress.com.cn

发行部电话:(010)82317024　传真:(010)82328026

读者信箱: goodtextbook@126.com　邮购电话:(010)82316936

北京市松源印刷有限公司印装　各地书店经销

*

开本:787×1 092　1/16　印张:18.5　字数:474千字

2011年8月第1版　2011年8月第1次印刷　印数:4 000册

ISBN 978-7-5124-0557-8　定价:34.80元(含光盘1张)

前　言

随着Java语言的流行，Java在网站和企业级应用的开发越来越普遍，Java Web开发已经成为Java企业级解决方案中不可或缺的重要组成部分。学习Java Web开发不仅是一种技术时尚，也是一种技术需求。国内许多高校的计算机专业都开设了Java Web课程，但目前讲解Java Web的书多数是面向企业开发的中高级应用编写的，所以大都比较难，不能适应学生学习的需要。

本书从基础入手，遵照Servlet 2.4和JSP 2.0规范，系统、完整地讲解了Java Web开发中的各种技术，从知识的讲解到知识的运用，一步一步地引导读者掌握Java Web开发的知识体系结构。本教材在讲解内容的同时尽可能配以简单示例，让学生明白每一个知识点在程序中的应用；在每一章的最后，给出一个综合实例，使学生加深对这一章内容的理解和掌握，并且通过综合实例设计实现，更好地提高学生的动手能力。

本书内容主要包含以下几个方面：

① Java Web设计概述：包括B/S结构介绍、Servlet与JSP技术、Java Web服务器和MyEclipse开发环境。

② Web客户端编程：包括HTML基础知识、CSS基础知识、JavaScript基础知识以及应用举例。

③ JSP开发技术：包括JSP元素、JSP隐含对象和应用举例。

④ Java Web中的异步通信技术：包括Ajax基础知识，使用JavaScript和Ajax发出异步请求、Ajax的服务器响应处理、利用DOM进行动态Web响应以及应用举例。

⑤ JavaBean组件：包括JavaBean概述、JSP中应用JavaBean、JavaBean的属性和范围、采用JavaBean进行数据封装和业务逻辑封装以及应用举例。

⑥ Servlet技术：包括Servlet概述、Servlet基本结构、Servlet生命周期、JSP页面中调用Servlet、Servlet与HTML表单和过滤器以及应用举例。

⑦ EL表达式：包括EL表达式语言、基本语法、EL隐含对象和EL自定义函数以及应用举例。

⑧ JSTL知识：包括JSTL核心标签、格式化标签、XML标签、SQL标签以及应用举例。

⑨ Struts2应用：包括Struts2基础知识、核心组件、Struts2标签、Struts2表单验证以及应用举例。

为了方便读者实践本书提供的实例程序，特将所有的源代码都收录到了配套光盘中。另外,作者为本书的教学过程提供了演示文稿,也放在了光盘中,将本书中的知识点和示例直观地展示给读者,以达到更好的学习或教学效果。

本书共分10章,其中第1、7、8章由李乐编写,第2章由高静编写,第3章由冯晓龙编写,第5章由吕国玲编写,第6章由张存厚编写,第9章由张丽娜编写,其余章节由姜新华编写。吴靖华参与了本书的大量示例验证工作。全书由姜新华、高静统稿、定稿。

在这里要特别感谢参考文献中所列各位作者,包括众多未能在参考文献中一一列出的作者,正是因为他们提供了宝贵的参考资料,使得编者能形成本书完整的编写思路。

由于Java Web应用涉及的内容非常广泛,加上编者的水平有限,书中难免存在疏漏和错误之处,诚望读者不吝赐教,不妥之处敬请指正。

编　者

2011年5月

本书配套教学课件已收录于光盘中,如有与本书相关的其他问题,请联系理工事业部,电子邮箱 goodtextbook@126.com,联系电话(010)82317036,(010)82339364。

目 录

第1章 Java Web设计概述

在 Internet 发展的最初阶段，HTML 语言只能在浏览器中展现静态的文本或图像信息，这无法满足人们对信息丰富性和多样性的强烈需求。随着 Internet 和 Web 技术应用到商业领域，Web 技术功能越来越强大。目前，解决 Web 动态网站的开发技术很多，如 JSP、ASP、PHP 等，都得到了广泛应用。

JSP(Java Server Page)是由 Sun 公司推出的技术，是基于 Java Servlet 的 Web 开发技术。利用这一技术可以建立安全、跨平台的动态网站。在传统的网页文件中加入 Java 程序片段(Scriptlet)和 JSP 标记，就构成了 JSP 网页。Web 服务器在收到访问 JSP 网页的请求时，首先执行其中的程序片段，然后将执行结果以 HTML 格式返回到浏览器中。程序片段可以操作数据库、重新定向网页等。JSP 所有程序都在服务器端执行，网络上传送给客户端的仅是得到的结果，对客户浏览器要求最低。

Java Web 应用程序具有如下特点：

- 一次编写，到处运行。在这一点上 Java 比 PHP 更出色，除了系统之外，代 JSP 码不用做任何更改。
- 支持多平台。基本上可以在所有平台上开发，应用部署、扩展方便，相比之下，ASP、PHP 的局限性是显而易见的。
- 强大的可伸缩性。从一个 Jar 文件到由多台服务器进行集群和负载均衡，到多事务处理、消息处理，Java Web 的伸缩性非常强大。
- 多种开发工具。Java 已经有了许多非常优秀的开发工具，许多开发工具是免费的，并且能够运行于多种平台之下。

1.1 B/S结构介绍

B/S结构，即 Browser/Server(浏览器/服务器)结构，是对 C/S 结构的一种变化和改进，主要利用了不断成熟的 WWW 浏览器技术，结合多种 Script 语言(VBScript、JavaScript)和 ActiveX 技术，是一种全新的软件系统构造技术，主要用于 Web 系统开发。

在 B/S 体系结构中，用户通过浏览器向分布在网络上的许多服务器发出请求，服务器对浏览器的请求进行处理，将用户所需信息返回到浏览器。而其余如数据请求、加工、结果返回以及动态网页生成、对数据库的访问和应用程序的执行等工作，全部由 Web Server 完成。随着 Windows 将浏览器技术植入操作系统内部，这种结构已成为当今应用软件的首选体系结构。显然 B/S 结构应用程序相对于传统的 C/S 结构应用程序是一个非常大的进步。

B/S 结构的主要特点是分布性强，维护方便，开发简单且共享性强，总体拥有成本低。但其数据存在安全性问题，对服务器要求过高，数据传输速度慢，软件的个性化特点明显降低，这些缺点是有目共睹的，难以实现传统模式下的特殊功能要求。例如通过浏览器进行大量的数据输入或进行报表的应答、专用性打印输出都比较困难和不便。此外，实现复杂的应用构造有较大的困难。虽然可以用 ActiveX、Java 等技术开发较为复杂的应用，但是相对于发展已非常成熟的 C/S 的一系列应用工具，这些技术的开发复杂，并没有完全成熟的技术工具可供使用。

1.2 Servlet 与 JSP

1.2.1 Servlet 技术

Servlet 是 Java 服务器端应用的小程序，其主要功能在于交互式的浏览和数据处理，生成动态 Web 内容，是 Sun 公司的服务器端组件技术之一，属于 Web 服务器扩展，是 Java 平台下实现动态网页的基本技术，具有占用资源少、效率高、可移植性和安全性强等特点。

Servlet 程序在 Servlet 容器中运行，嵌入 Servlet 容器的 Web 服务器就具备提供 Servlet 服务的能力。一般 Web 服务器主要处理客户端对静态资源的请求，如果客户端请求的是 Servlet 资源，则 Web 服务器把这个请求转发给 Servlet 容器处理。Servlet 容器接收到客户端请求后，运行指定的 Servlet 程序，结果以 HTML 等形式返回给客户端浏览器。Servlet 容器作为一种插件嵌套在 Web 服务器中，通过扩展 Web 服务器的功能来提供 Servlet 服务。

Servlet 是用于开发服务器端应用程序的一种编程模型，如果只是一个普通的 Java 应用，则可以不使用 Servlet 来编写；但是如果想要提供基于 Web 的服务能力，那么就必须按照这种模型来编写。

使用 Servlet 的基本流程如下：

- 客户端通过 HTTP 提出请求。
- Web 服务器接收该请求并将其发给 Servlet。如果这个 Servlet 尚未被加载，则 Web 服务器将把它加载到 Java 虚拟机并且执行它。
- Servlet 将接收该 HTTP 请求并执行某种处理。
- Servlet 将向 Web 服务器返回应答。
- Web 服务器将从 Servlet 收到的应答发送给客户端。

由于 Servlet 是用 Java 编写的，所以 Java Web 是平台无关的。Java 编写一次就可以在任何平台上运行。

Servlet 是持久的。Servlet 只需 Web 服务器加载一次，而且可以在不同请求之间保持服务。

Servlet 是可扩展的。由于 Servlet 是用 Java 编写的，它就具备了 Java 所能带来的所有优点。Java 是健壮的、面向对象的编程语言，很容易扩展，以适应项目开发的需求。Servlet 自然也具备了这些特征。

Servlet 是安全的。从外界调用一个 Servlet 的唯一方法就是通过 Web 服务器。这提供了高水平的安全性保障，尤其是在 Web 服务器有防火墙保护的时候。

并不是所有的 Servlet 容器和 Java 企业级应用服务器都支持最新版的 Servlet API，Jetty 6 Server 和 Sun 公司的 GlassFish Server 是公认的最好的支持 Servlet 2.5 的容器，而 Apache Tomcat 5.5 和 JBOSS 4.0 目前只支持 Servlet 2.4。Servlet 2.5 中主要有以下方面的变化：

- 基于 J2SE 5.0 开发。Servlet 2.5 规范将 J2SE 5.0 (JDK 1.5)作为它最小的平台要求。这样使得所有 J2SE 5.0 的新特性对 Servlet 2.5 有用，适用基于 J2SE 5.0 开发的

平台。

- 支持注释。将 Metadata 作为 Java 编码结构(类、方法、域等)装饰的一种机制。它不能像代码那样执行,但是可以用于标记代码。
- web. xml 中的几处配置更加方便。Servlet 2.5 中将 Serlvet 名称通配符化,实现了一次绑定所有 Servlet;可以实现 Servlet 映射的复合模式;还可以支持多 Filter Mapping。
- 去除了少数的限制。Servlet 2.5 去除了关于错误处理和回话跟踪的一些限制。对于错误处理,Servlet 2.5 之前,配置在 < error - page > 中的错误处理页面不能通过调用 setStatus()方法来修改触发它们的错误代码,而 Servlet 2.5 减弱了这一规范。对于会话跟踪,Servlet 2.5 之前,调用 RequestDispatcher. include()的 Servlet 不能设置响应的标题头,而 Servlet 2.5 减弱了这一规范。
- 优化了一些实例。Servlet 2.5 规范优化了一些实例,使得 Servlets 更加方便,而且保证了更好地按要求工作。

1.2.2 JSP 技术

JSP(Java Server Pages)是由 Sun Microsystems 公司倡导、许多公司参与一起建立的一种动态网页技术标准,它是在传统的网页 HTML 文件中插入 Java 程序段(Scriptlet)和 JSP 标记,从而形成 JSP 文件。页面中的静态部分不需要 Java 程序控制,只有当从数据库读取并根据程序动态生成信息时,才使用到 Java 代码。

JSP 技术使用 Java 编程语言编写类 XML 的 Tags 和 Scriptlets 来封装产生动态网页的处理逻辑。网页还能通过 Tags 和 Scriptlets 访问存在于服务器端的资源的应用逻辑。JSP 将网页逻辑与网页设计和显示分离,支持可重用的基于组件的设计,使基于 Web 的应用程序的开发变得迅速和容易。

Web 服务器在遇到访问 JSP 网页的请求时,首先执行其中的程序段,然后将执行结果连同 JSP 文件中的 HTML 代码一起返回给客户端。插入的 Java 程序段可以操作数据库、重新定向网页等,以实现建立动态网页所需要的功能。

JSP 技术是完全与平台无关的设计,包括它的动态网页与底层的 Server 元件设计。正因为如此,它可以在 Windows 环境下调试程序,成功后把程序上载到 Linux 服务器去运行;另外,由于是先编译后执行,所以执行速度远远高于以往的服务器端语言。

JSP 代码具有以下优点:

- 一次编写,到处运行。这一点比 PHP 更出色。
- JSP 支持多平台。它基本上可以在所有平台上进行部署,在任意环境中扩展。
- 具有很强的可伸缩性。从只有一个小的 Jar 文件就可以运行 Servlet/JSP,到由多台服务器进行集群和负载均衡,再到多台应用进行事务处理、消息处理。
- 具有多样化和功能强大的开发工具支持。JSP 已经具有很多非常优秀的开发工具,而且大多可以免费得到。

1.2.3 JSP 与 Servlet 简介

从表面上看,JSP 页面已经不需要 Java 类,似乎完全脱离了 Java 面向对象的特征。但事实上，JSP 是 Servlet 的一种特殊形式，每个 JSP 就是一个 Servlet 实例，JSP 在执行前编译成 Servlet，Servlet 再负责响应用户的请求。JSP 其实也是 Servlet 的一种简化，使用 JSP 时，其实还是使用 Servlet，因为 Java Web 应用中的每个 JSP 页面都会由 Servlet 容器生成对应的 Servlet。

JSP 与 Java Servlet 一样，是在服务器端执行的，通常返回该客户端的就是一个 HTML 文本，因此客户端只要有浏览器就能浏览。

每个 JSP 页面第一次被访问时速度很慢，因为必须等待 JSP 编译成 Servlet。JSP 页面的静态内容、JSP 中的 Java 代码都会转换成 Servlet 的对应部分。

JSP 与 Servlet 之间的主要差异在于 JSP 提供了一套简单的标签，与 HTML 融合得比较好，使不了解 Servlet 的人可以做出动态网页来。对于 Java 语言不熟悉的人，会觉得 JSP 开发比较方便。JSP 修改后可以立即看到结果，不需要手工编译，Web 服务器会完成编译工作；而 Servelt 需要编译、重新启动 Web 服务器等一系列动作。

JSP 语法简单，可以方便地嵌入 HTML 之中，很容易加入动态的部分，方便地输出 HTML。在 Servlet 中输出 HTML，需要调用特定的方法；对于引号之类的字符，也要做特殊的处理，加在复杂的 HTML 页面中作为动态部分，比起 JSP 来说是比较困难的。

1.3 Java Web 服务器

Web 服务器也称为 WWW 服务器，主要功能是提供网上信息浏览服务。WWW 是 Internet 的多媒体信息查询工具，是 Internet 上近年来才发展起来的服务，也是发展最快和目前应用最广泛的服务。正是因为有了 WWW 工具，才使得近年来 Internet 迅速发展，且用户数量飞速增长。

Web 服务器可以解析 HTTP 协议。当 Web 服务器接收到一个 HTTP 请求时，会返回一个 HTTP 响应。为了处理一个请求，Web 服务器可以响应一个静态页面或图片，进行页面跳转，或者把动态响应的产生委托给一些其他的程序，例如 JSP 脚本、Servlets、服务器端 JavaScript，或者一些其他的服务器端技术。无论它们的目的如何，这些服务器端的程序通常产生一个 HTML 的响应(response)来让浏览器可以浏览。

Java Web 服务器是采用 JavaServer 体系结构建立的一类服务器结构。JavaServer 体系结构提供的核心服务类包括：系统管理、线程管理、连接管理、会话管理以及安全保障等。

Java Web 服务器是 Java 虚拟机的一个实例，一个 Java Web 服务器可以支持多个并发服务，这些服务在服务器进程初始化过程中启动。

使用 Java Web 服务器的一个重要方面是定义服务器以及服务器和 Servlet 的系统管理接口。Java Web 服务器运用工具来完成系统管理，如 Tomcat，通过这个系统管理工具，可以方便地改变配置选项。当调用系统管理工具时，要使用支持 Java 的 Web 浏览器访问管理工具，如用 IE 浏览器访问 Tomcat 的 8080 端口。下面介绍常用的 Web 服务器。

1. Apache 服务器

Apache 是世界上用得最多的 Web 服务器，市场占有率达 60 %左右。它源于 NCSA httpd 服务器，当 NCSA WWW 服务器项目停止后，那些使用 NCSA WWW 服务器的人们就开始交换用于此服务器的补丁，这也是 Apache 名称的由来(Pache 补丁)。世界上很多著名的网站都是 Apache 的产物，它的成功之处主要在于它的源代码开放，有一支开放的开发队伍，支持跨平台的应用，可以运行在几乎所有的 Unix、Windows、Linux 系统平台上，以及它的可移植性强等。

2. Tomcat 服务器

Tomcat 是一个开放源代码并且是运行 Servlet 和 JSP Web 应用软件的基于 Java 的 Web 应用软件容器。Tomcat Server 是根据 Servlet 和 JSP 规范来执行的，因此可以说 Tomcat Server 也实行了 Apache-Jakarta 规范，且比绝大多数商业应用软件服务器要好。

Tomcat 是 Java Servlet 2.2 和 JavaServer Pages 1.1 技术的标准实现，是基于 Apache 许可证下开发的自由软件。Tomcat 是完全重写的与 Servlet API 2.2 和 JSP 1.1 兼容的 Servlet/JSP 容器。Tomcat 使用了 JServ 的一些代码，特别是 Apache 服务适配器。随着 Catalina Servlet 引擎的出现，Tomcat 的性能得到提升，使得它成为一个值得考虑的 Servlet/JSP 容器，因此目前许多 Web 服务器都采用 Tomcat。其启动界面如图 1－1 所示。

图 1－1　Tomcat 启动界面

3. BEA WebLogic

BEA WebLogic 是一种多功能、基于标准的 Web 应用服务器，为企业构建自己的应用提供了坚实的基础。各种应用开发及部署所有关键性的任务，无论是集成各种系统和数据库，还是提交服务、跨 Internet 协作，起始点都是 BEA WebLogic Server。由于它具有全面的功能、对开放标准的遵从性、多层架构、支持基于组件的开发，因此基于 Internet 的企业都选择它来开发、部署最佳的应用。

BEA WebLogic 在使应用服务器成为企业应用架构的基础方面继续处于领先地位。BEA WebLogic 为构建集成化的企业级应用提供了稳固的基础，它们以 Internet 的容量和速度，在联网的企业之间共享信息，提交服务，实现协作自动化。BEA WebLogic 启动界面如图 1－2 所示。

4. IBM WebSphere

IBM WebSphere 是一种功能完善、开放的 Web 应用程序服务器，是 IBM 电子商务计划的核心部分，它基于 Java 的应用环境，用于建立、部署和管理 Internet 和 Intranet Web 应用程序。这一整套产品进行了扩展，以适应 Web 应用程序服务器的需要，范围从简单到高级直至企业级。

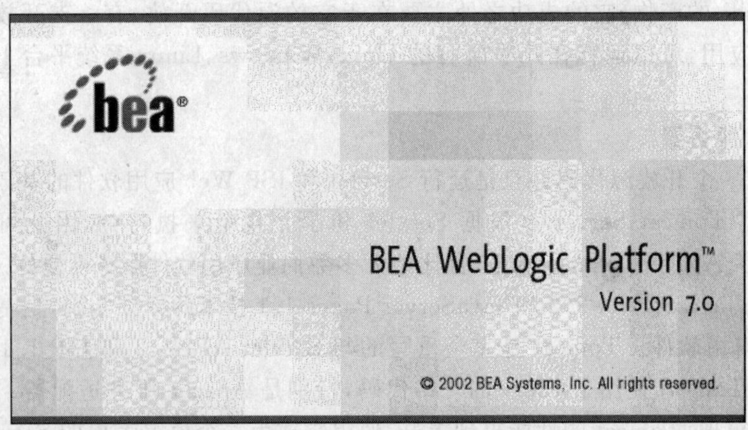

图 1-2 BEA WebLogic 启动界面

IBM WebSphere 针对以 Web 为中心的开发人员，他们都是在基本 HTTP 服务器和 CGI 编程技术的学习中成长起来的。IBM 将提供 WebSphere 产品系列，通过提供综合资源、可重复使用的组件、功能强大并易于使用的工具以及支持 HTTP 和 IIOP 通信的可伸缩运行时环境，来帮助这些用户从简单的 Web 应用程序转移到电子商务世界。IBM WebSphere 启动界面如图 1-3 所示。

图 1-3 IBM WebSphere 启动界面

1.4 安装和配置开发环境

JSP 环境配置可以有很多途径，本文介绍一种通用的 JSP 环境配置方法，不管是在 Windows 或 Linux 平台，也不管原来是不是安装了 Web Server，该方法都通用。

1.4.1 JDK 安装与设置

安装 Java 开发包是进行 Java 软件开发的前提，目前 Java 开发包的最新版本为 JDK 1.6，软件可以在 Sun 公司的官方网站下载。Java 开发包的安装过程非常简单，只要按照提示信息一步一步操作即可，这里不再叙述。

对于初学者来说，环境变量的配置是比较容易出错的，在配置的过程中应当仔细。使用 JDK 一共需要配置三个环境变量：JAVA_HOME、CLASSPATH 和 PATH。

1. JAVA_HOME 环境变量

JAVA_HOME 环境变量指向 JDK 的安装目录，Eclipse、Tomcat 等软件就是通过搜索 JAVA_HOME 变量找到并使用安装好的 JDK。主要目的一是方便引用，避免每次使用时都输入很长的路径名；二是实现归一原则，当 JDK 路径改变时，仅需要更改 JAVA_HOME 变量值即可。

设置 JAVA_HOME 环境变量：右击"我的电脑"，选择"属性"→"高级"→"环境变量"菜单项，弹出"新建系统变量"对话框，在"变量名"文本框中输入"CLASS PATH"，在"变量值"文本框中输入 dt.jar 和 tools.jar 的访问路径，单击"确定"按钮完成配置。

2. CLASSPATH 环境变量

CLASSPATH 环境变量的作用是制定类搜索路径，JVM 就是通过 CALSSPATH 来寻找类的。这里需要把 JDK 安装目录下的 lib 子目录中的 dt.jar 和 tools.jar 设置到 CLASSPATH 中。

设置 CLASSPATH 环境变量：右击"我的电脑"，选择"属性"→"高级"→"环境变量"菜单项，弹出"新建系统变量"对话框，在"变量名"文本框中输入"CLASSPATH"，在"变量值"文本框中输入 dt.jar 和 tools.jar 的访问路径，单击"确定"按钮完成配置。

3. PATH 环境变量

PATH 环境变量的作用是指定命令搜索路径，当执行命令时，它会到 PATH 变量所指定的路径中查找相应的命令程序。开发者需要把 JDK 安装路径添加到现有的 PATH 变量中。

设置系统变量 PATH：选择"属性"→"高级"→"环境变量"菜单项，在"系统变量"中找到变量名为"PATH"的变量，单击"编辑"按钮，在前面输入 JDK 到 bin 的路径，单击"确定"按钮完成设置。

1.4.2　Tomcat 安装与设置

Tomcat 是一个免费开源的 Servlet 容器，它是 Apache 基金会在 Jakarta 项目中的一个核心项目。Tomcat 可以作为 Java Web 的服务器，可以在其官方网站下载。

在安装 Tomcat 的过程中，需要设置链接端口，选择 JVM 和 JDK 的安装路径。安装完成后，启动 Tomcat，打开 IE 浏览器，在地址栏中输入"http://localhost:8080"，测试 Tomcat 是否安装成功，如果安装成功，则会看到 Tomcat 的欢迎页面。

1.4.3　MyEclipse 开发环境

Eclipse 是一个开放源代码的软件开发项目，专注于为高度集成的企业开发提供一个全功能的具有商业品质的工业平台。它最初由 IBM 公司开发，后来 IBM 公司将 Eclipse 作为一个开放源代码的项目发布。目前有 150 家软件公司参与到 Eclipse 项目中，其中包括 Borland、Rational Software、Red Hat 及 Sybase 公司，最近 Oracle 公司也计划加入到 Eclipse 项目中。

Eclipse 只是一个框架和一组服务，用于通过插件、组件构建开发环境。Eclipse 拥有一个标准的插件集，核心插件是 Platform、JDT 和 PDE。Platform 是 Eclipse 的核心运行平台；JDT 是 Java 开发工具；PDE 是插件设计环境，用于设计自定义插件。

MyEclipse 是一个优秀的用于开发 Java、J2EE 的 Eclipse 插件集合。MyEclipse 的功能非常强大，支持也十分广泛，尤其是对各种开源产品的支持比较好。

MyEclipse 企业级工作平台是对 Eclipse IDE 的扩展，利用它可以在数据库和 JavaEE 的开发、发布以及应用程序服务器的整合方面极大地提高工作效率。它是功能丰富的 JavaEE 集成开发环境，包括了完备的编码、调试、测试和发布功能，完整支持 HTML、Struts、JSF、CSS、Javascript、SQL、Spring、Hibernate 等。

在结构上，MyEclipse 的特征可以分为：JavaEE 模型、Web 开发工具、EJB 开发工具、应用程序服务器的连接器、JavaEE 项目部署服务、数据库服务、MyEclipse 整合帮助等。MyEclipse 结构上的这种模块化，可以让开发者在不影响其他模块的情况下，对任一模块进行单独的扩展和升级。MyEclipe 有多个版本。

1. MyEclipse 5.0 版本

这是 J2EE IDE 市场一个重量级的开发环境。通过增加 UML 双向建模工具、JSP/Struts 设计器、可视化的 Hibernate/ORM 工具、Spring 和 Web Services 支持，以及新的 Oracle 数据库开发，MyEclipse 5.0 为业界提供了全面的产品。

2. MyEclipse 6.X 版本

MyEclipse 6.X 是 MyEclipse 的另一个版本，具有如下特点：

平台和安装支持：兼容 Eclipse 3.3/Europa 1.0，支持 Java 5 和 Java 6，可运行在 Windows、Linux、Mac 操作系统中。

改进了 Java EE 5 和 Spring 功能部件：提高 EJB 3 工程项目的灵活度，从数据库模式直接产生 Bean；支持 Java 持久化结构开发；对 Spring 2.0 升级，增强配置管理功能；升级 Hibernate；Spring－JPA 高度集成。

支持 AJAX 开发和测试：支持美国 Apple 公司，所有的 AJAX 特征能在 Mac 操作系统上运行，改进了 AJAX Web 浏览器；改进了 AJAX 工具；增强了 JavaScript 调试。

快速 Java EE 部署和测试：根据指定的调试和运行模式，自动配置项目和启动服务器；在配置前，自动停止运行的服务器；在现有的应用程序配置中可以重新配置。

3. MyEclipse 7.0 版本

MyEclipse 7.0 的发布意味着开发者不再需要配置 Tomcat 以及服务器，只需要安装 MyEclipse 7.0 即可。MyEclipse 7.0 发行版包括在 7.0M2 和 6.6 版本基础上对 Bug 的修复和功能的加强。提供的支持包括：Eclipse 3.4.1/Ganymede、REST Web 服务、新的 MyEclipse 操作板、Spring 工具集更新、集成 Manven 2、Open JPA 支持、高级 JavaScripts 工具、专业的 JSDT 实现、报表工具加强、JSF 和 ICEfaces 工具更新。

4. MyEclipse 8.0 版本

MyEclipse 8.0 M1 发布，其中包含 Eclipse Galileo、Struts 2 和 Eclipse Profiler。MyEclipse 具有多种新特征：Java 事件探查器；对 Struts 2 的支持；加载模块的自定义功能；对 WTP 项目的支持；对 JBoss 4、WebLogic 10、Tomcat、Glassfish、Sun App Server 重载改进等。

5. Myeclipse 8.5 版本

经过了 MyEclipse 8.5 M1 和 MyEclipse 8.5 M2 两个版本，MyEclipse Enterprise Workbench 8.5 for Eclipse 3.5.2 于 2010 年 3 月 28 日正式发布。该版本集成了 Eclipse 3.5.2，提升了团队协作开发、开发周期管理以及 Spring 和 Hibernate 的更好支持。

1.5　Java Web 应用开发

早期的 Web 应用全部是静态的 HTML 页面，可将一些个人信息呈现给浏览器。随着开发技术的发展，有不少技术问世，MVC 模式就是其中之一，即模型—视图—控制器。模型负责数据的存取，视图负责页面的显示，而控制负责处理业务逻辑控制。这样，它们的耦合性大大降低，提高了应用的可扩展性和可维护性。

Struts 是 MVC 框架中用于实现业务逻辑控制的开源框架，Struts 包含三大块：Struts 核心类、Struts 配置文件和 Struts 标签库。

1.6　习　题

1. 什么是 B/S 结构？
2. 简述 Servlet 处理流程。
3. 说明 JSP 和 Servlet 的关系。
4. 在 Windows 环境下安装 JDK 环境，设置环境变量，并进行测试。
5. 在 Windows 环境下安装 Tomcat 服务器，并测试安装是否成功。
6. 选择一个 MyEclipse 版本，安装 MyEclipse 开发环境。

第2章 Web客户端编程

2.1 HTML简介

HTML(HyperText Markup Language)超文本标记语言,是为制作超文本文档,创建网页和其他可以在网页浏览器中识别的信息而设计的一种标记语言。它与一般的文字处理不同,具有超文字(HyperText)、超链接(HyperLink)、超媒体(HyperMedia)的特性,可以通过HTTP协议,在网络中访问到其他信息。

通常情况下,在浏览器中看到的HTML页面是浏览器对HTML文件解释的结果。一个完整的HTML文档由头部(head)和主体(body)组成,遵循W3C标准的网页文档还必须有DocType声明。文档头部包含了关于所在网页的信息,头部信息中的内容主要是被浏览器所用,头部的元素不会被浏览器显示出来。主体部分包含文档的所有内容,比如文本、超链接、图像、表格等,即所有在浏览器中显示的内容。

HTML的功能在于给一个文件的内容增加语义和结构的信息;增加文件的展示和行为的功能,例如增加CSS style sheets和图形来增加文件的展示功能;通过链接到外部文件和脚本来增加与用户交互的行为。

HTML文件的编辑方法很多,可以利用记事本编写一些简单的HTML文件,然后以扩展名为.html或.htm命名的文件保存,也可以由可视化工具Frontpage、DreamWeaver等集成工具编写。

包含HTML内容的文件最常用的扩展名是.html,但是像DOS这样的旧操作系统限制扩展名为最多3个字符,所以也使用.htm扩展名。虽然其现在使用得比较少一些了,但是.htm扩展名仍旧普遍被支持。用.htm作为扩展名的HTML文档不能被Linux系统识别,在Linux下浏览.htm作为扩展名的HTML文档,它展现的是一堆代码,而不是平常所看到的精美网页。所以还是使用.html比较安全。

2.2 HTML元素

编写HTML文件的时候,必须遵循HTML的语法规则。一个完整的HTML文件由标题、段落、列表、表格、单词即嵌入的各种对象组成,这些逻辑上统一的对象称为元素,HTML使用标签来分割并描述这些元素。

HTML文件中,一个HTML元素是HTML文件的一个基本组成单元。HTML文档采用树形结构安排HTML元素。进一步说,一个HTML元素是一个满足一项或多项DTD要求的元素。HTML元素可以拥有属性和内容,可以是任何符合DTD要求的格式。

HTML元素是由一对封闭的HTML标签及其包围的文本所组成的一个代码块。HTML元素基本结构包含:

① 起始标签＜标签名称＞；

② 元素内容；

③ 终止标签＜/标签名称＞。

HTML 元素可以是容器或者为空。容器元素是指 HTML 元素内容为子元素，空元素指仅包含一个标记，该标记既是开始标记，同时也是结束标记。

2.2.1 HTML 结构元素

HTML 文件基本结构元素包含根元素、头元素和体元素。

① ＜html＞…＜/html＞，这是 HTML 文件的根元素，表示该文件是以 HTML 编写的，文件中其他元素均包含在其中；

② ＜head＞…＜/head＞，出现在 HTML 文件的开头部分，在浏览器中，这部分信息不被显示，它包含了 HTML 文件标题定义、外部脚本代码、格式代码等处理信息和元数据等；

③ ＜body＞…＜/body＞，包含 HTML 文件内容，是在浏览器中要显示的页面内容。

下面是一个结构完整的 HTML 文件。

实例演示：(源代码位置：ch2\ch2 - 1\WebRoot\1 - 1. html)

```
<html>
  <head>
    <title>简单 HTML</title>
  </head>
  <body>
    <p>这是一个简单完整的 HTML 页面</p>
  </body>
</html>
```

2.2.2 HTML 头元素

头元素位于基本结构元素＜head＞＜/head＞之间，主要是被浏览器所用，但是不显示在网页中。另外，网络搜索引擎如 Baidu、Google 等，在搜索网页信息时也会查找网页中的 head 信息。

常用的头元素包含 title、base、link 和 meta。

① ＜title＞＜/title＞，是最常用的 head 信息，用来在网页标题栏部位显示网页的标题名称。

② ＜base＞，定义页面中所有链接的默认地址或默认目标。通常情况下，浏览器会从当前页面的 URL 中提取相应的元素来填写相对的 URL 中的空白。使用 base 标签后，会用指定的 URL 来解析所有相对的 URL。例如：

```
<base href="http://www.myweb.com/html" target="_blank" />
```

③ ＜link＞，用于建立和外部文件的链接，常用的是对 CSS 外部样式表的链接。例如：

```
<link rel="stylesheet" type="text/css" href="mystyle.css" />
```

④ ＜meta＞，提供有关页面的元信息（meta - information），比如针对搜索引擎和更新频

度的描述和关键词。例如:

```
<meta name="keywords" content="HTML,Conception">
<meta http-equiv="Content-Type" content="text/html;charset=gbk">
```

下面是包含头信息的 HTML 文件。

实例演示:(源代码位置:ch2\ch2-1\WebRoot\1-2.html)

```
<head>
  <title>1-2.html</title>
  <meta http-equiv="keywords" content="HTML,head information">
  <meta http-equiv="description" content="头信息">
  <meta http-equiv="content-type" content="text/html; charset=gbk">
</head>
```

2.2.3 HTML 内容元素

HTML 内容元素就是包含到<body></body>之间的内容,主要由 HTML 标签和显示内容组成。HTML 内容元素包含基本文本元素、短语元素、列表元素、图形元素、对象元素、提交表元素、表格元素等,其中基本文本元素、短语元素、列表元素等称为块元素,这些内容将在 HTML 标签中详细介绍。

2.3 HTML 标签

HTML 标签是 HTML 语言中最基本的单位,也是 HTML 语言最重要的组成部分,是 HTML 源文件中尖括号括起来的部分。HTML 标签是闭合表示的,但是也可以不成对出现,标签的名称大小写无关,W3C 标准推荐使用小写。

HTML 标签定义语法分为两种类型:封闭型和自封闭型。

封闭型标签定义语法:

<标签名>内容</标签名>

如,HTML 页面中的标题定义。

<h1>这是标题</h1>

自封闭型标签定义语法:

<标签名 />

例如,HTML 页面中单独出现的换行定义。

HTML 标签可以拥有属性,属性提供了有关 HTML 元素的更多信息。属性总是以名称、值对的形式出现,属性总是在 HTML 标签的开始部分定义。一个标签中可以定义多个属性。标签属性定义语法为

<标签名 属性 1="属性值" 属性 2="属性值" …>内容</标签名>

例如,在 HTML 页面中定义一个文本输入框。

```
<input type="text" id="username" name="username" value="用户名"/>
```

2.3.1　文本格式化

在网页中对文字段落进行排版，不像在 Word 文档中那样可以定义很多文字排版模式。在网页中文本格式化需要通过 HTML 标签来完成，HTML 可以定义很多供格式化输出的标签。

1. 设置标题

在 HTML 中，设置了 6 级标题标签，用于显示不同级别的标题，例如<h1>表示一级标题，<h2>表示二级标题，一直到<h6>表示六级标题。从一级到六级，标题级别逐渐变小，文字也逐渐变小。

例如包含标题的 HTML 文档。

实例演示：(源代码位置：ch2\ch2 - 2\WebRoot\2 - 1. html)

```
<body>
  <h1>计算机发展</h1>
  <h2>第一代计算机</h2>
  <h2>第二代计算机</h2>
</body>
```

运行后的结果如图 2 - 1 所示。

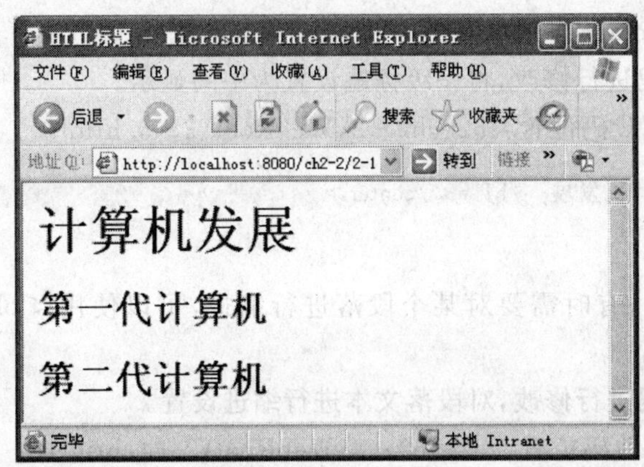

图 2 - 1　HTML 标题

2. 设置段落与段内换行

HTML 可以将文档分割为若干个段落，文本在一个段落中会自动换行。段落是通过标签<p></p>定义的。

HTML 文档中，如果希望在文档的一个段落中的某个地方进行强制换行，则可以通过标签
实现。
标签是一个自封闭标签。

例如对上面代码进行修改，在二级标题下添加文本信息。

实例演示：(源代码位置：ch2\ch2 - 2\WebRoot\2 - 2. html)

```
<h2>第一代计算机</h2>
<p> 50 年代计算机主要元器件都是用电子管制成的，后人将用电子管制作的计算机称为第一代计算机。</p>
<h2>第二代计算机</h2>
```

```
<p>第二代电子计算机是采用晶体管制造的电子计算机。<br />国外第二代电子计算机的生存期是 1957—1964 年。</p>
```

运行后的结果如图 2-2 所示。

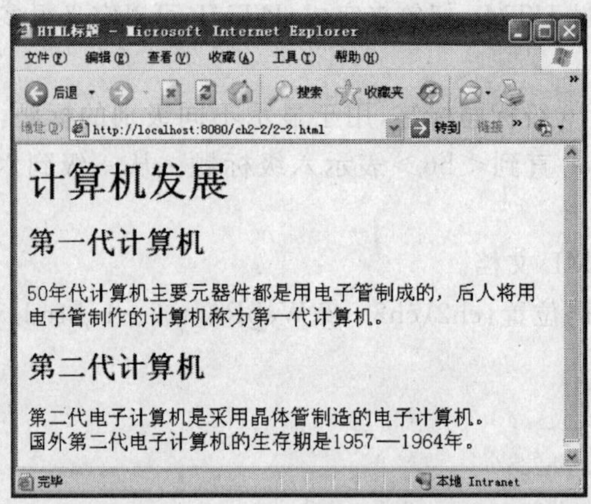

图 2-2　二级标题

3. 文字水平居中

默认方式下，页面从靠左的位置开始显示文字，如果需要在窗口正中间开始显示文字，则可以用<center></center>标签完成。

例如对上面的代码进行修改，将一级标题设置为中间显示。

实例演示：(源代码位置：ch2\ch2-2\WebRoot\2-3.html)

```
<center><h1>计算机发展</h1></center>
```

4. 段落缩进

在 HTML 文档中，有时需要对某个段落进行缩进，可以使用<blockquote></blockquote>文本缩进标签。

例如对上面的代码进行修改，对段落文本进行缩进设置。

实例演示：(源代码位置：ch2\ch2-2\WebRoot\2-4.html)

```
<blockquote>50 年代计算机主要元器件... 称为第一代计算机。</blockquote>
```

运行后的结果如图 2-3 所示。

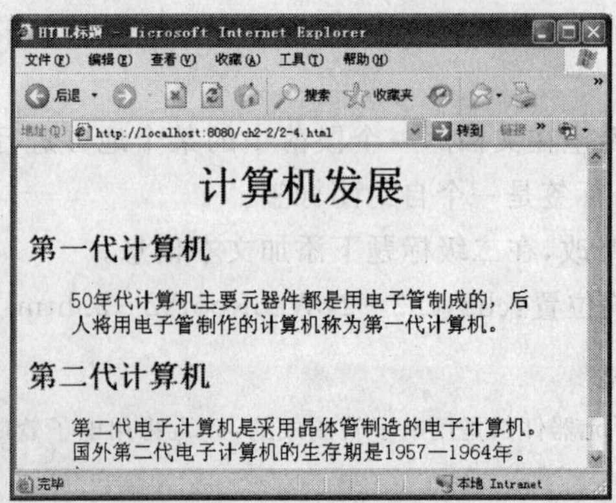

图 2-3　段落缩进

5. 其他格式化标签

HTML 中还有很多关于文档格式化设置的标签，这里以表格的形式列出常用的格式化标签，如表 2-1 所列。

表 2-1　其他格式化标签

标　签	描　述	标　签	描　述
<b>	文字以粗体方式显示	<strong>	文字以加重语气方式显示
<big>	文字以放大方式显示	<sub>	文字以下标字方式显示
<em>	文字以着重方式显示	<sup>	文字以上标字方式显示
<i>	文字以斜体方式显示	<ins>	文字以插入字方式显示
<small>	文字以缩小方式显示	<del>	文字以删除字方式显示

2.3.2　属　性

HTML 标签可以拥有属性，用来指示元素的附加性质。属性总是以名称/值对的形式出现，封闭型标签属性定义语法格式为

<标签名 属性 1="属性值" 属性 2="属性值" …>内容</标签名>

自封闭型标签属性定义语法格式为

<标签名 属性 1="属性值" 属性 2="属性值" … />

属性和属性值对大小写不敏感，推荐用小写的属性/属性值。属性值应该始终包含在引号内，通常情况下使用双引号，不过使用单引号也没有问题。在某些个别情况下，比如属性值本身就含有双引号，那么必须使用单引号将完整的属性值引起来，一个标签可以定义多个属性。例如：

```
<input type="text" name="username" value='Java "HelloWorld" Web' />
```

下面列出了 HTML 支持的常用属性。

1. 核心属性

除 base、head、html、meta、param、script、style 以及 title 元素外，其他元素支持的核心属性如表 2-2 所列。

表 2-2　核心属性表

属　性	属性值	描　述
class	类名	指明元素的类名
id	id	指明元素的唯一 id
style	样式定义	指定元素的内嵌样式
title	文本	指定元素的提示文本

2. 语言属性

除 base、br、frame、frameset、hr、iframe、param 以及 script 元素外，其他元素支持的语言属性如表 2-3 所列。

3. 键盘属性

键盘属性如表 2-4 所列。

表 2-3　语言属性表

属　性	属性值	描　述
dir	ltr | rtl	设置元素中内容的文本方向
lang	语言代码	设置元素中内容的语言代码
xml:lang	语言代码	设置 XHTML 文档中元素内容的语言代码

表 2-4　键盘属性表

属　性	属性值	描　述
dir	ltr | rtl	设置元素中内容的文本方向
lang	语言代码	设置元素中内容的语言代码
xml:lang	语言代码	设置 XHTML 文档中元素内容的语言代码

2.3.3　超级链接

超级链接是由源端点到目标端点的一种跳转。源端点可以是网页中的一段文字或一幅图片等。目标端点可以是任意类型的网络资源，如一个网页、一幅图像、一段动画、一个程序等。

按照目标端点的不同，可以将超级链接分为以下几种形式：

① 文件链接。这种链接的目标端点是一个文件，可以是在网页所在的服务器中，也可以位于其他服务器中。

② 锚点链接。这种链接的目标端点是网页中的一个位置，通过这种链接，可以从当前网页跳转到本页面或其他页面中的指定位置。

③ E-mail 链接。通过这种链接，可以启动电子邮件客户端程序，如 Outlook，并允许访问者向指定的地址发送邮件。

1. URL

网络中的每个文件都有一个唯一的地址，该地址的全称为统一资源定位器(Uniform Resource Locator)，简称 URL。URL 由 4 部分组成：协议、主机名、文件夹和文件名。例如：

```
http://localhost:8080/ch9-1/html/index.html
```

其中，"http:"为 HTTP 文件传输协议，localhost 为主机名，表示访问的文件存放在哪个服务器中，html 为文件夹，表示目标文件存放在服务器的哪个文件夹中，index.html 为目标文件。

超级链接的 URL 分为两种类型：绝对 URL 和相对 URL。绝对 URL 是指目标文件采用完全访问路径形式。例如：

单击<a href=" http:// localhost:8080/ch9-1/html/index.html">访问我的站点</a>。

相对 URL 是指相对于当前访问页面位于同一服务器中或同一文件夹下的访问路径。例如：

单击<a href="../sub/01.html">链接到页面</a>。

2. 设置锚点超级链接

建立文件超级链接比较简单，在上面的 URL 例子中已经涉及到了。超级链接不仅可以跳转到其他页面，也可以跳转到当前页面中的某一部分。要设置锚点，首先要在页面中设置链

接文字，并设置跳转的目标名称。格式为

<a href="#目标名称">链接文字</a>

然后设置相应的跳转目标位置，格式为

<a name="目标名称">链接目标文字</a>

注意两者的“目标名称”要一致。下面是一个设置锚点的例子。

实例演示：(源代码位置：ch2\ch2-2\WebRoot\2-5.html)

```
<a href="#first">第一部分</a>
……
<a name="first">第一部分内容：…</a>
```

运行后的结果如图 2-4 所示。

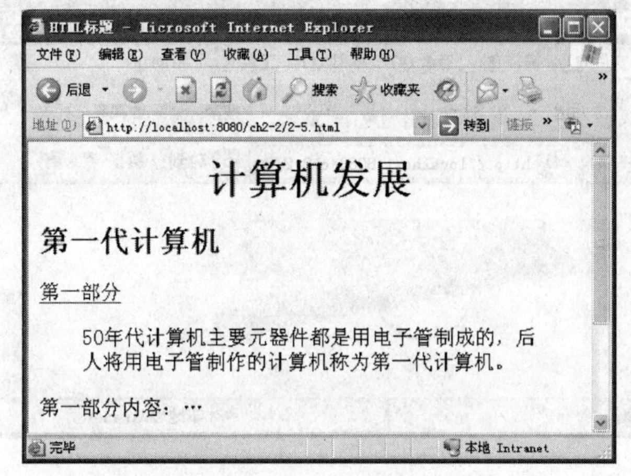

图 2-4　设置锚点

3. 设置邮件超级链接

在一些网页中，当用户单击某个链接后，会自动打开邮件客户端软件，为指定的 E-mail 地址发送邮件，这种链接就是电子邮件超级链接。电子邮件超级链接定义格式为

mailto：邮件地址

例如，下面是一个电子邮件的例子：

联系我们：<a href="mailto:service@press.cn">发送邮件</a>。

4. 设置图片超级链接

网页中为了增强网页的可视性，经常设置图片为超级链接。要设置图片超级链接，需要在<a></a>标签中添加一个<img>标签，用来引用图片资源。例如设置图片超级链接：

```
<a href="/html/02.html"><img src="/images/02.gif" /></a>
```

5. 设置热点区域

图片的超级链接还有一种方式，就是图片的热点区域，一般用于设置不规则图形的超级链接。所谓图片的热点区域就是将一个图片划分出若干个链接区域。访问者单击不同的区域，会链接到不同的目标页面。

HTML 中利用<map>和<area>标签建立三种类型的热点区域：矩形、圆形、多边形。

<map>标签只有一个属性，即 name 属性，作用是为热点区域命名。

<area>标签有三个属性，其中 shape 属性控制划分区域的形状，coords 属性控制划分区域的坐标。还有一个<href>属性。下面给出一个设置热点区域的例子。

实例演示：(源代码位置：ch2\ch2－2\WebRoot\2－6. html)

```
<img src="images/tu.gif" border="0" usemap="#map0">
<map name="map0">
  <area shape="rect" coords="12,24,121,95" href="2-6-1.html">
  <area shape="circle" coords="134,45,33" href="2-6-2.html">
</map>
```

运行后的结果如图 2－5 所示。

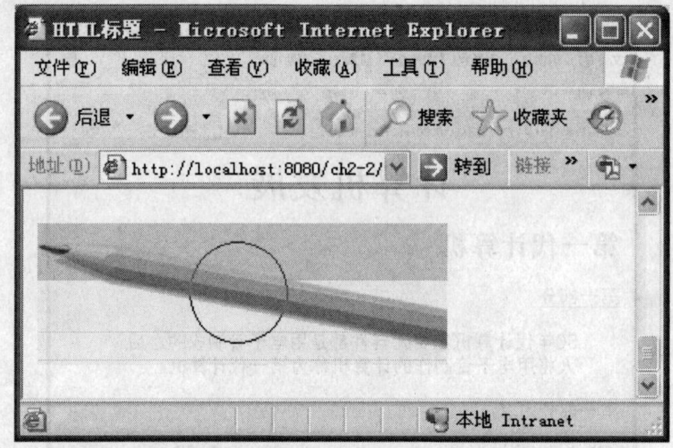

图 2－5 热点区域

2.3.4 表 格

使用表格是为了在页面中按照行和列的形式显示数据，另外，利用表格还能制定页面内容显示布局。

1. 表格基本结构

表格由<table></table>标签定义，表格中的行用<tr></tr>定义，表格中的列用<td></td>定义。每个表格均由若干行组成，每行被列分割为多个单元。表格中每个单元可以包含文本、图片、段落、表单、水平线、表格等。

例如，在页面中定义一个 3 行×3 列的表格。

实例演示：(源代码位置：ch2\ch2－2\WebRoot\2－7. html)

```
<table>
  <tr>
    <td>A1</td><td>A2</td><td>A3</td>
  </tr>
  <tr>
    <td>B1</td><td>B2</td><td>B3</td>
  </tr>
```

```
  <tr>
    <td>C1</td><td>C2</td><td>C3</td>
  </tr>
</table>
```

运行后的结果如图 2－6 所示。

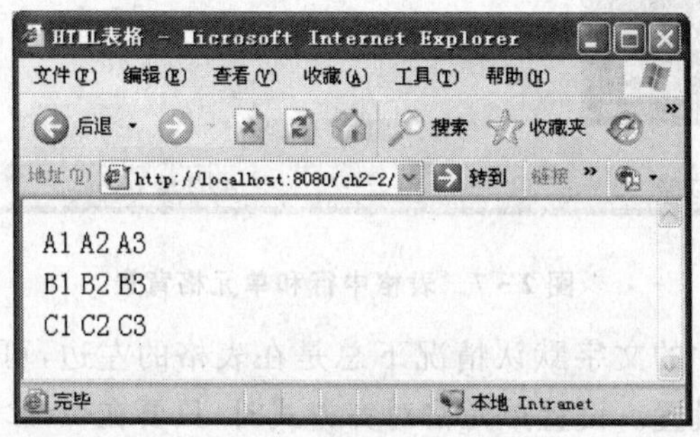

图 2－6　3 行×3 列的表格

2. 设置表格背景和边框

默认情况下，表格的颜色是浏览器的颜色，一般为白色。可以对表格的颜色和边框进行设置。设置表格背景色的属性是 bgcolor，在<table>标签中设置 bgcolor 属性，是整个表格的背景颜色；在<tr>标签中设置 bgcolor 属性，是设置行的背景颜色；在<td>标签中设置 bgcolor 属性，则是设置单元格的背景颜色。

例如在页面中设置表格的背景，以及表格中行和单元格背景。

实例演示：(源代码位置：ch2\ch2－2\WebRoot\2－8. html)

```
<table bgcolor="#6699FF">
  <tr bgcolor="#3399CC">
    <td>A1</td><td>A2</td><td>A3</td>
  </tr>
  <tr>
    <td>B1</td><td>B2</td><td>B3</td>
  </tr>
  <tr>
    <td bgcolor="#0033FF">C1</td><td bgcolor="#0099FF">C2</td><td bgcolor=
"#0033CC">C3</td>
  </tr>
</table>
```

运行后的结果如图 2－7 所示。

3. 设置表格的对齐方式

在页面中可以按照要求设计表格的大小，方法是分别设定表格的“宽度”和“高度”。例如将上面的表格变为宽为 300 像素、高为 200 像素，只需在<table>中设置 height(高度)和 width(宽度)属性即可。

```
<table height="300" width="200" border="1">
```

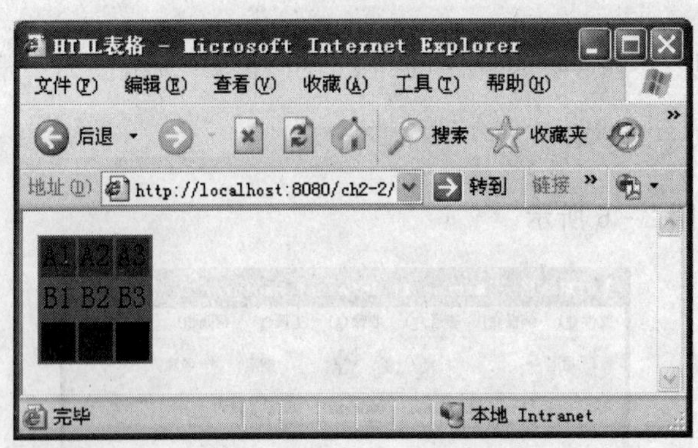

图 2-7　表格中行和单元格背景

表格中每个单元格中的文字默认情况下总是在表格的左边，可以运用 align 属性对表格中的文字对齐方式进行设置。设置单元格对齐方式时，只要在<td>标签中加入 align 属性即可，如<td align="right">。

设置表格中某一行所有单元格内容对齐方式时，只要在<tr>标签中加入 align 属性即可，如<tr align="right">。align 属性还可以设置为 left 或者 center，表示左对齐或者居中对齐。

可以设置表格中内容的垂直对齐方式，设置垂直对齐方式的属性为 valign。valign 属性可以设置为 top、middle 或者 bottom，分别表示垂直靠上对齐、垂直居中对齐和垂直靠下对齐，其中垂直居中对齐方式是表格默认的垂直对齐方式。例如：设置单元格垂直靠上对齐，<td valign="top">。

4. 合并单元格

并非所有的表格都是整齐的几行几列，有时会希望能够合并单元格，以符合某种内容上的需要。在 HTML 中合并单元格的方式有两种：一种是左右合并，另一种是上下合并，这两种单元格合并方式各有不同的属性设定方法。

在单元格合并中，用 colspan 属性对单元格进行左右合并，colspan 属性设置为数字几，就代表从当前单元格开始，合并左右相邻几列的单元格。例如左右合并相邻两个单元格，<td colspan="2">。

在单元格合并中，用 rowspan 属性上下合并单元格，rowspan 属性设置为数字几，就代表从当前单元格开始，合并上下相邻几列的单元格。例如上下合并相邻两个单元格，<td rowspan="2">。

例如将上面 3 行×3 列表格第一行中的后两个单元格合并，并且将第一列的下边两个单元格合并。

实例演示：(源代码位置：ch2\ch2-2\WebRoot\2-9.html)

```
<table bgcolor="#6699FF" height="300" width="200" border="1">
  <tr>
    <td>A1</td><td colspan="2" align="center">A2</td>
  </tr>
  <tr>
```

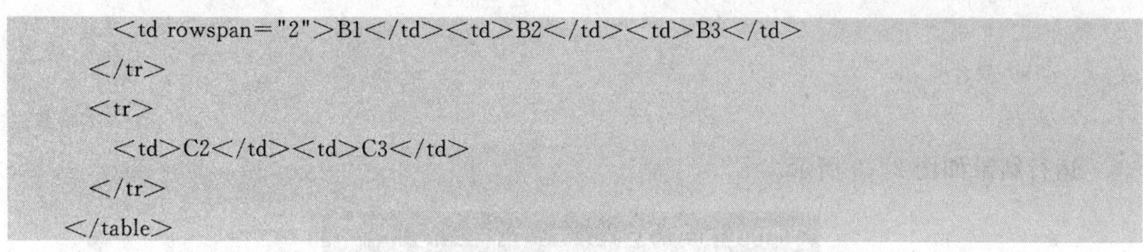

```
    <td rowspan="2">B1</td><td>B2</td><td>B3</td>
  </tr>
  <tr>
    <td>C2</td><td>C3</td>
  </tr>
</table>
```

运行后的结果如图 2－8 所示。

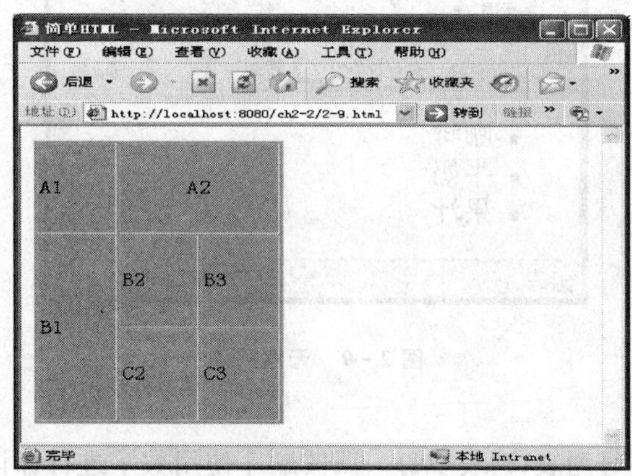

图 2－8　单元格合并

5. 单元格边线距离

可以利用 cellpadding 属性设置表格单元格中的内容与格线之间的距离，例如将表格中的内容设置为距离格线 5 个像素。

```
<table bgcolor="#6699FF" height="300" width="200" border="1" cellpadding="5">
```

可以利用 cellspacing 属性设置表格相邻单元格边线之间的距离，例如将表格相邻单元格之间的距离设置为 5 个像素。

```
<table bgcolor="#6699FF" height="300" width="200" border="1" cellspacing="5">
```

2.3.5　列　表

文字列表用来有序地编排信息资源，使其结构化和条理化，并以列表的样式显示出来，以便能更加快捷地获得相应的信息。HTML 中，文字列表主要分为无序列表、有序列表和自定义列表。

1. 无序列表

无序列表也称为项目列表，列表中每一项使用圆点进行标记。无序列表使用一对标签<ul></ul>定义，列表中每一项使用<li></li>定义。列表项内部可以使用段落、换行符、图片、链接以及其他列表等。例如下面定义的无序列表。

实例演示：(源代码位置：ch2\ch2－2\WebRoot\2－10. html)

```
<ul>
  <li>咖啡</li>
```

```
  <li>牛奶</li>
  <li>果汁</li>
</ul>
```

运行结果如图 2－9 所示。

图 2－9　无序列表

2. 有序列表

有序列表也称为序号列表，列表中每一项按顺序使用数字进行标记。有序列表使用一对标签<ol></ol>定义，列表中每一项使用<li></li>定义。列表项内部也可以使用段落、换行符、图片、链接以及其他列表等。例如下面定义的有序列表。

实例演示：(源代码位置：ch2\ch2－2\WebRoot\2－11.html)

```
<ol>
  <li>第一项</li>
  <li>第二项</li>
  <li>第三项</li>
</ol>
```

运行结果如图 2－10 所示。

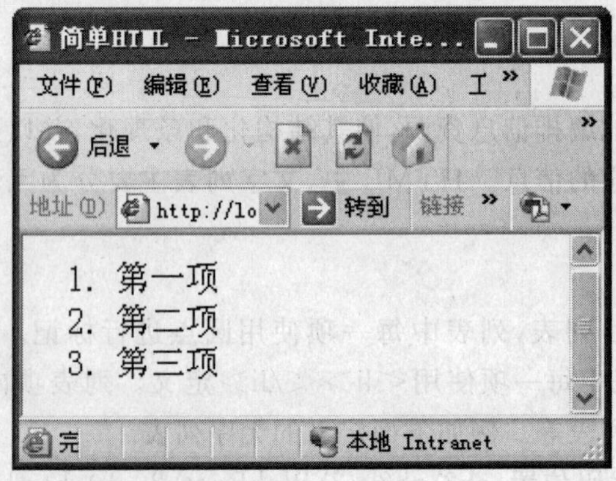

图 2－10　有序列表

3. 自定义列表

自定义列表以一对标签<dl></dl>开始，其中可以包含多个自定义列表，每一个自定义列表以<dt></dt>标签开始，每一个自定义列表项以<dd>开始，列表项内部可以使用段落、换行符、图片、链接以及其他列表等。例如下面定义的自定义列表。

实例演示：(源代码位置：ch2\ch2 - 2\WebRoot\2 - 12. html)

```
<dl>
  <dt>台式计算机</dt>
    <dd>联想台式计算机</dd>
    <dd>方正台式计算机</dd>
  <dt>笔记本</dt>
    <dd>联想笔记本</dd>
    <dd>神舟笔记本</dd>
</dl>
```

运行结果如图 2 - 11 所示。

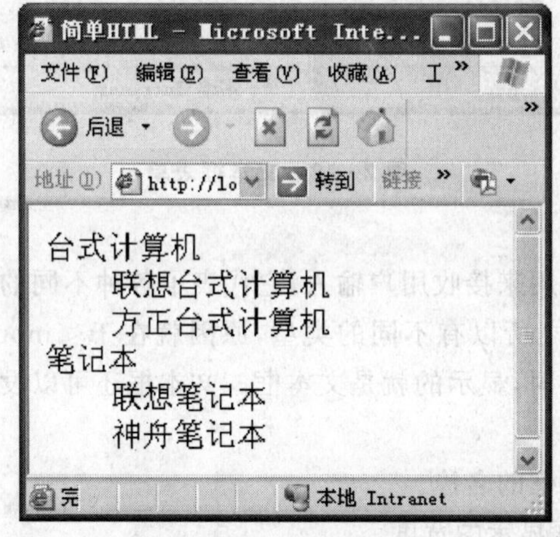

图 2 - 11　自定义列表

2.3.6 表　单

表单是 HTML 的一个重要部分，主要用于将用户输入的信息提交到服务器。如果是普通的 HTML 页面，则当浏览器提出请求时，服务器不做任何处理，直接把 HTML 页面发送给浏览器显示；而含有表单的网页，则会根据表单的内容在服务器上进行运算，然后再把结果返回给浏览器。

HTML 表单包含三部分主要内容：表单控件、Action 和 Method。通过表单各种控件，用户可以输入信息，或者从选项中选择，以及做表单提交操作。表单中的 Action 指明了处理表单信息的文件。表单中的 Method 表示发送表单信息的方式。有两种方式：get 和 post。get 方式是将表单控件的 name/value 信息经过编码之后，通过 URL 发送到服务器。post 方式是将表单的内容通过 http 发送到服务器，地址栏中看不到提交信息。一般情况下，如果只是为取得和显示数据，则用 get 方式；如果涉及到数据的保存和更新，则用 post 方式。

表单中可以包含多个表单控件，常用的表单控件如：文本框、单选按钮、复选按钮、下拉列表和文本域等。表单使用表单标签<form></form>定义，表单控件位于<form></form>标签中。例如下面是一个简单的表单。

实例演示：(源代码位置：ch2\ch2－2\WebRoot\2－13. html)

```
<form>
  姓名：<input type="text" name="username" />
</form>
```

运行结果如图 2－12 所示。

图 2－12　文本框表单

1. 文本输入框

表单中<input>标签用来接收用户输入，它代表了各种不同的表单输入控件，如文本框、单选按钮等。而表单控件之所以有不同的类型，原因就在于<input>标签中 type 属性的值设定不同，当 type="text"时，显示的就是文本框。文本框还可以设置如下属性：

id：ID，设置控件的 ID。

name：名称，设置文本框的名称。

size：大小，设置文本框显示的宽度。

value：默认值，设置文本框的默认值。

align：对齐方式，设置文本框的对齐方式。

maxlength：长度，设置文本框输入的最大长度。

例如下面定义的文本框。

<input type="text" id="username" name="username" size="20" value="用户名">。

2. 单选按钮

如果将<input>标签的 type 属性设置为 radio，就会产生单选按钮，单选按钮一般有多种情况，用户只能一次选择其中一种。

单选按钮通常设置如下两个属性：

checked：当需要将某个单选按钮设置为被选中时，就要为该单选按钮设置 checked="true"。

name：需要将一组供选择的单选按钮设置为相同的名字，以保证在这一组中只能有一个单选按钮被选中。

例如在表单中定义两个单选按钮。

实例演示:(源代码位置:ch2\ch2 - 2\WebRoot\2 - 14. html)

```
<form>
  <input type="radio" id="gender" name="gender" value="male" checked="true">男
  <input type="radio" id="gender" name="gender" value="female" >女
</form>
```

运行结果如图 2 - 13 所示。

图 2 - 13　单选按钮表单

3. 复选按钮

当<input>标签 type 属性设置为 checkbox 时,就会产生复选按钮。复选按钮和单选按钮类似,也是一组放在一起供用户选择。多选按钮与单选按钮的区别是,多选按钮可以同时选中一组选项中的多种。

多选按钮通常设置如下两个属性:

checked:与单选按钮相同,当需要将某个多选按钮设置为被选中状态时,就要为该选项设置 checked="true";与单选按钮不同的是,它可以同时将多个选项设置为 checked="true"。

name:与单选按钮类似,需要将一组供选择的多选选项设置为相同的名称,以保证多个选择在一组。

例如在表单中定义多选按钮。

实例演示:(源代码位置:ch2\ch2 - 2\WebRoot\2 - 15. html)

```
<form>
  <input type="checkbox" name="hobby" value="liter" checked="true">文学
  <input type="checkbox" name="hobby" value="music" >音乐
  <input type="checkbox" name="hobby" value="art" >美术
</form>
```

运行结果如图 2 - 14 所示。

4. 密码输入框

当<input>标签 type 属性设置为 password 时,就会产生密码框,它和文本框几乎完全相同,差别在于密码输入框在输入时会以圆点或星号来取代输入的文字。

密码输入框的常用属性和文本输入框的属性一样,这里不再赘述。

图 2-14　多选按钮表单

例如下面定义的密码输入框。

```
<input type="password" id="pwd" name="pwd" >
```

5. 按　钮

通常填完表单后，会有一个"提交"按钮或再加一个"重置"按钮。"提交"按钮就是将表单数据提交给服务器。"重置"按钮就是清除表单中填写的数据，恢复为初始状态。

当<input>标签 type 属性设置为 submit 时，为"提交"按钮；当 type 属性设置为 reset 时，为"重置"按钮。

例如下面定义的"提交"按钮和"重置"按钮。

```
<form>
  <input type="submit" value="提交" >
  <input type="reset" value="重置" >
</form>
```

除了"提交"按钮和"重置"按钮，还可以定义"普通"按钮，通常需要添加按钮事件，将<input>标签 type 属性设置为 button 即为"普通"按钮。例如下面定义的"普通"按钮：

```
<input type="button" name="Ok_btn" value="确定" >
```

将<input>标签属性设置为 image 时，为"图像"按钮，例如下面定义的"图像"按钮：

```
<input type="image" name="Ok_btn" src="ok.png" >
```

6. 文本域

当需要用户输入多行文字信息时，通常使用文本域表单控件。文本域控件以<textarea></textarea>标签来定义。

常用的文本域控件属性如下：

cols：定义文本域控件的宽度，也就是文字列数。

rows：定义文本域显示高度，也就是显示行数。

wrap：用于定义文本域的换行方式。

off：定义输入文本域的文字不会自动换行。

virtual：定义输入文字时在屏幕上会自动换行。

physical:定义输入文字时会自动换行。

例如下面定义的文本域。

```
<input type="textarea" id="comments" name="comments" cols="30" rows="3"></textarea>
```

7. 下拉列表

下拉列表也是表单中常用的控件。下拉列表用<select></select>标签定义,列表中的选项用<option></option>标签定义。下拉列表可以定义为单选列表,也可以定义为多选列表。

例如下面定义一个单选下拉列表。

实例演示:(源代码位置:ch2\ch2-2\WebRoot\2-16.html)

```
<select name="gender" id="gender">
  <option value="male" selected="true">男</option>
  <option value="female" >女</option>
</select>
```

运行结果如图 2-15 所示。

图 2-15　单选下拉列表表单

定义多选下拉列表时,只要在<select>中定义 multiple 属性即可。另外,通过<select>标签中 size 属性,可以改变下拉列表的显示样式。

例如下面定义一个多选的下拉列表。

实例演示:(源代码位置:ch2\ch2-2\WebRoot\2-17.html)

```
<select name="hobby" id="hobby" size="5" multiple="true">
  <option value="liter">文学</option>
  <option value="music" >音乐</option>
  <option value="art" >美术</option>
</select>
```

运行结果如图 2-16 所示。

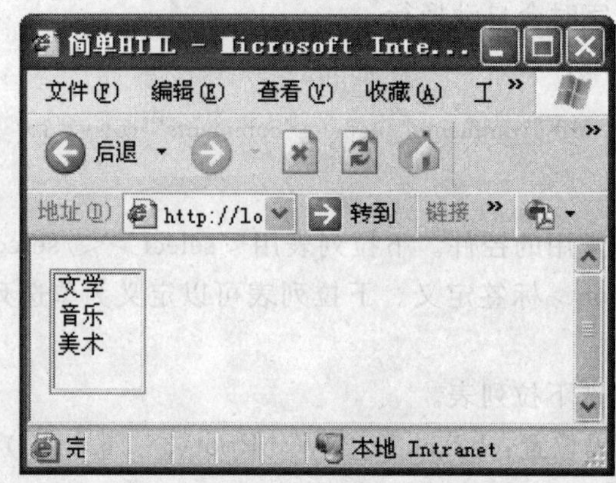

图 2-16 多选下拉列表表单

2.4 CSS基础知识

2.4.1 CSS简介

CSS称为层叠样式表,它是用于控制网页样式并允许将样式信息与网页内容分离的一种标记性语言。CSS的引入是为了使HTML语言更好地适应页面的美工设计,它以HTML语言为基础,提供了丰富的格式化功能,如字体、背景、颜色、排版等,并且网页设计可以针对各种可视化浏览器(如显示器、打印机、投影仪、PDA等)来设置不同的显示风格。

样式表允许以多种方式定义页面的样式信息。页面的样式可以定义在HTML元素中,也可以定义在HTML头元素中,或者在一个外部的CSS文件中,甚至可以在同一个HTML文档内部引用多个外部样式表。

当同一个HTML元素被不止一个样式定义时,通常情况下浏览器缺省CSS设置优先级最低;其次是外部样式表,也就是CSS样式文件;接下来是内部样式表,位于<head>标签中定义的样式,优先级最高的是内联样式,即在HTML元素内部定义的样式。

2.4.2 CSS基本语法

CSS语句由三部分组成,分别是选择器、属性和属性值。语法格式如下:

选择器{属性1:属性值1;属性2:属性值2;……;属性n:属性值n;}

选择器通常是需要改变样式的HTML元素。属性是希望设置样式属性。每个属性有一个值,属性和值用冒号分开。

例如定义h1标签内文字信息。

```
h1{color:yellow;font-size:12px}
```

h1为选择器,color和font-size是属性,yellow和12px是值。

CSS中有三种基本类型的选择器,分别是:标记选择器、类别选择器、ID选择器。

1. 标记选择器

一个HTML页面由很多不同的标签组成,而CSS标记选择器就是声明哪些标签采用哪种 CSS 样式。因此,每一种 HTML 标签的名称都可以作为相应的标记选择器的名称。例如 p 选择器,就是用于声明页面中所有<p>标签的样式风格。同样,可以通过 h1 选择器来定义页面中所有的<h1>标签的风格。

CSS 语言对于所有属性和值都有相对严格的要求,如果声明的属性在 CSS 规范中没有,或者某个属性的值不符合属性的要求,则都不能使该 CSS 语句生效。

下面是一个标记选择器的例子。

实例演示:(源代码位置:ch2\ch2 - 3\WebRoot\3 - 1. html)

```
<style>
  h1{
    color:red;
    font-size:16px;
  }
</style>
```

2. 类别选择器

上面提到的标记选择器一旦声明,则页面中所有的相应标签都会相应地产生变化。如果希望页面中某一个标签样式发生变化,则仅依靠标记选择器是不够的,还需要引入类别(class)选择器。

类别选择器以点开始,名称可以由用户定义,属性和属性值与标记选择器一样,必须符合 CSS 语句的规则。类别选择器的语法格式如下:

. class{属性 1:属性值 1;属性 2:属性值 2;……;属性 n:属性值 n;}

. class 为类别选择器的名称,用户可以自定义。例如下面定义的类别选择器。

```
.special{color:red;font-size:14px;}
```

在 HTML 标签中,可以同时给一个标签运用多个类别选择器,从而将多个样式类别的样式风格同时运用到一个标签中。

下面是一个类别选择器示例。

实例演示:(源代码位置:ch2\ch2 - 3\WebRoot\3 - 2. html)

```
<html>
  <head>
    <title>Class 选择器</title>
    <style type="text/css">
      .red{
        color:red;
        font-size:16px;
      }
    </style>
  <head>
  <body>
    <h1 class="red">Class 选择器</h1>
  </body>
</html>
```

运行结果如图 2－17 所示。

图 2－17　Class 选择器

3. ID 选择器

ID 选择器的使用方法与类别选择器基本相同，不同之处在于 ID 选择器只能在 HTML 页面中使用一次，因此其针对性更强。在 HTML 的标签中只需要利用标签的 id 属性，就可以直接调用 CSS 中的 ID 选择器。ID 选择器以“#”开始，ID 选择器的语法格式如下：

```
#green{color:green;font-size:12px}
```

ID 选择器不支持像类别选择器那样的多风格样式设置。

下面是一个 ID 选择器示例。

实例演示：(源代码位置：ch2\ch2－2\WebRoot\3－3.html)

```
<html>
  <head>
    <title>ID 选择器</title>
    <style type="text/css">
      #green{
        color:green;
        font-size:16px;
      }
    </style>
  <head>
  <body>
    <h1 id="green">ID 选择器</h1>
  </body>
</html>
```

运行结果如图 2－18 所示。

2.4.3　HTML 中使用 CSS

HTML 页面中使用 CSS，通常情况下包含：行内样式、内嵌样式、链接样式和导入样式。

1. 行内样式

行内样式是所有样式中最为直接的一种，它直接对 HTML 的标签使用 style 属性，然后

图 2-18 ID 选择器

将 CSS 代码赋为 style 属性值。

下面是一个行内样式示例。

实例演示:(源代码位置:ch2\ch2-3\WebRoot\3-4.html)

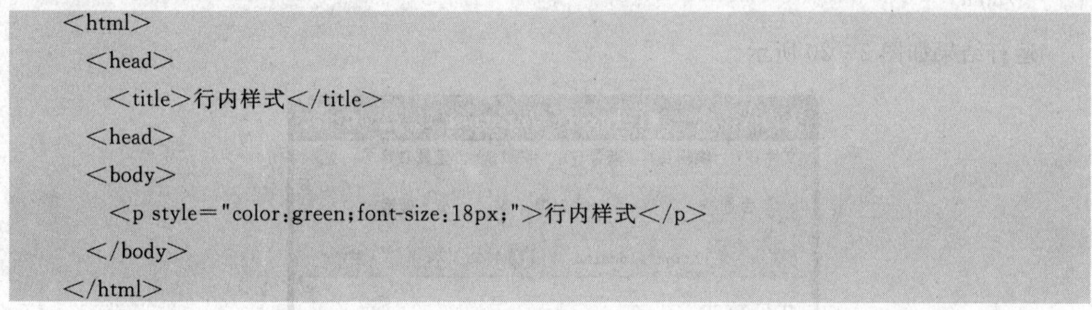

```
<html>
  <head>
    <title>行内样式</title>
  <head>
  <body>
    <p style="color:green;font-size:18px;">行内样式</p>
  </body>
</html>
```

运行结果如图 2-19 所示。

图 2-19 行内样式

行内样式是一种较直接的样式,由于需要单独为每一个标签设置 style 属性,后期维护成本较高,故一般情况下不推荐使用。

2. 内嵌样式

内嵌样式是将 CSS 写在<head></head>标签之间,并且用<style></style>标签进行声明。

下面是一个内嵌样式示例。

实例演示:(源代码位置:ch2\ch2－3\WebRoot\3－5.html)

```
<html>
  <head>
    <title>内嵌样式</title>
    <style type="text/css">
      p{
        color:green;
        font-size:16px;
      }
    </style>
  <head>
  <body>
    <p>内嵌样式</p>
  </body>
</html>
```

运行结果如图2－20所示。

图2－20　内嵌样式

内嵌样式页面中所有的CSS代码集中到HTML页面中的<head>部分,方便了后期的维护。但如果是一个网站,对于不同页面上的相同标签都要采用同样的样式时,内嵌样式显得较麻烦,维护成本较高,因此一般适用于对特殊页面定义样式风格。

3. 链接样式

链接样式是使用频率较高、也较为实用的样式,它将HTML页面本身与CSS样式风格分离为两个或者多个文件,实现了HTML页面代码与样式CSS代码完全分离,使得前期制作和后期维护都十分方便。同一个CSS文件可以链接到多个HTML文件中,甚至可以链接到整个网站的所有页面中,使网站整体风格一致、协调,并且后期的维护工作较少。

链接样式是将独立CSS文件运用<link>标签链接到HTML页面中,<link>标签位于<head></head>标签中。

下面是一个链接样式示例。

实例演示:(源代码位置:ch2\ch2－3\WebRoot\3－6.html)

```
<html>
  <head>
```

```
    <title>链接样式</title>
    <link href="style1.css" type="text/css" rel="stylesheet">
  </head>
  <body>
    <p>链接样式</p>
  </body>
</html>
```

运行结果如图 2-21 所示。

图 2-21　链接样式

然后创建 CSS 文件 style1.css，内容如下：

```
p{
    color:green;
    font-size:16px;
}
```

4. 导入样式

导入样式与链接样式的功能基本相同，只是语法和运作方式上略有区别。采用 import 方式导入的样式表，在 HTML 文件初始化时，会被导入到 HTML 文件内，作为文件的一部分，类似内嵌样式；而链接样式则是在 HTML 标签需要时才以链接的方式引入。

在 HTML 文件中导入样式表，常用的有如下几种 import 语句，可以选择任意一种放在<style></style>标签内。

```
@import url(css 文件名);
@import url("css 文件名");
@import url('css 文件名');
@import css 文件名;
@import "css 文件名";
@import 'css 文件名';
```

下面是一个导入样式示例。

实例演示：(源代码位置：ch2\ch2-3\WebRoot\3-7.html)

```
<html>
  <head>
```

```
    <title>导入样式</title>
    <style type="text/css">
      <!--
        @import url("style1.css");
      -->
    </style>
  </head>
  <body>
    <p>导入样式</p>
  </body>
</html>
```

运行结果如图 2-22 所示。

图 2-22　导入样式

2.4.4　CSS 网页元素

1. CSS 背景样式

CSS 可以定义纯色页面背景,也可以使用背景图片创建复杂的背景效果。在 CSS 中页面的背景颜色使用 background-color 属性来定义,属性值为某种颜色。

例如设置页面背景颜色。

实例演示:(源代码位置:ch2\ch2-3\WebRoot\3-8.html)

```
body{
    background-color:yellow;
}
```

CSS 中可以用图片作为页面的背景。使用 background-image 属性设置页面背景图片,background-image 属性的默认值是 none,表示背景上没有指定图片。如果要设置一个背景图片,则必须为这个属性设置一个 URL 值。

例如设置页面背景图片。

实例演示:(源代码位置:ch2\ch2-3\WebRoot\3-9.html)

```
body{
    background-image:url(images/tu.gif);
}
```

2. CSS文本样式

CSS可以定义文本的外观，通过文本属性，可以设置文本的颜色、字符间距、对齐方式等。

将Web页面上段落的第一行缩进，是一种常用的文本格式化效果。CSS运用text-indent属性设置文本缩进。通过使用text-intend属性，文本段落的第一行可以缩进一个给定的长度，长度值可以是正数，也可以是负数。当长度值为负数时，文本设置为悬挂缩进。下面是一个行首缩进示例，行首缩进5 em。em为相对单位，5 em即为当前一个字大小的5倍。

```
p{text-indent:5em;}
```

text-align是文本样式中基本的CSS样式属性，用来设置文本的对齐方式。text-align取值为left、right和center，分别设置文本为左对齐、右对齐和居中对齐，默认情况下为左对齐。下面是一个文本右对齐示例。

```
p{text-align:right;}
```

word-spacing用来改变字或单词之间的标准距离。word-spacing属性值可以是一个正数，也可以是一个负数。如果属性值为正数，则字或单词之间的间隔就会增大；如果属性值为负数，则字或单词之间的间隔就会缩小。下面是一个增加字或单词间隔的示例。

```
p{word-spacing:30px;}
```

letter-spacing用来改变字符或字母之间的间隔。与word-spacing属性一样，如果属性值为正数，则字符或字母之间的间隔增大；如果属性值为负数，则字符或字母之间的间隔缩小。下面是一个增加字符或字母间隔的示例。

```
h1{letter-spacing:20px;}
```

text-transform用来处理文本的大小写，属性取值为none、uppercase、lowercase、capitalize。none对文本不做任何改动，将使用源文档中的原有大小写。uppercase和lowercase将源文档转换为大写和小写。capitalize只对每个单词的首字母大写。下面是一个将文本改变为大写的示例。

```
h1{text-transform:uppercase;}
```

text-decoration用来对文本进行装饰，属性取值为none、underline、overline、line-through、blink等。underline为文本添加下划线，overline为文本添加上划线，line-through在文本中间添加横线，blink使文本闪烁。例如为文本添加下划线。

```
h1{text-decoration:underline;}
```

CSS文本样式设置属性如表2-5所列。

表2-5 文本样式设置属性表

属 性	描 述	属 性	描 述
color	设置文本颜色	text-indent	缩进元素中文本的首行
line-height	设置行高	text-shadow	设置文本阴影
text-align	对齐元素中的文本	text-transform	控制元素中的字母大小写
direction	设置文本方向	unicode-bidi	设置文本方向
letter-spacing	设置字符间距	white-space	设置元素中空白的处理方式
text-decoration	向文本添加修饰	word-spacing	设置字间距

3. CSS 列表样式

通常情况下,除了描述性的文本,其他任何内容都可以是列表。要想改变列表的样式,最简单的方法是改变列表的标志类型。例如在无序列表中,列表的标志为列表旁边的圆点。在有序列表中,标志可能是字母、数字或另外某种计数体系中的一个符号。

要修改用于列表项的标志类型,可以使用属性 list-style-type。改变列表项标志示例如下:

```
ul{list-style-type:square;}
```

上面的示例将无序列表中的列表标志项设置为方块。

列表项中的标志可以使用图片,设置属性为 list-style-image,属性值为图片的 url。例如下面的示例将列表项的标志设置为图片。

```
ul{list-style-image:url(liebiao.jpg);}
```

CSS 中用来设置列表样式属性,如表 2-6 所列。

表 2-6　列表样式设置属性表

属　性	描　述
list-style	用于把所有用于列表的属性设置于一个声明中
list-style-image	将图像设置为列表项标志
list-style-position	设置列表项标志的位置
list-style-type	设置列表项标志的类型

4. CSS 表格样式

表格作为 HTML 的常用元素,不仅可以用来表示数据,还可以用来排版。运用 CSS 设置表格样式包括:表格的颜色、标题、边框、背景等。

通过 table-layout 属性,CSS 提供了两种不同的方法来设置表格的布局。一种是按照单元格中的内容设置表格布局,另一种是固定设置表格的内容,两种设置的属性值分别为 automatic 和 fixed。例如下面的示例。

```
table{table-layout:automatic;}
```

通过 border-collapse 属性,CSS 提供了两种不同的方法来设置单元格的边框。一种是在独立的单元格中设置分离的边框,另一种是设置从表格一端到另一端的连续边框,两种设置的属性值分别为 separate 和 collapse。示例如下:

```
table{border-collapse:collapse;}
```

CSS 中用来设置表格样式属性,如表 2-7 所列。

表 2-7　表格样式设置属性表

属　性	描　述
border-collapse	设置是否把表格边框合并为单一的边框
border-spacing	设置分隔单元格边框的距离
caption-side	设置表格标题的位置
empty-cells	设置是否显示表格中的空单元格
table-layout	设置显示单元、行和列的算法

2.5　JavaScript 基础知识

2.5.1　JavaScript 语言概述

JavaScript 是一种轻量级的编程语言，称为脚本语言，通常被直接嵌入 HTML 页面中，用来向 HTML 页面添加交互行为。JavaScript 是一种解释性语言，被用来改进页面设计、验证页面中的表单、检测浏览器、创建 cookie 等。JavaScript 是 Internet 上最流行的脚本语言，并且可以在所有主要的浏览器中运行。

JavaScript 可以实现以下功能：

① 可以为 HTML 设计师提供一种编程工具。HTML 创作者往往都不是程序员，但是 JavaScript 却是一种只拥有极其简单的语法的脚本语言。几乎每个人都有能力将短小的代码片断放入自己的 HTML 页面当中。

② 可以将动态的文本放入 HTML 页面。类似于下面这样的一段 JavaScript 声明可以将一段可变的文本放入 HTML 页面：

```
document.write("<h1>" + name + "</h1>")
```

③ 可以对事件作出响应。可以将 JavaScript 设置为当某事件发生时才会被执行，例如当页面载入完成或者当用户单击某个 HTML 元素时。

④ 可以读/写 HTML 元素。JavaScript 可以读取及改变 HTML 元素的内容。

⑤ 可以用来验证数据。在数据被提交到服务器之前，JavaScript 可以用来验证这些数据。

⑥ 可以用来检测访问者的浏览器，并根据所检测到的浏览器，为这个浏览器载入相应的页面。

⑦ 可以用来创建 cookies。JavaScript 可以用来存储和取回位于访问者计算机中的信息。

在 HTML 页面中，使用<script>标签将 JavaScript 插入 HTML 页面中。

例如使用 JavaScript 在页面中显示一级标题内容。

实例演示：(源代码位置：ch2\ch2-4\WebRoot\4-1.html)

```
<html>
  <body>
    <script type="text/javascript">
        document.write("<h1>JavaScript</h1>")
    </script>
  </body>
</html>
```

运行结果如图 2-23 所示。

属性 type 定义 script 脚本类型，document.write 是标准的 JavaScript 命令，用来向页面写入输出。

图 2-23 JavaScript 显示一级标题

根据页面设计的需要，有时要求在页面载入时执行脚本，而有时要求当用户触发事件时执行脚本，这就需要将 JavaScript 放置在页面中的合适位置。HTML 页面中的 JavaScript 有三种位置：位于 HTML 页面的 head 部分、body 部分和外部脚本。

第一种位置：包含函数的 JavaScript 脚本位于 HTML 页面的 head 部分，可以确保在调用函数前，脚本已经载入。例如下面的例子在 head 中嵌入 JavaScript 脚本。

实例演示：(源代码位置：ch2\ch2-4\WebRoot\4-2.html)

```
<html>
  <head>
    <script type="text/javascript">
        document.write("<h1>JavaScript</h1>")
    </script>
  </head>
  <body>
  </body>
</html>
```

第二种位置：包含函数的 JavaScript 脚本位于 HTML 页面的 body 部分，在页面载入时，脚本就会被执行。当把脚本放置在 body 中时，就会生成页面的内容。例如下面的例子就是在 body 中嵌入 JavaScript 脚本。

实例演示：(源代码位置：ch2\ch2-4\WebRoot\4-1.html)

```
<html>
  <body>
    <script type="text/javascript">
        document.write("<h1>JavaScript</h1>")
    </script>
  </body>
</html>
```

第三种位置：页面中引用外部 JavaScript 脚本文件，一个脚本文件可以被多个页面引用，JavaScript 脚本以.js 作为脚本文件的后缀名。脚本文件中不能包含<script>标签，在页面中引用外部脚本的语法格式为

<script src="脚本名"></script>
例如外部引用脚本。

实例演示：(源代码位置：ch2\ch2 - 4\WebRoot\4 - 3. html)

```
<html>
  <head>
    <script src="test.js"></script>
  </head>
  <body>
  </body>
</html>
```

test. js 脚本与页面放置在同一目录下，脚本的内容为

```
document.write("<h1>JavaScript</h1>")
```

2.5.2　JavaScript 语法基础

1. JavaScript 语句

JavaScript 语句是发给浏览器的命令，通常要在每行语句结尾加上一个分号。JavaScript 中可以将多条语句放置在括号“{}”内，称为语句块。在括号内是几条语句，但是在括号外，语句块被当做一个语句。语句块可以嵌套，也就是说，一个语句块中可以再包含一个或多个语句块。例如下面是一个 JavaScript 语句块。

实例演示：(源代码位置：ch2\ch2 - 4\WebRoot\4 - 4. html)

```
<script type="text/javascript">
  {
    document.write("<h1>标题 1</h1>");
    document.write("<p>段落</p>");
  }
</script>
```

运行结果如图 2 - 24 所示。

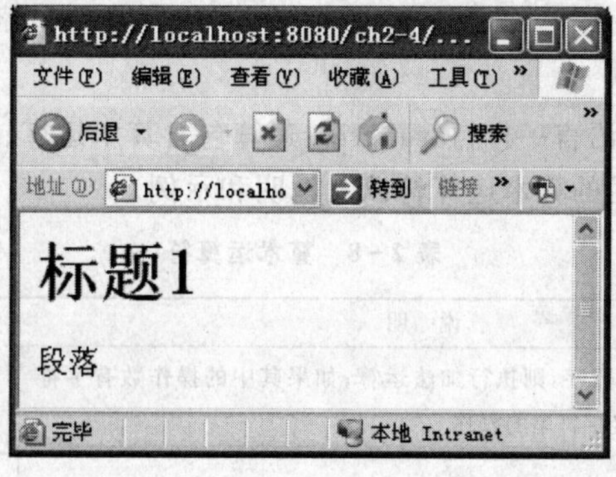

图 2 - 24　JavaScript 语句块

2. 变　量

JavaScript 变量用于保存值或表达式。在 JavaScript 中通过 var 语句来声明变量。变量名必须以字母或下线符开头，可以包含数字。JavaScript 区分大小写，大写字母与小写字母具有不同的含义。例如：

```
var x;
var i,j;
```

可以在变量声明以后为变量赋值，也可以在变量声明时为变量赋值。例如：

```
x=5;
var n=5;
```

如果所赋值的变量还没有进行声明，则该变量会自动声明。例如，“y=5;”与语句“var y=5;”效果相同。

3. 基本数据类型

JavaScript 中有四种基本的数据类型：Number、Boolean、String 和 Null。Number 数据类型即为数值型数据，包括整数型和浮点型。整数可以用十进制、八进制和十六进制表示；浮点型为包含小数点的实数，可以用科学计数法来表示。例如：

```
var para1=8;
var para2=2.1;
```

String 型数据表示字符型数据，JavaScript 不区分单个字母和字符串，任何字符或字符串都可以用双引号或单引号引起来。例如：

```
var str1="Hello";
var str2='JavaScript';
```

Boolean 型数据表示布尔型数据，取值为 true 或 false，赋值时不能在 true 或 false 外面加上引号。例如：

```
var para3=true;
```

Null 型数据表示空值，一般在设定已存在的变量或对象的属性时较为常用。例如：

```
var para5=null;
```

4. 运算符

和其他高级程序设计语言一样，JavaScript 运算包含算术运算、比较运算和逻辑运算等。表 2-8 中列出了常用的算术运算符以及说明和示例。

表 2-8　算术运算符

运算符	说　明	示　例
+	如果操作数都是数字，则执行加法运算；如果其中的操作数有字符串，则会执行连接字符串的操作	A=1+2　　//结果是 3 A="1"+2　//结果是"12"
−	减法	A=2−1
*	乘法	A=2*1

续表 2-8

运算符	说　明	示　例
/	除法	A=2/1
%	取余	3%2=1
++	递增运算，将操作数的值加 1	++x 返回递增后的 x 值 x++ 返回递增前的 x 值
--	递减运算，将操作数的值减 1	--x 返回递减后的 x 值 x-- 返回递减前的 x 值
-	一元求反，将返回操作数的相反数	-5

表 2-9 中列出了常用的比较运算符以及说明和示例。

表 2-9　比较运算符

运算符	说　明	示　例
==	等于，如果两个操作数相等，则返回 true	a==b
!=	不等于，如果两个操作数不等，则返回 true	a!=2
>	大于，如果左操作数大于右操作数，则返回 true	a>2
>=	大于或等于，如果左操作数大于或等于右操作数，则返回 true	a>=2
<	小于，如果左操作数小于右操作数，则返回 true	a<2
<=	小于或等于，如果左操作数小于或等于右操作数，则返回 true	a<=2

表 2-10 中列出了常用的逻辑运算符以及说明和示例。

表 2-10　逻辑运算符

运算符	说　明	示　例
And(&&)	逻辑与	a>1 && a<100
Or(||)	逻辑或	a<1 || a>100
Not(!)	逻辑非	!a=1

5. if 语句

if 语句用于判断给定的条件是否满足，并根据判断结果给出操作方式。常用的 if 语句有三种格式。

第一种格式，条件表达式成立时执行代码。语法如下：

```
if(条件表达式)
{
    语句;
}
```

例如下面示例。

实例演示：(源代码位置：ch2\ch2-4\WebRoot\4-5.html)

```
<script type="text/javascript">
    var d=new Date();
    var t=d.getHours();
```

```
    if (t <= 9){
      document.write("<h1>早上好！</h1>");
    }
</script>
```

第二种格式，当条件表达式成立时，执行代码；当条件表达式不成立时，执行另外的代码。语法格式如下：

```
if(条件表达式)
{
    语句;
}else{
    语句;
}
```

例如下面的示例。

实例演示：(源代码位置：ch2\ch2-4\WebRoot\4-6.html)

```
<script type="text/javascript">
    var d=new Date();
    var t=d.getHours();
    if (t <=9){
      document.write("<h1>早上好！</h1>");
    }else{
      document.write("<h1>美好的一天！</h1>");
    }
</script>
```

运行结果如图 2-25 所示。

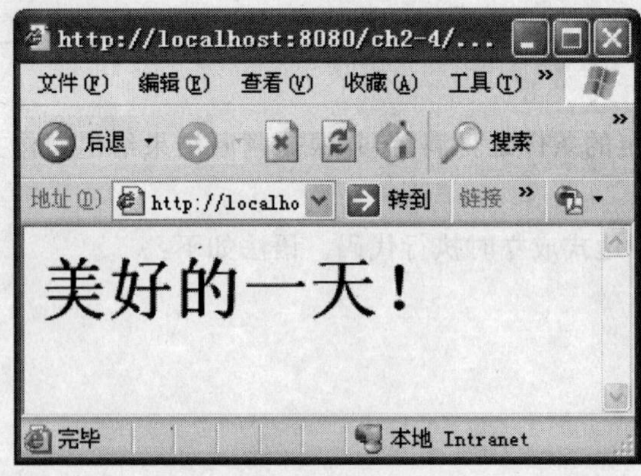

图 2-25　JavaScript if 语句块

第三种格式，属于多分支条件语句，语句执行时，选择若干种情况中的一种执行。语法格式如下：

if(条件表达式 1)

```
{
    语句;
}else if(条件表达式 2){
    语句;
    ……
}else{
    语句;
}
```

例如下面的示例。

实例演示:(源代码位置:ch2\ch2 - 4\WebRoot\4 - 7. html)

```
<script type="text/javascript">
  var d=new Date();
  var t=d.getHours();
  if (t <= 9){
    document.write("<h1>早上好! </h1>");
  }else if(t <= 18){
    document.write("<h1>美好的一天! </h1>");
  }else{
    document.write("<h1>晚上好! </h1>");
  }
</script>
```

6. while 语句

while 语句用于判断给定的条件是否满足,并根据判断结果给出循环操作方式。当条件表达式为真时,执行循环体内语句。常用的 while 语句有两种格式。

第一种格式语法如下:

```
while (条件表达式)
{
    语句;
}
```

例如下面的示例。

实例演示:(源代码位置:ch2\ch2 - 4\WebRoot\4 - 8. html)

```
<script type="text/javascript">
  var i = 0;
  while (i <= 3)
  {
      document.write("数字是 " + i);
      document.write("<br>");
      i++;
  }
</script>
```

运行结果如图 2-26 所示。

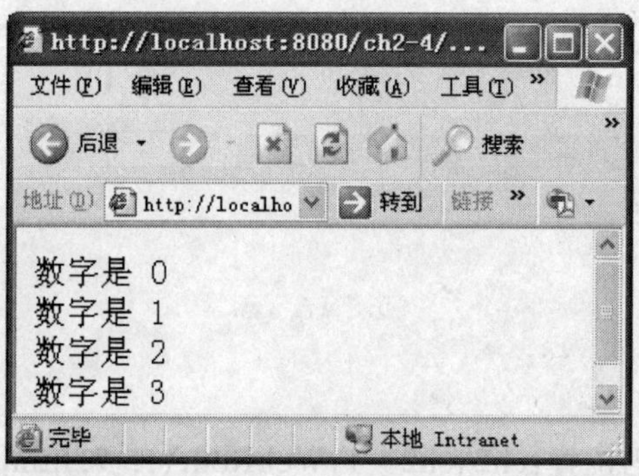

图 2-26　JavaScript while 语句块

第二种格式语法如下：

```
do
{
    语句;
}
while (条件表达式)
```

do...while 循环是 while 循环的变种。该循环程序在初次运行时会首先执行一遍循环体中的代码，然后当指定的条件为 true 时，会继续执行循环体；当指定的条件为 false 时，它会退出循环体。

例如下面的示例。

实例演示：(源代码位置：ch2\ch2-4\WebRoot\4-9.html)

```
<script type="text/javascript">
  var i = 4;
  do
  {
      document.write("数字是 " + i);
      document.write("<br>");
      i++;
  }
  while (i <= 3)
</script>
```

7. for 语句

for 语句用于将一段代码循环执行指定的次数。语法格式如下：

```
for (变量=开始值;变量<=结束值;变量=变量+步长)
{
    语句;
}
```

for 循环中的步长可以是负值，如果步长为负数，则需要调整 for 语句中的比较运算符。

示例如下：

实例演示：(源代码位置：ch2\ch2 - 4\WebRoot\4 - 10.html)

```
<script type="text/javascript">
    var i=0;
    for(i=0;i<=3;i++)
    {
        document.write("数字是 " + i);
        document.write("<br>");
        i++;
    }
</script>
```

8. 函 数

函数是由事件驱动的，当它被调用时，执行的是可重复使用的代码块。创建函数的语法如下：

```
function  函数名(var1,var2,...)
{
    语句;
}
```

var1、var2 为传入函数的型参或实参。参数可以有，也可以没有，“{}”中为函数实现部分。当函数需要返回值时，必须使用 return 语句。

示例如下：

实例演示：(源代码位置：ch2\ch2 - 4\WebRoot\4 - 11.html)

```
<script type="text/javascript">
  function plus(a,b)
  {
    x=a * b;
    return x;
  }
</script>
```

2.5.3 JavaScript 事件

JavaScript 使我们有能力创建动态页面。事件是可以被 JavaScript 侦测到的行为。

网页中的每个元素都可以产生某些可以触发 JavaScript 函数的事件。比如，可以在用户单击某按钮时，产生一个 onClick 事件来触发某个函数。事件在 HTML 页面中定义。

常用的 JavaScript 事件如下：

- 鼠标单击；
- 页面或图像载入；
- 鼠标悬浮于页面的某个热点之上；
- 在表单中选取输入框；

- 确认表单；
- 键盘按键。

1. onload 和 onunload 事件

onload 用于在页面或图像加载完成后立即发生。例如下面的例子中，当打开页面时，文本“网页已打开！”会被显示在状态栏中。

实例演示：(源代码位置：ch2\ch2－4\WebRoot\4－12.html)

```
<html>
  <head>
    <script type="text/javascript">
      function test()
      {
      window.status="网页已打开!"
      }
    </script>
  </head>
  <body onload=" test ()">
  </body>
</html>
```

运行结果如图 2－27 所示。

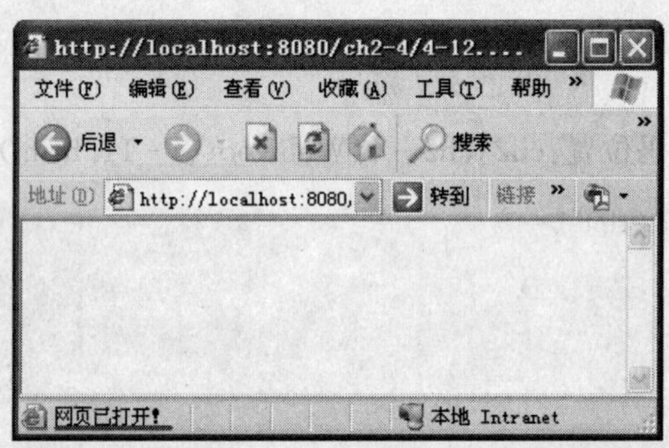

图 2－27 onload 事件

onunload 用于在用户退出页面时发生。例如下面的例子中，在关闭页面时会显示一个对话框。

实例演示：(源代码位置：ch2\ch2－4\WebRoot\4－13.html)

```
<html>
  <head>
  </head>
  <body onunload="alert ('网页已关闭! ')">
  </body>
</html>
```

2. onfocus、onblur 和 onchange 事件

onfocus、onblur 和 onchange 事件通常相互配合用来验证表单。

onfocus 事件在对象获得焦点时发生。例如下面的例子中，当文本框获得焦点时，文本框的背景颜色变为绿色。

实例演示：(源代码位置：ch2\ch2-4\WebRoot\4-14.html)

```
<html>
  <head>
    <script type="text/javascript">
      function setBgColor (e)
      {
           document.getElementById(e).style.background="blue";
      }
    </script>
  </head>
  <body>
      用户名：<input type="text" onfocus="setBgColor(this.id)" id="username">
  </body>
</html>
```

运行结果如图 2-28 所示。

图 2-28　onfocus 事件

onblur 事件在对象失去焦点时发生。例如下面的例子中，当文本框失去焦点时，文本框中输入的小写字母变为大写字母。

实例演示：(源代码位置：ch2\ch2-4\WebRoot\4-15.html)

```
<html>
  <head>
    <script type="text/javascript">
      function uppCase(e)
      {
        var str=document.getElementById(e).value;
        document.getElementById(e).value=str.toUpperCase();
```

```
    }
  </script>
 </head>
 <body>
    用户名：<input type="text" onblur=" uppCase (this.id)" id="username">
 </body>
</html>
```

运行结果如图 2-29 所示。

图 2-29 onblur 事件

文本框中输入小写 admin，当光标离开文本框时，小写字母变为大写字母。

onchange 事件在内容改变时发生。例如下面的例子中，当文本框改变内容时，文本框中输入的小写字母变为大写字母。

实例演示：(源代码位置：ch2\ch2-4\WebRoot\4-16.html)

```
<html>
 <head>
  <script type="text/javascript">
    function uppCase(e)
    {
      var str=document.getElementById(e).value;
      document.getElementById(e).value= str.toUpperCase();
    }
  </script>
 </head>
 <body>
    用户名：<input type="text" onchange="uppCase (this.id)" id="username">
 </body>
</html>
```

3. onsubmit 事件

onsubmit 用于在提交表单之前验证所有的表单域。例如下面的例子中，当单击“提交”按钮时，弹出提示对话框。

实例演示：(源代码位置：ch2\ch2-4\WebRoot\4-17.html)

```
<html>
  <body>
    <form name="userinfo" onsubmit="alert('Hello ' + userinfo.username.value +'! ')">
      用户名:<input type="text" name="username">
      <input type="submit" value="提交">
    </form>
  </body>
</html>
```

4. onmouseover 和 onmouseout 事件

onmouseover 事件在鼠标指针移动到指定的对象上时发生。例如下面的例子中，当鼠标移动到图片上时，弹出提示对话框。

```
<img src="test.jpg" onmouseover="alert('您的鼠标在图片上！')" />
```

onmouseout 事件在鼠标指针移出指定的对象时发生。例如下面的例子中，当鼠标移动到图片上时，弹出提示对话框。

```
<img src="test.jpg" onmouseout="alert('您的鼠标离开了图片！')" />
```

这里介绍了一部分事件，JavaScript 中还有很多其他事件。

2.6　Web 客户端编程应用举例

前面学习了 Web 客户端编程中用到的技术：HTML 元素及 HTML 标签，CSS 样式表基础知识和 JavaScript 基础知识。本节通过开发实例具体讲解这些知识的实际应用，以达到查缺补漏与巩固知识的目的。

本实例要达到的设计目标是：通过 HTML 页面中的表单元素收集个人信息，个人信息收集的表单元素包括文本框、单选按钮、列表、复选框和文本区域等，并且采用表格控制表单元素在页面中的布局，运用 CSS 样式表对个人信息表单进行样式设计。效果如图 2-30 所示。

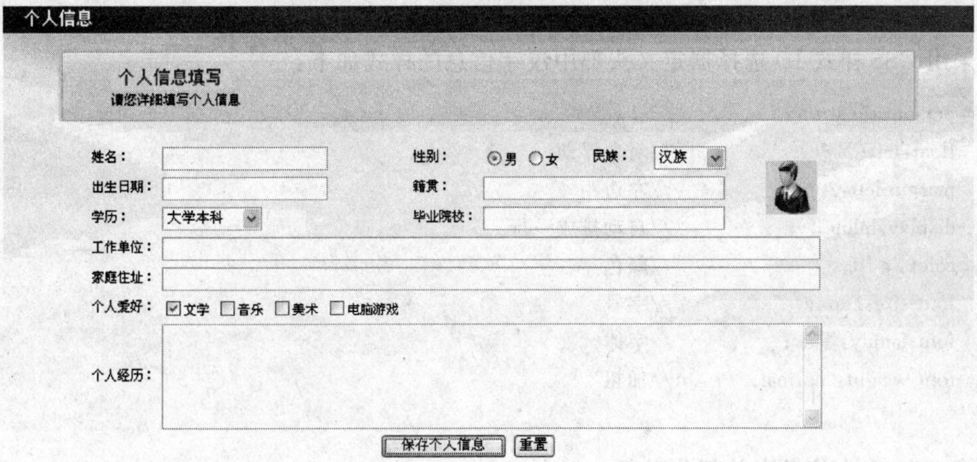

图 2-30　个人信息收集页面

首先在 MyEclipse 开发环境下建立 Web 项目,项目名称为 ch2-5。

在 WebRoot 下建立个人信息收集页面,页面文件名为 register. html。(源代码位置:ch2\ch2-5\WebRoot\register. html。)

为了达到上面所示的表单元素布局和页面效果,在设计中:

第一步:采用 CSS 标记选择器定义页面<body>样式,这里比较简单,定义语句为

```
body{
  padding-top:15px;            //设置表单元素上顶边的边距
  margin-left:18px;            //左边框到其他边框的距离
}
```

第二步:要对页面不同区域设置不同的颜色或 CSS 样式,就要对页面采用<div>进行分块,这里将页面分为信息收集页面头部和表单部分。

头部块设置语句为

```
<div id="persontitle">
  <strong>个人信息</strong>
</div>
```

id 属性一方面用来标识这一块,另一方面用来定义这一块的 CSS 样式。

采用 CSS 样式 ID 选择器定义头部样式如下:

```
#persontitle{
  width:900px;                 //宽度
  height:22px;                 //高度
  line-height:22px;            //行高
  margin:0 auto;               //边界
  background:#3e419e;          //背景颜色
  font-size:14px;              //字号
  color:#fff;                  //前景颜色
  padding:1px 0px;             //内距离
}
```

采用 CSS 样式 ID 选择器定义头部中汉字信息的样式如下:

```
#persontitle strong {
  float:left;                  //对象浮动
  margin-left:20px;            //左边距
  display:inline;              //自动排成一行
  color:#fff;                  //颜色
  font-size:16px;              //字号
  font-family:黑体;            //字体
  font-weight: normal;         //加粗
}
```

第三步:个人信息表单部分定义。

首先定义表单块,并运用 CSS 样式 ID 选择器定义这一块的样式,块定义如下:

```
<div id="page">
  …
</div>
```

ID 选择器样式定义如下：

```
#page{
  width:900px;                //宽度
  margin:0 auto;              //边距
  text-align:left;            //文本对齐方式
  background:url(images/bg.jpg) no-repeat 0 1px;      //块背景图片
}
```

bg.jpg 图片存放在目录 WebRoot/images 下面。

再将这一块分为两个小块，第一小块就是图 2-1 中显示的提示信息："请您详细填写个人信息"。块定义如下：

```
<div class="contentbox">
  <div class="contentboxtitle">
    <h2><img src="images/contentbox_title.gif" title="个人信息" alt="个人信息" /></h2>
    <p>请您详细填写个人信息</p>
  </div>
</div>
```

采用 CSS 样式类别选择器定义这一块的样式，contentbox 样式定义如下：

```
.contentbox{
  margin:10px auto;           //边距
  width:797px;                //宽度
  background:url(images/bg_1.jpg) repeat-y left #fff;          //背景
}
```

采用类别选择器对 contentboxtitle 样式定义如下：

```
.contentboxtitle{
  height:69px;                //高度
  clear:both;                 //控制 float 属性在文档中的物理位置
  padding:0 33px 0 50px;      //内边距
  background:url(images/bg3a.jpg) no-repeat 0 0;          //添加图片
}
```

采用类别选择器对<h2>标签的 CSS 定义如下：

```
.contentboxtitle h2{
  font-size:18px;             //字号
  font-weight:bold;           //加粗
  color:#1F3EA6;              //颜色
  padding:20px 0 3px 0;       //内边距
}
```

第二小块为个人信息表单信息块，表单属性 name 为 regInfo，id 属性为 regInfo，具体定义如下：

```
<form name="regInfo" id="regInfo" method="post">
  <div>
    <table>
    <tr>
      <td>姓名:</td>
      <td><input type="text" name="name" id="name" /></td>
      <td>性别:</td>
      <td>
        <input type="radio" id="gender" name="gender" value="male" checked="true"/>男
        <input type="radio" id="gender" name="gender" value="female"/>女
      </td>
      <td>民族:</td>
      <td>
        <select name="nation" id="nation">
        <option value="汉族" selected="true">汉族</option>
        <option value="蒙古族">蒙古族</option>
        <option value="回族">回族</option>
        </select></td>
      <td rowspan="3"><img src="images/person.png" alt="照片"></img></td>
    </tr>
    <tr>
      <td>出生日期:</td>
      <td><input type="text" name="birth" id="birth" /></td>
      <td>籍贯:</td>
      <td colspan="4"><input type="text" name="place" id="place" size="30"/></td>
    </tr>
    <tr>
      <td>学历:</td>
      <td><select name="nation" id="nation">
        <option value="博士研究生" selected="true">博士研究生</option>
        <option value="硕士研究生">硕士研究生</option>
        <option value="大学本科">大学本科</option>
        <option value="专科毕业">专科毕业</option>
        <option value="在校学生">在校学生</option>
        </select></td>
      <td>毕业院校:</td>
      <td colspan="4"><input type="text" name="school" id="school" size="30"/></td>
    </tr>
    <tr>
      <td>工作单位:</td>
```

```
    <td colspan="6"><input type="text" name="unit" id="unit  " size="85"/></td>
  </tr>
  <tr>
    <td>家庭住址:</td>
    <td colspan="6"><input type="text" name="address" id="address" size="85"/></td>
  </tr>
  <tr>
    <td>个人爱好:</td>
    <td colspan="6"><input type="checkbox" name="hobby" value="liter" checked="true">
    文学</input>
      <input type="checkbox" name="hobby" value="music" >音乐</input>
      <input type="checkbox" name="hobby" value="art" >美术</input>
      <input type="checkbox" name="hobby" value="game" >电脑游戏</input></td>
  </tr>
  <tr>
    <td>个人经历:</td>
    <td  colspan="6"><textarea name="experience" cols="84" rows="6"> </textarea></td>
  </tr>
  <tr>
    <td colspan="7" align="center">
      <input type="submit" value="保存个人信息" />
      <input type="reset" value="重置" /></td>
  </tr>
 </table>
 </div>
</form>
```

采用类别选择器定义表单 form 中 table 的 CSS 样式如下:

```
.content form div table{
  float:left;                    //对象浮动
  margin-left:40px;              //左边距
  width:700px;                   //宽度
  text-align:left;               //文本对齐方式
}
```

第四步:表单验证。这里表单验证采用 JavaScript 来实现,主要功能是判断表单中文本输入框输入是否为空。验证代码如下:

```
<script type="text/javascript">
  function validate(){
    var name=document.getElementById("name");
    var birth=document.getElementById("birth");
    var place=document.getElementById("place");
    var school=document.getElementById("school");
```

```
        var unit=document.getElementById("unit");
        var address=document.getElementById("address");
        var experience=document.getElementById("experience");
        if(name.value==""){
          alert("请输入姓名");
        }else if(birth.value==""){
          alert("请输入出生日期");
        }else if(place.value==""){
          alert("请输入籍贯");
        }else if(school.value==""){
          alert("请输入毕业院校");
        }else if(address.value==""){
          alert("请输入家庭地址");
        }else if(experience.value==""){
          alert("请输入个人简历");
        }else{
          return true;
        }
    }
</script>
```

表单验证有好多方法，可以采用正则表达式来验证表单，也可以采用后面介绍的Struts2来验证表单。

2.7 习 题

1. HTML 文档中<head>元素的主要作用是什么?
2. HTML 标签中常用的文本格式化标签有哪些?
3. HTML 标签中用来定义表格的标签有哪些，并定义一个表单。
4. 常用的 HTML 表单标签有哪些，它们各自的用法是什么?
5. 举例说明在网页中使用 CSS 样式表的三种方式。
6. 运用 JavaScript 语言编程计算 $s=1+2+3+\cdots+100$，并将结果显示在页面中。
7. 创建一个表单，要求用户输入姓名和年龄，运用 JavaScript 验证用户输入的年龄，如果年龄小于 18 岁，则显示消息框:“对不起，您不可以操作。”

第3章 JSP开发技术

3.1 Java Server Page

由于HTML只能满足页面内容的静态显示，为了在Web页面中加入人机交互的内容，要在HTML页面中加入交互语句，使得静态页面变为动态页面。Java Server Page(JSP)能产生强大的动态HTML页面。JSP是直接从Java Servlet扩展的，可以让开发人员在HTML中嵌入JAVA代码，HTML文件的扩展名必须为.jsp。

下面是一个简单的JSP文件。

实例演示：(源代码位置：ch3\ch3-1\WebRoot\1-1.jsp)

```
<html>
  <body>
    <%
        out.println("This is a Java Server Page.");
    %>
  </body>
</html>
```

这段JSP代码看起来和HTML文件差不多，不同的地方是添加了Java代码。把文件部署到Web服务器中。当请求这个JSP文件时，JSP引擎会进行处理。当JSP文件第一次被请求时，它被解析成Servlet，编译后驻留于内存。Web服务器用生成的Servlet来处理客户端的请求，并返回结果到客户端。

除了普通HTML代码之外，嵌入HTML页面的JSP成分主要有如下三种：脚本元素(Scripting Element)、指令(Directive)、动作(Action)。脚本元素用来嵌入Java代码，这些Java代码将成为转换得到的Servlet的一部分；JSP指令用来从整体上控制Servlet的结构；动作用来引入现有的组件或者控制JSP引擎的行为。下面首先介绍JSP的脚本元素。

3.2 JSP元素

3.2.1 JSP脚本元素

脚本元素用来插入Java代码，这些Java代码将出现在由当前JSP页面生成的Servlet中，以声明<%!%>、表达式<%= %>和脚本段<% %>形式出现。

1. 声　明

声明用于定义Java变量和方法。JSP声明必须有声明语句。当JSP页第一次被载入时，JSP声明被初始化；初始化后，它们被用于同一JSP页面中的声明、表达式、脚本。语法格式为

<%! declaration %>

声明在 JSP 页面中仅仅用于定义，不产生任何输出。生成输出结果的任务是由 JSP 表达式或脚本小程序来完成的。每个声明的后面都必须有一个分号。为了更好地理解声明，下面给出一个变量声明的例子。

实例演示：(源代码位置：ch3\ch3-2\WebRoot\2-1.jsp)

```
<body>
  <%!
    Date theDate = new Date();
    Date getDate()
    {
    return theDate;
    }
  %>
  ...
  Hello!
  <hr>
  The time is now <%= getDate() %>
</body>
```

其中 theDate 为声明变量，getDate()为声明方法。

运行结果如图 3-1 所示。

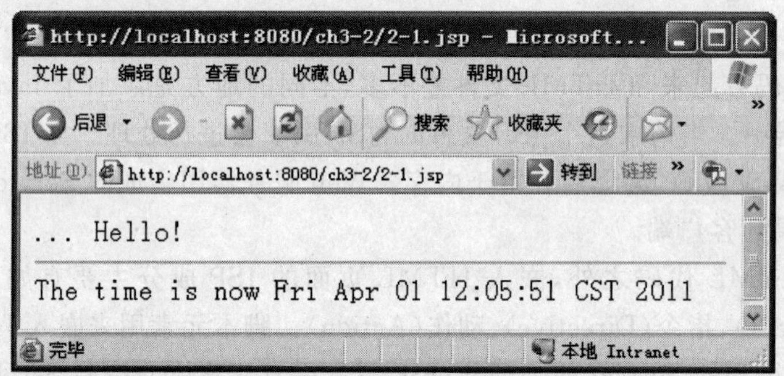

图 3-1 JSP 声明

2. 表达式

JSP 表达式在 Web 页面请求时进行计算，计算结果插入到 JSP 文件的表达式位置上。如果在运行过程中，表达式不能被转换成字符串，就会产生 translation-time 错误。一个表达式可以包含其他表达式，但运算结果只能返回一个值。当表达式复杂时，标记可能被分解成多条连续的 out.write ()语句。需要注意的是，JSP 表达式结束处不能使用分号。表达式语法如下：

<%= expression %>

例如，利用 JSP 表达式输出计算结果到 JSP 页面上。

实例演示：(源代码位置：ch3\ch3-2\WebRoot\2-2.jsp)

```
<body>
 <h1>JSP 表达式</h1>
 <b>50,49 中的最大值:</b><%=Math.max(50,49)%><br>
 <b>3 * 2-5 的值:</b><%=3 * 2-5 %><br>
 <b>3+5==8 的值:</b><%=3+5==8 %><br>
</body>
```

运行结果如图 3-2 所示。

图 3-2　JSP 表达式(一)

3. 脚　本

脚本小程序是在 JSP 页面中嵌入 Java 代码段,包含在<% ... %>标记中。脚本小程序的基本语法格式如下:

<% Scriptlet %>

脚本小程序被嵌套在 Servlet 实现类的_jspService( )方法内,属于局部变量。当 JSP 收到客户的请求时,脚本小程序就会被执行。如果脚本小程序有内容显示,则这些内容就被存在 out 输出对象中。

Scriptlet 能够包含多个语句、方法、变量、表达式,因此它能实现以下功能:

- 声明将要用到的变量或方法。
- 显示出表达式。
- 使用任何隐含对象和使用<jsp:useBean>声明过的对象。

例如,在 Java 脚本代码中使用 for 循环,打印九九乘法口诀。

实例演示:(源代码位置:ch3\ch3-2\WebRoot\2-3.jsp)

```
<body>
  <h1>乘法口诀</h1>
  <%
   for(int i=1;i<=9;i++) {
   for(int j=1;j<=i;j++) {
     out.println(i+" * "+j+"="+(i*j));
   }
```

```
        out.println("<br>");
    }
  %>
</body>
```

运行结果如图 3-3 所示。

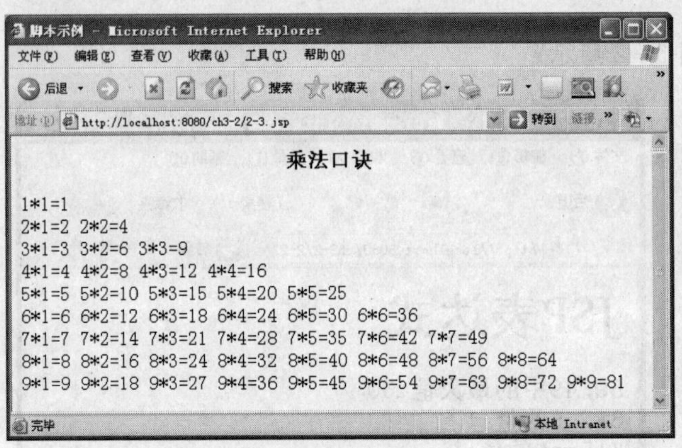

图 3-3 JSP 表达式(二)

3.2.2 JSP 指令元素

JSP 指令元素是为 JSP 容器设计的，用于从 JSP 发送一个信息到容器上，指示 JSP 容器如何正确地翻译代码，或者执行特定的操作，对 Servlet 源码的生成有影响。JSP 容器处理指令元素时，不向客户机产生任何输出。指令元素的语法格式如下：

<%@ 指令名 属性="值" %>

还可以在一个指令中加入多个属性，例如：

<%@ 指令名 属性 1="值 1" 属性 2="值 2".... 属性 n="值 n" %>

JSP 指令元素主要有三种类型：page、include 和 taglib。

1. page 指令

page 指令用于设置 JSP 页面的全局属性，这些属性用于通知 JSP 容器如何处理本页面的 JSP 元素，其作用范围包含整个 JSP 页面以及被<%@ include %>指令包含的静态文件。一个 JSP 页面可以包含多个 page 指令，但是 page 指令中的大多数属性只能出现一次，重复的属性设置会将先前的设置覆盖。page 指令中允许重复使用的属性有 pageEncoding 和 import 属性等。考虑 JSP 程序的可读性，习惯上把 page 指令放在 JSP 页面的顶部。

page 指令的语法格式如下：

```
<%@ page language="java"
  extends="......"
  import="......"
  contentType="MIME-type ;charset=characterSet"
  pageEncoding="......"
  session="true|false"
  buffer="none|8kb|sizekb"
```

```
    autoFlush="true|false"
    info="......"
    isThreadSafe="true|false"
    isELIgnored="......"
    errorPage="......"
    isErrorPage="true|false"
%>
```

page 指令属性如表 3-1 所列。

表 3-1 page 指令属性表

属 性	说 明
language="Java"	告诉服务器编译什么语言
extends="className"	扩展 JSP 时，指明 JSP 的父类
import="importList"	定义导入到 JSP 中的 Java 类包，用分号来分隔不同的类包
session="true|false"	定义是否在 JSP 中使用 session。缺省值为 true
buffer="none|size in kb"	是否对输出流进行缓冲。缺省值为 8 KB
autoFlush="true|false"	定义输出流是否会被自动输出。缺省值为 true
isThreadSafe="true|false"	告诉 JSP 引擎这个页面同时可为多个请求服务。缺省值为 true。如果设置为 false，则只能被用于单线程
info="text"	通过调用 Servlet. getServletInfo()方法访问 JSP 页面的表示信息
errorPage="error_url"	表示用相应地址的 JSP 页面来处理抛出的 JSP 异常
isErrorPage="true|false"	表明 JSP 页面是否有一个错误处理页面。缺省值为 false
contentType="ctinfo"	表示发送到客户端的网际协议和字符集

contentType 属性是指响应网页的 MIME 类型和字符集，MIME 类型分成两部分：类/子类。例如，默认 MIME 类型表示为 text/html，其中 text 表示信息的类为文本类型，后面的 html 是子类，表示这些文本信息是 HTML 文本。常见的 MIME 类型如表 3-2 所列。

表 3-2 常见的 MIME 类型

数据类型	MIME 类型	文件名后缀
HTML 文本	text/html	. htm、. html
一般文本	text/plain	*. txt
RTF 文本	application/rtf	*. rtf
MS-Word 文档	application/msword	*. doc
MS Excel	application/vnd. ms-excel	*. xls
MS-PowerPoint 演示文稿	application/vnd. ms-powerpoint	*. ppt
PDF 文档	application/pdf	*. pdf
Zip 压缩文档	application/zip	*. zip
PNG 图片文档	image/png	*. png
GIF 图片文档	image/gif	*. gif
JPEG 图片文档	image/jpeg	*. jpg
AVI 文档	video/x-msvideo	*. avi

例如,下面的代码片段包含了 page 指令,用来导入 java. util 包。

```
<%@ page import="java.util.*" %>
```

例如,创建一个 2-4. jsp 页面,该页面运行时发生异常,使得 2-4. jsp 页面自动切换到 2-5. jsp 错误处理页面,并且在 2-5. jsp 页面中显示出错原因。

实例演示:(源代码位置:ch3\ch3-2\WebRoot\2-4. jsp)

```
<%@ page contentType="text/html; charset=gbk" errorPage="2-5.jsp" %>
<html>
  <head>
    <title>errorPage 示例</title>
  </head>
  <body>
    <%
      int a=0;
      int b=1;
      out.println(b/a);
    %>
  </body>
</html>
```

2-4. jsp 页面在执行时,将会引发一个除数为零的异常,并指定该异常由 2-5. jsp 页面进行处理。

实例演示:(源代码位置:ch3\ch3-2\WebRoot\2-5. jsp)

```
<%@ page contentType="text/html; charset=gbk" isErrorPage="true" %>
<html>
  <head>
    <title>错误处理页面</title>
  </head>
  <body>
    <h1>错误信息</h1>
    2-4.jsp  错误原因:
    <%out.println(exception.toString()); %>
  </body>
</html>
```

2. include 指令

include 指令元素称为文件包含,用于在 JSP 页面中静态包含一个文件,该文件可以是 JSP 页面、html 页面、文本文件或一段 Java 代码。被包含的文件内容在编译时会被嵌入 Servlet 程序中,替换 include 指令。include 指令的语法格式如下:

< %@　include file="relativeURLspec" %>

file 的属性指出被包含资源的 URL,可以使用相对路径和绝对路径。相对路径就是正在使用的 JSP 文件的当前路径,是以文件名或目录名开头的。绝对路径以"/"开头,主要是参照

JSP 应用的上下文路径。

include 指令在使用时的注意事项如下：

- include 指令是静态包含，执行时间是在编译阶段。如果是程序代码，则这些程序代码在运行时不接受动态传入的参数，所以 file 不能是一个变量，也不能在 file 后接任何参数。
- 在被包含文件中，尽量不要使用<html>、<head>和<body>标记，因为这可能会与原 JSP 网页中相同的标记产生冲突而导致错误。
- 使用 include 指令可以把一个复杂的 JSP 页面分成若干简单的部分，这样大大增加了 JSP 页面的管理性。但程序员在阅读一个 JSP 页面时，如果遇到太多的< %@ include %>指令，就会被迫转去打开被包含的文件来阅读，往往让开发人员感到程序难以理解。

例如，2－6.jsp 页面中包含 2－7.jsp 页面。

实例演示：（源代码位置：ch3\ch3－2\WebRoot\2－6.jsp）

```
<%@ page contentType="text/html; charset=gbk" language="java"%>
<html>
  <head>
    <title>Include 指令示例</title>
  </head>
  <body>
    <%@ include file="2-7.jsp"%>
  </body>
</html>
```

2－6 页面中包含了 2－7.jsp 文件，2－7.jsp 文件代码如下：

实例演示：（源代码位置：ch3\ch3－2\WebRoot\2－7.jsp）

```
<% for(int i=1;i<=6;i++) { %>
    <font size="<%=i%>">Hello</font><br>
<%}%>
```

运行结果如图 3－4 所示。

3. taglib 指令

taglib 指令即标记库指令，用于定义一个标记库及其自定义标记的前缀。用户首先要开发自己的 taglib 标记库，为标记库编写以.tld 为后缀的配置文件，然后在 JSP 页面中使用该自定义标记。taglib 指令的语法格式如下：

```
<%@ taglib uri="taglibURI" prefix="pre"%>
```

表 3－3 中描述了 taglib 指令的属性。

表 3－3　taglib 指令属性定义

属　性	说　明
uri="tagLibraryURI"	标签库描述器的 URI，说明 tagLibrary 的存放位置
prefix="tagPrefix"	用于标识在页面后面部分使用定制标签的唯一前缀

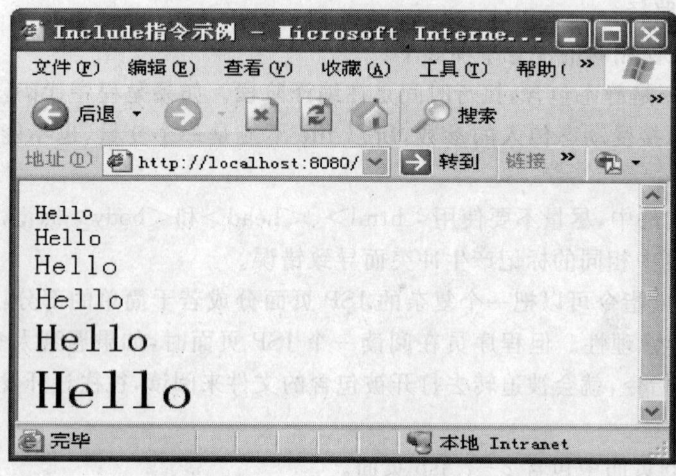

图 3-4　include 指令

其中，uri 用来表示标记库的地址，也就是告诉 JSP 容器如何找到标记描述文件和标记库。prefix 属性指定了自定义标记的前缀。注意不要使用 jsp、jspx、java、javax、servlet、sun 和 sunw 作为前缀。

使用 taglib 指令的简单示例如下：

实例演示：(源代码位置：ch3\ch3-2\WebRoot\2-8.jsp)

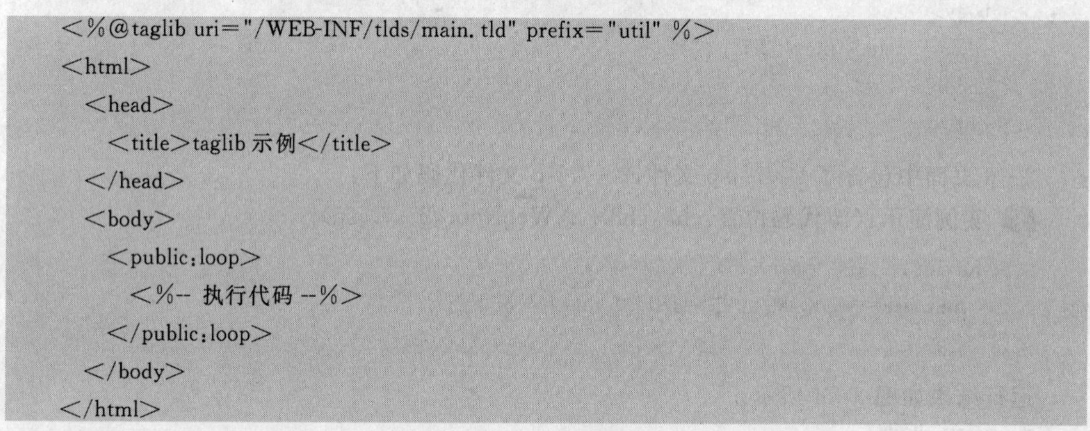

```
<%@taglib uri="/WEB-INF/tlds/main.tld" prefix="util" %>
<html>
  <head>
    <title>taglib 示例</title>
  </head>
  <body>
    <public:loop>
      <%-- 执行代码 --%>
    </public:loop>
  </body>
</html>
```

利用 taglib 标记，开发人员可以将一些复杂的服务器行为以标记处理的形式放到 JSP 页面中。这种开发模式实现了 JSP 页面和代码的分离，提高了代码的可重用性和可维护性。例如修改代码时，开发人员只需要对 Java 程序进行重新编译，不需要触及网页表示层。设计人员修改网页布局及美工时，只需要使用事先约定的标记，而不需要关注标记处理程序是如何实现的。

3.2.3　JSP 注释元素

JSP 注释元素用于阐明程序段的用途或者程序员的意图。JSP 页面中主要包含两种不同类型的注释：JSP 注释和 HTML 注释。

1. JSP 注释

JSP 注释也叫隐藏注释，只有打开 JSP 页面后才能看到它。JSP 注释的基本语法格式为

<%-- 注释内容 --%>

JSP 编译器不会对注释符之间的语句进行编译，也不会将其返回给客户端浏览器。注释的内容中不能使用"--%>"字符串，否则会引起语法错误，解决方法是用 Java 转义符"\"把">"定义为普通字符，即"--%\>"。

2. HTML 注释

HTML 注释也叫输出注释，发布网页时可以在浏览器的源文件中看到。JSP 注释的基本语法格式为

<! -- 注释内容 [<%　%> | <%= %>] -->

在 HTML 注释中，可以使用<% %>或<%= %>等标记输出一些动态的注释信息。例如可以在注释中使用 JSP 表达式。当用户第一次或重新调用页面时，表达式将被赋值，该值和 HTML 注释中的其他内容一起输出到客户端。

3.2.4　JSP 动作元素

JSP 动作元素是使用 XML 语法写成的，用来控制 JSP 容器的动作。JSP 动作分为标准动作和扩展动作。JSP 标准动作用于执行一些常用的 JSP 页面动作，例如动态地插入文件；重用 JavaBean 组件；将用户请求转向另一个页面；动态生成 XML 元素等。其使用格式为<jsp:标记名>，jsp 为标记前缀，标记名是由 JSP 规范定义的，用户不能随意更改。JSP 扩展动作也叫 taglib 标记库，例如 JSTL 标记库、Struts 标记库和自定义标记库等。通过在 JSP 页面中使用动作标记，不在 JSP 页面中编写 Java 代码就能实例化对象，这样页面开发者在对 JSP 页面进行处理时不用担心意外修改 JSP 代码段。

动作元素与指令元素不同，动作元素是在用户请求阶段动态执行的，每次有用户请求都可能被执行一次；而指令元素是在编译阶段被编译的，它只会被编译一次。

JSP 中有多种类型的动作元素，在 JSP 2.0 中主要有 20 项标准动作。这 20 项标准动作可以分为常规动作、JavaBean 动作、JSP Document 动作、动态 XML 元素动作和自定义标签动作。JSP 2.0 标准动作如图 3-5 所示。

常规动作的主要执行文件包含页面转发、传递参数等功能。JavaBean 动作用来生成一个 JavaBeam 对象，JSP 通过调用 JavaBeam 对象的方法来完成业务操作，JSP Document 动作、动态 XML 元素动作和自定义标签动作是 JSP 2.0 新增的动作元素，它们的作用分别是在 JSP Document 中产生 XML 元素、动态地生成 XML 元素标签值和直接使用 JSP 语法来制作标签。

1. <jsp:include>动作

<jsp:include>动作用来在 JSP 页面中动态包含一个独立的文件，如果对包含的文件进行修改，那么运行时可以看到所包含文件修改后的结果。被包含的文件可以是动态的，也可以是静态的。<jsp:include>的基本语法格式如下：

```
<jsp:include page="urlSpec" flush="true|false"/>
```

或

```
<jsp:include page="urlSpec" flush="true|false"/>
    <jsp:param  …/> *
</jsp:include>
```

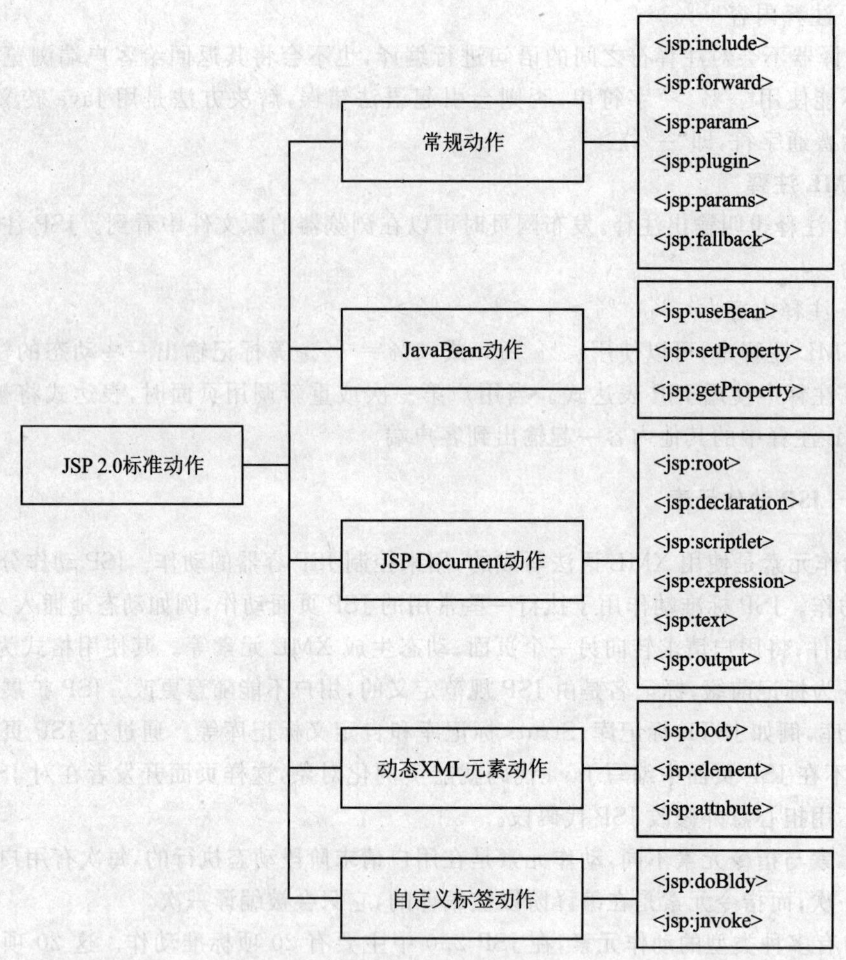

图 3-5　JSP2.0 标准动作

表 3-4 描述了＜jsp:include＞的属性。

表 3-4　＜jsp:include＞属性

属　性	说　明
page	要包含的资源的地址，基于 URL
flush	指明是否缓冲

其中，page="urlSpec"属性定义了被包含文件的路径，可用相对路径或绝对路径表达。当属性 flush="true"时，表示在包含文件前，先刷新输出缓冲区中的内容。如果为 false，则不刷新，默认值为 false。用户可以在＜jsp:include＞动作内容中使用一个或多个＜jsp:param＞元素，为被包含的页面传递参数。

＜jsp:include＞动作能够自己区分被包含的文件是静态的还是动态的。如果文件是静态的，则只把静态文件的内容直接输出给客户端，文件不会被 JSP 编译器编译。如果文件是动态的，则文件会被 JSP 编译器编译执行，把执行后的结果包含进来再返回给客户端显示出来，其文件名的后缀应该为.jsp。

<jsp:include>动作和<%@include%>指令存在差异。<%@include%>指令是静态包含，在编译阶段将被包含文件原封不动地插入到包含页面中，被包含文件的内容是固定不变的。<jsp:include>动作是动态包含，在请求处理阶段才将被包含文件嵌入到主文件中，所以被包含文件的内容是动态改变的。

输入用户名和密码的<jsp:include>动作简单示例如下：

实例演示：(源代码位置：ch3\ch3 - 2\WebRoot\2 - 9.jsp)

```
<body>
  <h3 align=center>比较 include 和 jsp:include</h3>
  <form action="2-10.jsp" method=post>
      用户名:<input type=text name="username" id="username"><br>
      密码:<input type=password name="password" id="password"><br>
      <input type=submit name="submit" value="提交">
  </form>
</body>
```

然后创建文件 2 - 10.jsp，用于取得 2 - 9.jsp 文件中的用户名和密码，具体代码如下：

实例演示：(源代码位置：ch3\ch3 - 2\WebRoot\2 - 10.jsp)

```
<body>
  <br>
  您输入的 username 是:<%=request.getParameter("username")%>
  <br>
  您输入的 password 是:<%=request.getParameter("password")%>
</body>
```

再创建 2 - 11.jsp，用于把 2 - 9.jsp 和 2 - 10.jsp 文件包含进来，具体代码如下：

实例演示：(源代码位置：ch3\ch3 - 2\WebRoot\2 - 11.jsp)

```
<body>
  <%@include file="2-9.jsp "%>
  举例说明 jsp:include 工作原理:
  <jsp:include page="2-10.jsp " flush="true">
    <jsp:param name="username" value="<%=request.getParameter("username")%>"/>
    <jsp:param name="password" value="<%=request.getParameter("password")%>"/>
  </jsp:include>
</body>
```

2. <jsp:forward>动作

<jsp:forward>动作用来把当前页面跳转到另一个 JSP 页面、Servlet 或者静态资源文件。用户在客户端浏览器中看到的地址仍然是原来网页的地址，但是浏览器中的内容却为另外一个页面的内容。<jsp:forward>的基本语法格式如下：

```
<jsp:forward page="relativeURLspec"/>
```

或

```
<jsp:forward page="relativeURLspec">
    <jsp:param .../> *
</jsp:forward>
```

其中,page属性的值,可以为一个字符串,也可以为一个表达式,用来说明将要定向的文件或URL。这个文件是JSP程序段,或者是其他能够处理Request对象的文件。<jsp:param>标签用于向动态文件传递一个或多个参数。

该方法是利用服务器端先将数据输出到缓冲区的机制,在把缓冲区的内容发送到客户端之前,执行forward转发,输出缓冲区中尚未在浏览器中显示的内容将被清除。如果缓冲区中的信息已经被刷新,此后紧接着执行forward转发操作,则会触发一个IllegalStateException异常。

例如,在网页中实现用户身份验证机制。当验证通过后,就把页面转发到登录成功的页面;当验证不能通过时,则重新回到登录页面。

创建一个用户登录页面2-12.jsp,成功后跳转到2-13.jsp页面,代码如下:

实例演示:(源代码位置:ch3\ch3-2\WebRoot\2-12.jsp)

```
<body>
  <form method=get action=2-13.jsp>
    <table>
    <tr>
      <td>用户名:</td>
      <td><input type=text name=name></td>
    </tr>
    <tr>
      <td>密  码:</td>
      <td><input type=password name=password></td>
    </tr>
    <tr>
      <td colspan=2><input type=submit value=登录></td>
    </tr>
    </table>
  </form>
</body>
```

2-13.jsp页面代码如下:

实例演示:(源代码位置:ch3\ch3-2\WebRoot\2-13.jsp)

```
<body>
  <%
    String name=request.getParameter("name");
    String password=request.getParameter("password");
    if(name.equals("admin") && password.equals("123456")){
  %>
    <jsp:forward page="2-14.jsp">
      <jsp:param name="user" value="<%=name%>"/>
```

```
    </jsp:forward>
  <%} else {%>
      <jsp:forward page=2-12.jsp"/>
  <%}%>
</body>
```

页面 2－14. jsp 中，可以显示一些登录成功的信息，这里不再单独给出代码。

3. <jsp:param>动作

<jsp:param>动作不能单独存在，通常情况下与<jsp:include>、<jsp:forward>和<jsp:plugin> 配套使用，用来进行参数的传递，其一般形式如下：

```
<jsp:param name="name" value="value"/>
```

其中，name 属性是参数名，value 属性是传递的参数值。

<jsp:include>和<jsp:forward>是利用 request 隐含对象传递参数的，在目标文件中通过 request. getParameter()方法来读取传入的参数值，参数值的类型属于 Parameter。

4. <jsp:plugin>动作

<jsp:plugin>动作用来在客户端浏览器中加载执行一个 Applet 或 JavaBean，被执行的 Applet 或 JavaBean 可以是单个类文件"＊. class"，也可以是一个"＊. jar"包。当 JSP 页面被编译并响应至浏览器执行时，<jsp:plugin>会根据浏览器的版本替换成<object>或<embed>标记。<jsp:plugin>的基本语法格式如下：

```
<jsp:plugin type="applet|bean"
  code="objectCode"
  codebase="objectCodebase"
  [align="alignment"]
  [archive="archiveList""]
  [height="height"]
  [width="width"]
  [hspace="hspace"]
  [vspace="vspace"]
  [jreversion="jreversion"]
  [name="componentName"]
  [nspluginurl="url"]
  [iepluginurl="url"]
  [<jsp:params>
  [<jsp:param name="paramName" value="{paramValue|<%=expression%>}"/>] +
  </jsp:params>]
  [<jsp:fallback>text message for user </jsp:fallback>]
</jsp:plugin>
```

<jsp:plugin>动作的属性如表 3－5 所列。

例如，Tomcat 自带了使用<jsp:plugin>的例子。

首先创建一个名为 Clock2. java 的 Applet 程序，编译成功后生成一个 Clock2. class 文件。

表 3-5　<jsp:plugin>属性

属　性	说　明
type	指定所要加载的对象的类型。type="applet"表示被加载的是 Java Applet 程序，type="bean"表示被加载的是 JavaBean 程序
code	被加载的 Java 类的文件名，必须以.class 结尾。此文件必须在用 codebase 属性指明的目录下
codebase	被加载的 Java 类文件所在目录。如果没有定义此属性的值，则表示被执行的类与 JSP 页面在同一文件夹下
archive	定义被加载类所在的 jar 文件名。如果被加载的类比较大或者由多个相关的文件组成，则通常把这些文件压缩打包在一个"*.jar"文件中
align	定义 Applet 或 JavaBean 对象与周边文字的对齐方式。可能的取值有：top(靠顶部对齐)、bottom(靠底部对齐)、middle(居中对齐)、left(靠左对齐)、right(靠右对齐)
height	定义 Applet 或 JavaBean 对象的高度，单位为像素
width	定义 Applet 或 JavaBean 对象的宽度，单位为像素
hspace	定义 Applet 或 JavaBean 对象与周围环绕文字的水平距离
vspace	定义 Applet 或 JavaBean 对象与周围环绕文字的垂直距离
jreversion	在浏览器中执行 Applet 或 JavaBean 时所需的 Java 运行环境的版本号
name	为 Applet 或 JavaBean 对象定义一个唯一的别名，以方便在 JSP 其他地方调用
nspluginurl	指出 Netscape Navigator 用户能够使用的 JRE 的下载地址
iepluginurl	指出 IE 用户能够使用的 JRE 的下载地址

该文件存放在 Tomcat 安装目录的\webapps\jsp-examples\plugin\applet 目录下。创建一个名为 2-15.jsp 的文件，源代码如下：

实例演示：(源代码位置：ch3\ch3-2\WebRoot\2-15.jsp)

```
<body bgcolor="white">
  <h3>当前时间为：</h3>
  <jsp:plugin type="applet" code="Clock2.class"
    codebase="applet" jreversion="1.2" width="160" height="150" >
    <jsp:fallback>
        Plugin tag OBJECT or EMBED not supported by browser.
    </jsp:fallback>
  </jsp:plugin>
</body>
```

3.3　JSP 隐含对象

为了简化 Web 页面开发过程，JSP 提供了一些可在脚本中使用的隐含对象，这些隐含对象不需要在 JSP 页面中用 new 来创建，而是由 Servlet 容器创建与管理，并传递给 JSP 页面的 Servlet 实现类使用。我们知道，在 JSP 中使用的脚本语言是 Java，所以每一个隐含对象都对应一个特定的 Java 类或接口，如表 3-6 所列。

所有的隐含对象可以在<%　%>或<%=　%>中直接使用，但不能用在<%!%>中，因为它们无需声明。

表 3-6　JSP 隐含对象映射表

变量名	对应的类/接口	作用域
out	javax. servlet. jsp. JspWriter	page
request	javax. servlet. http. HttpServletRequest	request
response	javax. servlet. http. HttpServletResponse	page
session	javax. servlet. http. HttpSession	session
application	javax. servlet. ServletContext	application
config	javax. servlet. ServletConfig	page
page	java. lang. Object	page
pageContext	Javax. servlet. jsp. PageContext	page
exception	java. lang. Throwable	page

3.3.1　out 隐含对象

out 隐含对象的基类是 javax. servlet. jsp. JspWriter，主要用来向客户端输出信息和管理缓冲响应。在 Servlet 容器对 JSP 页面进行编译时，out 对象会被自动转换成 java. io. PrintWriter 对象。我们实际上使用的是 PrintWriter 对象，它是属于 javax. servlet. jsp. JspWriter 类的实例。PrintWrietr 在 JSP 页面中必须用 response. getWriter()方法得到其对象。

1. 输出信息

out 对象输出信息的方法主要有：print()、println()和 newLine()。

(1) print()和 println()

print()和 println()用于打印输出各种类型的数据，如整型、字符型、浮点型甚至可以是一个对象等。两者的区别在于，在返回客户端的源代码中，print()方法输出的数据不换行，println()方法输出的数据换行。例如下面的代码：

```
<body>
  <%
    out. print("Hello");
    out. print("World");
  %>
</body>
```

(2) newLine()

newLine()表示输出一个回车换行符。例如：

```
<body>
  <%
    out. print("Hello");
    out. newLine();
    out. print("World");
  %>
</body>
```

2. 管理缓冲

在默认情况下，输出的数据先存放在缓冲区中，当达到某一状态时才向客户端输出。这样，不用每次执行输出语句时都向客户端进行响应，加快了处理的速度。真正的输出操作是等到 JSP 容器解析完整个程序后，才把缓冲区的数据输出到客户端浏览器上。out 对象提供了一系列管理缓冲区数据的方法。

① clear()：用于清除缓冲区中的数据。如果缓冲区是空的，则执行此方法会引发 IOException 异常。

② clearBuffer()：用于清除缓冲区中的数据，但与 clear()不同的是，如果缓冲区为空，则它也不抛出异常。

③ flush()：表示强制输出缓冲区的数据。如果缓冲区满了，则这个方法被自动调用，输出缓冲区中的数据。如果输出流已经关闭，则调用 flush()会引发 IOException 异常。

④ getBufferSize()：获取缓冲区大小，单位为字节。缓冲区的大小可用<%@ page buffer="size" %>设置。

⑤ getRemaining()：获取缓冲区剩余的空闲空间，单位为字节。

⑥ isAutoFlush()：返回一个 boolean 类型的值，由 page 指令的 autoFlush 属性值决定，用于标识缓冲区是否自动刷新。

⑦ close()：表示关闭输出流，清除所有内容。

例如，利用 out 对象管理缓冲区示例。代码如下：

实例演示：(源代码位置：ch3\ch3 - 3\WebRoot\3-1. jsp)

```
<body>
  <%
    int size = out.getBufferSize();
    int remain = out.getRemaining();
    int used = size - remain;
    out.println("<h3>Hello! </h3>");
    out.clearBuffer();
    out.println("<h3>你好! </h3>");
    out.flush();
    out.print("默认缓冲区大小:" + size + "<br>");
    out.print("剩余缓冲区大小:" + remain + "<br>");
    out.print("已用缓冲区大小:" + used + "<br>");
    out.print("是否使用默认 AutoFlush:" + out.isAutoFlush());
  %>
</body>
```

运行结果如图 3 - 6 所示。

3.3.2 request 隐含对象

request 隐含对象是 javax. servlet. HttpServletRequest 接口的一个实例，在服务器启动时会自动创建。当客户端通过 HTTP 协议请求一个 JSP 页面时，Servlet 容器会将客户端提交的请求信息封装在 request 对象中。这样，通过调用 request 对象相应的方法，就可以获取请

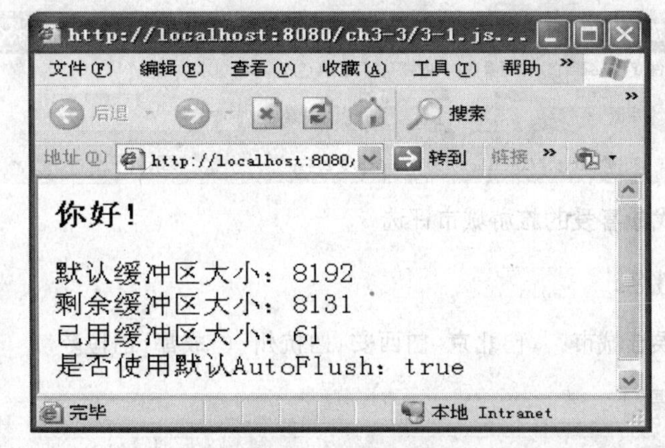

图 3-6　管理缓冲

求信息。

当 Servlet 容器完成该请求后，request 对象就会被撤销。

1. 获取客户端参数

当客户端访问服务器页面时，会提交一个 HTTP 请求。使用 request 对象可以访问任何基于 HTTP 请求传递的所有信息，包括从 Form 表单用 post 方法或 get 方法传递的参数。获取客户端参数名称和参数值的方法是：

① getParameter(String name)：返回指定变量名的参数值。方法的形参是参数的变量名，以 String 形式返回变量的值。如果 request 对象中没有指定的变量，则返回 null。

② getParameterValues(String name)：返回所有变量名的参数值。其形参是多值参数的变量名，多个参数值返回后存储在一个字符串数组中。

request 对象获取客户端参数的示例如下：

实例演示：(源代码位置：ch3\ch3-3\WebRoot\3-2.jsp)

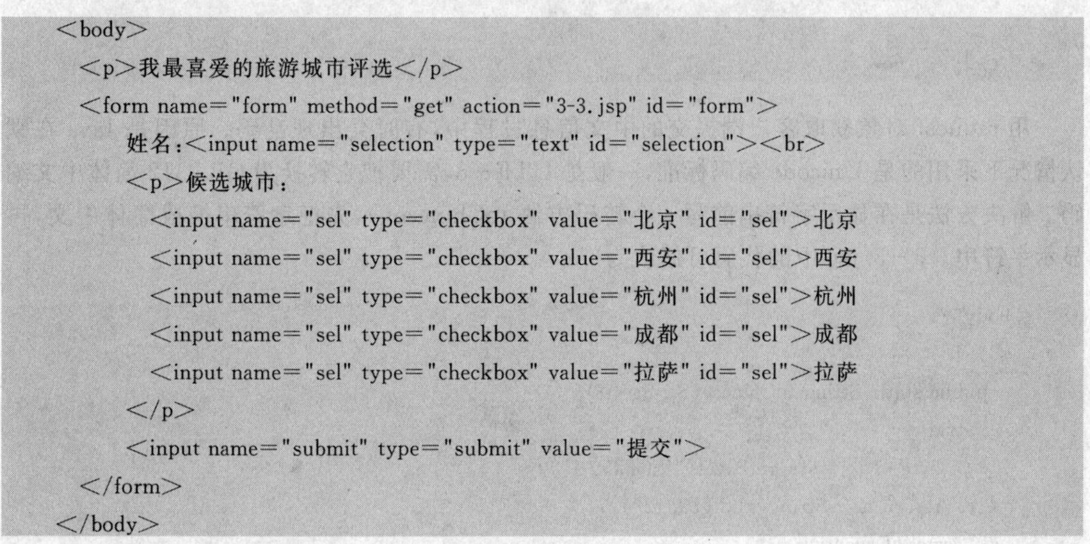

```
<body>
  <p>我最喜爱的旅游城市评选</p>
  <form name="form" method="get" action="3-3.jsp" id="form">
      姓名:<input name="selection" type="text" id="selection"><br>
      <p>候选城市:
        <input name="sel" type="checkbox" value="北京" id="sel">北京
        <input name="sel" type="checkbox" value="西安" id="sel">西安
        <input name="sel" type="checkbox" value="杭州" id="sel">杭州
        <input name="sel" type="checkbox" value="成都" id="sel">成都
        <input name="sel" type="checkbox" value="拉萨" id="sel">拉萨
      </p>
      <input name="submit" type="submit" value="提交">
  </form>
</body>
```

运行结果如图 3-7 所示。

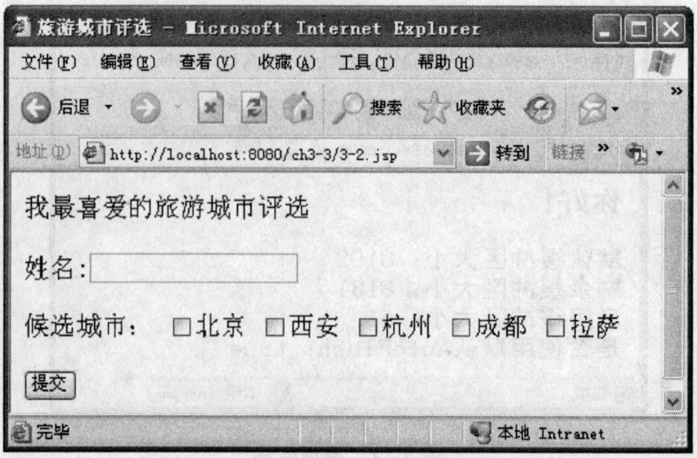

图 3-7　获取客户端参数(一)

创建一个 3-3.jsp 页面，通过 request 对象获取由 3-2.jsp 页面提交的数据并显示。该 JSP 页面的代码如下：

实例演示：(源代码位置：ch3\ch3-3\WebRoot\3-3.jsp)

```
<body>
  <%
    String selection=request.getParameter("selection");
    String sel[]=request.getParameterValues("sel");
    out.print("姓名："+toChinese(selection)+"<p>");
    out.print("最喜爱的旅游城市是：");
    for(int i=0;i<sel.length;i++){
        out.print(toChinese(sel[i])+" ");
    }
  %>
</body>
```

用 request 对象获取客户端提交的中文信息过程中，有时会出现乱码。原因是 Java 在默认情况下采用的是 Unicode 编码标准，一般是 UTF—8，需要把它转换为 GB 2312 简体中文编码。解决方法是在显示字符串前写一个转码方法 toChinese()，先把字符串换成简体中文，再显示字符串。3-3.jsp 中的代码可修改为

```
<body>
  <%!
    public static String toChinese(String str){
      try{
        byte s1 []=str.getBytes("ISO8859-1");
        return new String(s1,"gb2312");
      }catch(Exception e){
        return str;
```

```
        }
    }
%>
<%
    String selection=request.getParameter("selection");
    String sel[]=request.getParameterValues("sel");
    out.print("姓名:"+toChinese(selection)+"<p>");
    out.print("最喜爱的旅游城市是:");
    for(int i=0;i<sel.length;i++) {
      out.print(toChinese(sel[i])+" ");
    }
  %>
</body>
```

运行结果如图 3-8 所示。

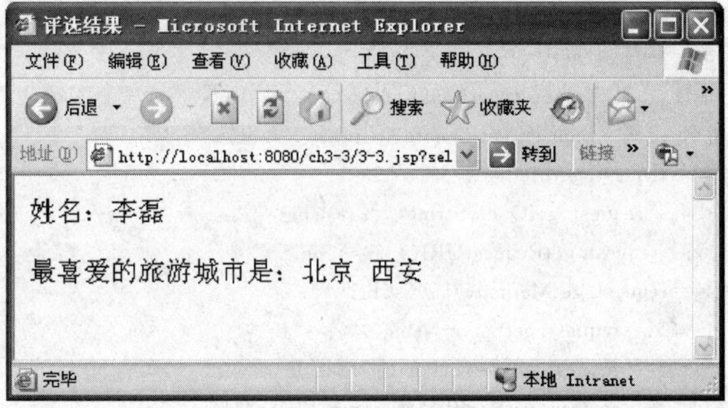

图 3-8　获取客户端参数(二)

通过上述方法，提交的任何信息都能正确地显示。

另外，当以 post 方法提交的表单信息中有中文字符时，对于 JSP 页面，在获取请求参数之前可以使用下面的方法：

```
<%request.setCharacterEncoding("gb2312");%>
```

当以 get 方法提交表单信息时，提交的数据将作为查询字符串被附加到 URL 的末端，发送到服务器，此时在服务器端调用 setCharacterEncoding()方法也就没有作用了，所以还要使用第一种方法。

③ getParameterNames()：通过 getParameterNames()方法得到所有的参数变量名，读取到的变量名存储在枚举型对象中。如果没有参数被指定，则返回空值。

2. 获取系统信息

使用 request 内置对象可以获取客户端和服务器的系统信息，常用的方法如下：

① getProtocol()：返回客户端向服务器传送数据所依据的协议及版本号。

② getRemoteAddr()：返回发送 HTTP 请求的客户端的 IP 地址。

③ getRemoteHost()：返回客户端的主机名称。如果主机名读取失败，则返回客户端的IP地址，这和getRemoteAddr()方法的作用一样。

④ getScheme()：返回客户端向服务器请求的方式，例如http、https、ftp等。

⑤ getQueryString()：返回URL的查询字符串，即URL中"?"后面的一列字符串。该字符串由客户端以get方法向服务器端传送。

⑥ getRequestURI()：返回和当前request对象相应的URL地址。

⑦ getMethod()：返回request请求的提交方式，如get、post、put等。

⑧ getServerName()：返回服务器的主机名。如果主机名读取失败，则返回服务器的IP地址。

⑨ getServerPort()：返回服务器的端口号。

⑩ getRealPath()：返回虚拟路径在服务器上的真实绝对路径。

例如，request对象获取系统信息示例。

实例演示：(源代码位置：ch3\ch3-3\WebRoot\3-4.jsp)

```
<body>
  通信协议：<%=request.getProtocol()%><br>
  客户端的IP地址：<%=request.getRemoteAddr()%><br>
  客户端的主机名：<%=request.getRemoteHost()%><br>
  请求方式：<%=request.getMethod()%><br>
  查询字符串：<%=request.getQueryString()%><br>
  URL地址：<%=request.getRequestURI()%><br>
  提交方式：<%=request.getMethod()%><br>
  服务器主机名：<%=request.getServerName()%><br>
  服务器端口号：<%=request.getServerPort()%><br>
  文件真实路径：<%=request.getRealPath("/request2.jsp")%><br>
</body>
```

运行结果如图3-9所示。

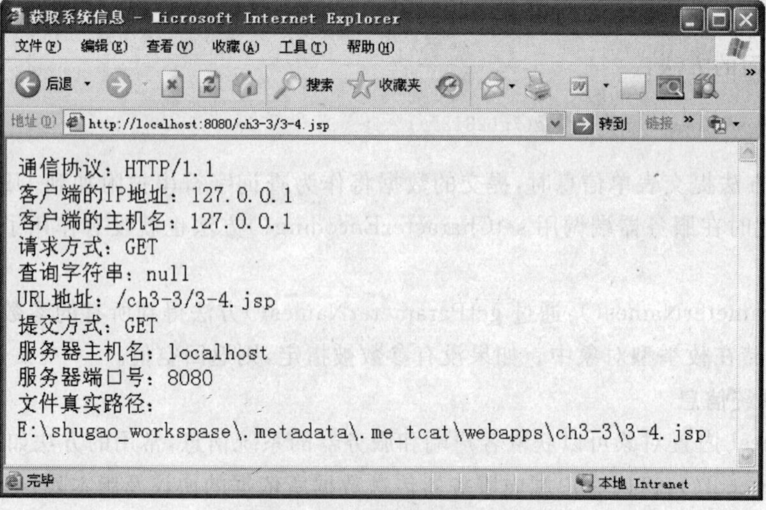

图3-9　获取系统信息

3. 获取 HTTP 请求报头信息

客户端浏览器用 HTTP 协议向服务器传递 HTTP 请求报头信息，服务器接收到客户端的请求后，判断请求是否有效，如果请求有效，则服务器给客户端返回 HTTP 响应报头信息。在 JSP 中读取 HTTP 请求报头信息，可以使用 getHeader()和 getHeaderNames()等方法。

① getHeader()：返回 HTTP 协议定义的传送文件头信息。

② getHeaderNames()：返回所有 HTTP 报头的名字，名字存储在一个枚举型对象中。

例如，request 对象获取 HTTP 请求报头信息并在浏览器上显示结果。

实例演示：(源代码位置：ch3\ch3 - 3\WebRoot\3-5. jsp)

```
<%@ page contentType="text/html; charset=gb2312" language="java"%>
<html>
  <head>
    <title>获取 HTTP 请求报头信息</title>
  </head>
  <body>
    <%
      Enumeration HeaderList = request. getHeaderNames();
      while(HeaderList. hasMoreElements()) {
      String header = (String)HeaderList. nextElement();
      String headerValue = request. getHeader(header);
      out. print("<strong>"+header+":</strong>");
      out. print("<font>"+headerValue+"</font><br>");
    }
    %>
  </body>
</html>
```

运行结果如图 3 - 10 所示。

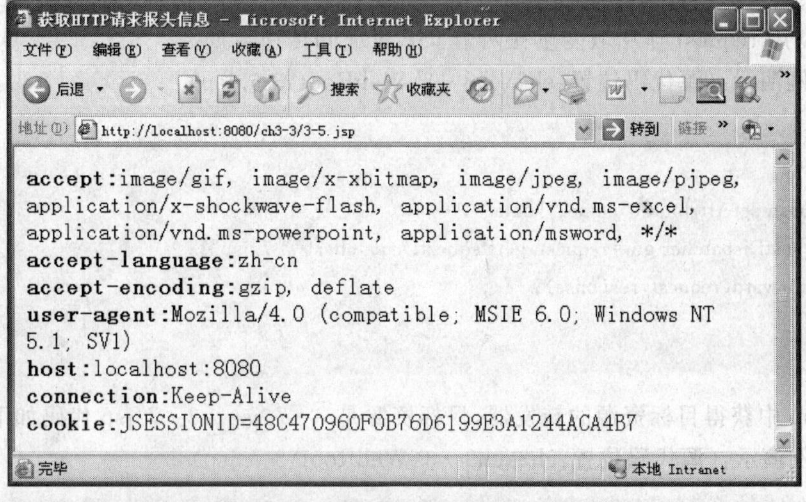

图 3 - 10 获取 HTTP 请求报头信息

4. 获取 cookie

cookie 是当用户浏览网站时，服务器暂存在客户端浏览器内存或硬盘文件中的数据。cookie 数据有一定的有效期，有效期短的直接存储于浏览器内存中，关闭浏览器，这些 cookie 信息也就丢失了。有效期长的信息存于硬盘文件中，例如在 Windows XP 的 C 盘中，会有一个 Cookies 文件夹，文件夹中存储有曾经访问过的网站的文本文件。

当用户再次来到该网站时，服务器通过 request 对象的 getCookies()方法读取客户端存储的 cookie，得知用户的相关信息，就可以做出相应的动作，如在页面显示欢迎用户的标语，或者让用户不用输入 ID、密码，就直接登录等。

5. request 作用范围变量

request 作用范围变量也叫 request 属性，由属性名和属性值构成。两个 Servlet 程序间传递数据，可利用 request 作用范围变量来实现。程序 A 通过调用 request. setAttribute()把数据对象写入 request 作用范围，并通过 request. getRequestDispatcher()跳转到第二个 Servlet 程序 B，在程序 B 中通过 request. getAttribute()从 request 作用范围读取数据对象。

在 JSP 中，作用范围变量除了 request 外，还有 page、session 和 application，它们的基本含义都是把属性值对象与某个有生命周期的 JSP 隐含对象相绑定，使属性值对象在一定的作用范围内有效。request 实例在从一个页面跳转到另一个页面后，它的生命周期也就结束了，与之绑定的 request 属性变量会变成垃圾对象而被回收。如果要延长 request 的生命周期，则可以用 RequestDispatcher 接口实现。

① setAttribute(String name，Object value)：用于把一个属性值对象按指定的名字写入 request 作用域。

② getAttribute(String name)：从 request 作用域读出指定名字的属性值对象。该方法返回的对象是 Object 类型，一般要用"(String)"进行强制类型转换，还原为字符串类型。

③ getRequestDispatcher()：RequestDispatcher 由 Servlet 容器创建，用于封装一个由路径所标识的目标资源。利用 RequestDispatcher 对象，把当前 Servlet 程序的 request 和 response 对象转发给目标资源，并跳转至目标资源上运行程序，这样，目标资源就可以通过 request 对象读取上一资源传递给它的 request 属性。

例如，利用 request 作用域变量在两个 JSP 页面间传递数据。

实例演示：(源代码位置：ch3\ch3 - 3\WebRoot\3-6. jsp)

```
<body>
  <%
    request.setAttribute("name","data");
    RequestDispatcher go=request.getRequestDispatcher("3-7.jsp");
    go.forward(request,response);
  %>
</body>
```

3 - 6. jsp 中获得目标资源的转发器，目标资源是 3 - 7. jsp。3 - 7. jsp 代码如下：

实例演示：(源代码位置：ch3\ch3 - 3\WebRoot\3-7. jsp)

```
<body>
  <%
```

```
    String string=(String)request.getAttribute("name");
    out.print("从 3-6.jsp 传来的值="+string);
  %>
</body>
```

运行结果如图 3 - 11 所示。

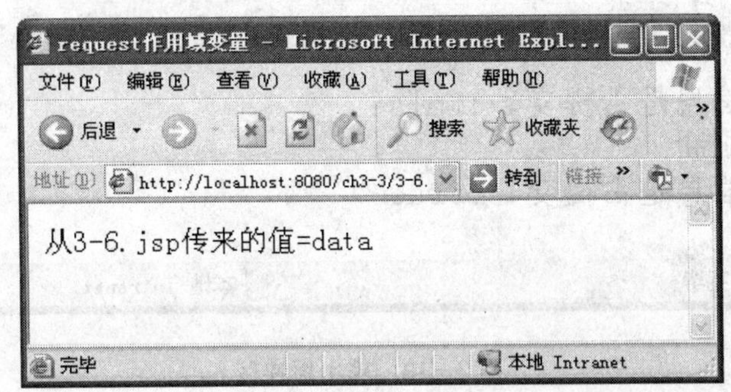

图 3 - 11　request 作用范围变量

3.3.3　response 隐含对象

response 隐含对象实现了 javax.servlet.ServletRequest 接口，主要是将服务器处理后的结果返回到客户端，对客户的请求作出动态的响应。和 request 对象一样，response 对象由 Serclet 容器创建，作为 jspService()方法的参数被传入 JSP 页面。

1. 输出缓冲区与响应提交

输出缓冲区用于暂存 Servlet 程序的输出信息，可以有效地管理服务器与客户端之间的传输内容。传送给客户端的信息称为响应信息，如果输出缓冲区中的响应信息已经传递给客户端，则称响应是已经提交的。

服务器能够为每一个 JSP 页面设置一个输出缓冲区。如果 JSP 页面不使用输出缓冲区，则页面输出信息时，Servlet 容器会调用 response.getWriter()生成一个 PrintWriter 对象，输出信息直接通过 PrintWriter 对象传递给 response 对象处理。如果页面使用了输出缓冲区，则对缓冲区成功执行了刷新或类似 setContentType()操作后，Servlet 容器才创建 PrintWriter 对象，将缓冲区中的信息输出。

① flushBuffer()：刷新输出缓冲区，强制把输出缓冲区中的内容传送回客户端。

② isCommitted()：判断缓冲区中的响应信息是否已经提交。

例如，在 JSP 中使用输出缓冲区。

实例演示：(源代码位置：ch3\ch3 - 3\WebRoot\3-8.jsp)

```
<body>
  信息是否提交?：<%=response.isCommitted()%><br>
  <%response.flushBuffer();%>
  刷新<br>
  信息是否提交?：<%=response.isCommitted()%><br>
</body>
```

运行结果如图 3-12 所示。

图 3-12　输出缓冲区

2. 设置 HTTP 响应报头

服务器通过 HTTP 响应报头向客户端浏览器传送通信信息，在默认情况下，响应信息是以字符形式传送的。在 JSP 页面中，response 对象可以通过方法 setHeader(String name, String value)设置指定名字的 HTTP 文件头的值，以此达到操作 HTTP 文件头的目的。HTTP 报头中有一个名为 refresh 的响应报头，它的作用是使 IE 浏览器在若干秒后自动刷新当前页面或跳转至指定的 URL 资源。这个报头的语法为

response.setHeader("refresh","定时秒数;url=目标资源的 URL");

其中，第一个形参是响应报头名。第二个形参由两部分组成：第一部分定义秒数，若干秒后自动刷新；第二部分为目标资源的 URL，缺少时默认刷新当前页面。

例如，在页面中每隔 2 秒刷新当前页。

实例演示：(源代码位置：ch3\ch3-3\WebRoot\3-9.jsp)

```
<body>
  <%response.setHeader("refresh","2");%>
</body>
```

3. 动态响应 contentType 属性

在 page 指令中，contentType 属性用来指定 response 对象响应客户端请求的 MIME 类型。page 指令只能为 contentType 指定一个值，如果要动态地改变这个属性值来响应客户，就要使用 response 对象的 setContentType()方法改变 contentType 的值。一旦这个属性值被改变，服务器就将按照新的 MIME 类型作出响应。

例如，改变浏览器的输出类型，向客户端输出 Word 类型的文件。

实例演示：(源代码位置：ch3\ch3-3\WebRoot\3-10.jsp)

```
<body>
  <form action="" method="get" name=form>
    <input type="submit" name="submit" value="yes">
  </form>
  <%
```

```
String str=request.getParameter("submit");
    if (str= =null){
        str="";
    }
    if (str.equals("yes")){
        response.setContentType("application/msword;charset=gbk");
    }
  %>
</body>
```

4. 实现 JSP 页面重定向

在某些情况下，当响应客户时，需要将客户重新引导至另一个页面，此时可以使用 response 的 sendRedirect()方法实现客户的重定向。

在 JSP 中，实现 JSP 页面跳转的主要方法有转发跳转(forward)和重定向跳转(redirect)。RequestDispatcher.forward()实现的是转发跳转，response.sendRedirect()实现的是重定向跳转。两者之间的区别在于：重定向是通过客户端重新发送 URL 来实现的，会导致当前 JSP 页面的 request、response 对象生命周期结束，浏览器地址更新。转发是直接在服务器端切换程序，能够把当前 JSP 页面中的 request、response 对象转发给目标资源，目标资源的 URL 不出现在浏览器的地址栏中。

例如，实现从一个网页到另一个网页的重定向。

实例演示：(源代码位置：ch3\ch3 - 3\WebRoot\3 - 11.jsp)

```
<body>
  <form action="3-12.jsp" method="get" name="form">
    姓名：<input name="user" type="text" size="18">
    <input type="submit" name="submit" value="提交">
  </form>
</body>
```

创建 3 - 12.jsp，包含以下代码：

实例演示：(源代码位置：ch3\ch3 - 3\WebRoot\3 - 12.jsp)

```
<body>
  <%
    String str=null;
    str=request.getParameter("user");
    byte b[]=str.getBytes("ISO-8859-1");
    str=new String(b);
    if(str.equals("")){
      response.sendRedirect("3-11.jsp");
    }else{
      out.print(str+":");
      out.print("欢迎您来到本网页!");
```

```
    }
  %>
</body>
```

3.3.4　session 隐含对象

客户与服务器的通信是通过 HTTP 协议完成的，但 HTTP 协议是一种无状态协议，它只负责请求与响应，在服务器端不保留客户和服务器每一次连接的信息，更不关心客户端的请求是否来自相同的客户端，因此许多问题也随之而生。例如在线购物，当客户把商品加入购物车时，客户端和服务器端已经完成一次连接，待客户需要结账时，服务器已经忘记了先前的交易情况。怎样才能让服务器记住这些关键信息呢？在 JSP 技术中，解决这类问题的方法就是采用 session 跟踪。通过 session 跟踪来记录每个客户端的访问状态，把有用的信息保存下来，供后续的操作使用。一般 session 跟踪有四种方法：session 对象、cookie、URL 重写和隐藏表单域。

1. 用 session 对象实现 session 跟踪

session 对象是 javax. servlet. http. HttpSession 类的一个实例，当客户首次访问 JSP 页面时，Servlet 容器就会自动创建一个 session 对象，用于存储客户在访问各个页面时提交的各种信息，即一个 session 对象对应一个访问客户。为了能够唯一标识客户端，服务器随机生成一个 String 类型的 ID 号，并用 cookie 把 ID 号传回客户端存储，通过查询 ID 号，就知道接收到的某个请求来自哪个客户端。

Servlet 容器为每个客户分配一个 session 对象，当客户再次访问连接该服务器的其他页面时，JSP 不再分配客户新的 session 对象，而是使用同一个 ID 号，直到客户关闭浏览器，服务器上该客户的 session 对象才被取消。当客户重新打开浏览器并再次连接到服务器时，服务器将为该客户再创建一个新的 session 对象。session 对象的常用方法如下：

① getId()：返回 session 对象在服务器端的 ID 号。

例如，通过 session 对象的 ID 号理解服务器识别 session 客户端的方法。

实例演示：(源代码位置：ch3\ch3 - 3\WebRoot\3 - 13. jsp)

```
<body>
  <%
    String id=session.getId();
    out.print(id);
  %>
</body>
```

打开两个浏览器，分别执行该程序，浏览器上显示的一串字符串就是随机生成的 session 对象的 ID 号，两个浏览器窗口中显示的 ID 号均不相同。

② setAttribute(String name,Object value)：设定指定名字的属性，并把它存储在 session 对象中。第一个形参 name 是 session 的属性名，第二个形参 value 是 session 的属性。

③ getAttribute(String name)：获取指定名字的属性，如果该属性不存在，则将会返回 null。

④ getAttributeNames()：获取 session 中所有的属性名称，结果集是一个枚举型的实例。

⑤ removeAttribute(String name)：删除一个指定名字的session属性。

例如，使用session对象存储顾客的姓名和购买的商品。

实例演示：(源代码位置：ch3\ch3－3\WebRoot\3－14.jsp)

```
<body>
  <% session.setAttribute("customer","顾客");%>
  <p>请输入姓名：
  <form action="3-15.jsp" method="post" name="form">
    <input name="user" type="text">
    <input type="submit" name="submit" value="提交">
  </form>
</body>
```

setAttribute()方法用于将"顾客"对象添加到session对象中。输入客户姓名之后，单击"提交"按钮，数据被发送到服务器端的3－15.jsp进行处理。3－15.jsp的源代码如下：

实例演示：(源代码位置：ch3\ch3－3\WebRoot\3－15.jsp)

```
<body>
  <%
    String s;
    s=request.getParameter("user");
    byte b[]=s.getBytes("ISO-8859-1");
    s=new String(b);
    session.setAttribute("name",s);
  %>
  欢迎进入<br>请输入购买的商品名称，单击"提交"按钮，进行结账。
  <form action="3-16.jsp" method="post" name="form">
    <input name="buy" type="text" size="18">
    <input type="submit" name="submit" value="提交">
  </form>
</body>
```

单击"提交"按钮，页面就跳转到了3－16.jsp。3－16.jsp的源代码如下：

实例演示：(源代码位置：ch3\ch3－3\WebRoot\3－16.jsp)

```
<body>
  <%
    String s;
    s=request.getParameter("buy");
    byte b[]=s.getBytes("ISO-8859-1");
    s=new String(b);
    session.setAttribute("goods",s);
    String 顾客=(String)session.getAttribute("customer");
    String 姓名=(String)session.getAttribute("name");
    String 商品=(String)session.getAttribute("goods");
  %>
```

```
    <p>结账处
    <p><%=顾客%>的姓名是:<%=姓名%>
    <p>您购买的商品是:<%=商品%>
</body>
```

运行 3-14.jsp,并且按照提示输入信息,最后结果如图 3-13 所示。

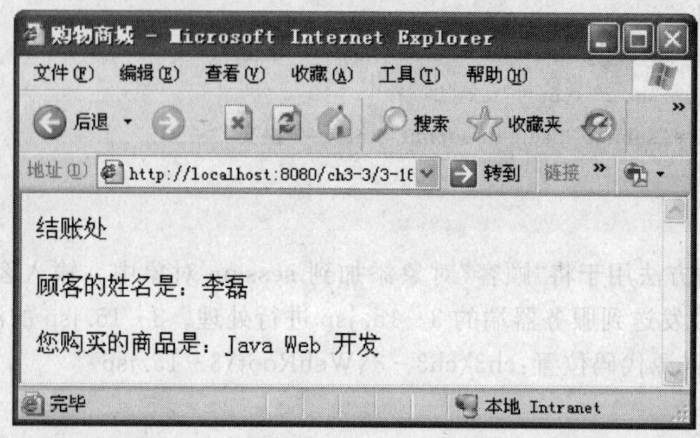

图 3-13　最后输出结果

2. 用 cookie 实现 session 跟踪

把一个 session 数据封装在一个 cookie 对象中,cookie 对象传回客户端存储,需要时用代码从客户端读回。

默认情况下,不设置 cookie 的生命时间数,cookie 存储于浏览器内存中,如果关闭了浏览器窗口,则这个 cookie 数据会丢失。如果设置了 cookie 的生命时间数,则浏览器就会把 cookie 保存到硬盘上,关闭后再次打开浏览器,这些 cookie 依然有效,直到超过设定的生命时间数。例如,当用户注册时,cookie 随用户唯一的 ID 一起送至客户端,日后重新访问该网站时,用户的 ID 会返回至服务器,服务器查询之后决定用户是否已经注册,这样就免去了用户名和密码的填写过程。

3. 用 URL 重写实现 session 跟踪

如果客户端 cookie 禁用,则服务器可以通过 URL 重写的方式来传递 session 的 ID 号,这样可以保证客户在该网站各个页面中的 session 对象是完全相同的。所谓 URL 重写,就是当客户从一个页面重新链接到另外一个页面时,把 session 数据编码成"name=value"对,当做 URL 的查询串附在 URL 后,用带有查询串的 URL 访问下一个目标资源。但直接把 session 数据附在 URL 中缺乏统一的安全性。例如,当前页面 a.jsp 的程序中产生了一个 session 数据"name=Jim",现要重定向至"http://localhost:8080/b.jsp",并且 b.jsp 要用到"name=Jim"这个 session 数据,则新的 URL 应该为"http://localhost:8080/b.jsp? name=Jim"。直接在浏览器地址栏中输入新的 URL,也可以成功访问 b.jsp 页面。

也可以使用 response 对象调用 encodeURL()或 encodeRedirectURL()的方法,实现 URL 重写。例如,如果从 a,jsp 页面链接到 b.jsp 页面,则实现 URL 重写:

```
response.encodeRedirectURL("b.jsp");
```

4. 用隐藏表单域实现 session 跟踪

隐藏表单域在页面上不可视,它相当于一个变量,用来收集或发送信息的不可见元素。如果把一个 session 数据存储在其中,当表单被提交时,隐藏表单域中的数据也会被提交给服务器。

HTML 表单可能包含如下形式:

```
<input type="hidden" name="session" value="…">
```

type 属性值为 hidden,表明该字段为隐藏字段,不会在浏览器中显示。但是当表单被提交时,其 name 属性和 value 属性的值已经被包含在 get 或 post 数据中,利用 request. getParameter(String name)方法可以获取该值。但这种方法也有一个很大的缺点,用户只要查看源代码就能看到属性值,安全漏洞太大。

3.3.5 application 隐含对象

Tomcat 是一个 JSP 服务器,一个 Tomcat 服务器下可以挂接多个 Web 应用,每个 Web 应用有自己的上下文,同一个上下文中的所有 Servlet 程序共享数据的方法是利用 application 对象。通过 application 对象对共享数据进行存储操作。共享数据存储在 Servlet 容器中,具有全局性。

application 对象是 javax. servlet. ServletContext 类型的,它随着服务器的启动而创建,随着服务器关闭而消失。和 session 不同的是,同一个 Web 应用中的所有 JSP 页面,都将存取同一个 application 对象,即使浏览这些 JSP 页面的客户不同也如此。如果客户浏览不同的 Web 应用页面,则将产生不同的 application 对象。

1. application 作用范围变量

application 作用范围变量能够被 Web 应用中的所有程序共享。由于所有客户共享同一个 application 对象,故任何客户对 application 对象中数据的改变都会影响到其他客户。application 对象提供的存储方法主要有:

① getAttributeNames():返回所有 application 对象的属性的名字,并存储在枚举型对象中。

② getAttribute(String name):返回指定名字的 application 对象的属性值,返回值是一个 object 对象,一般要进行强制类型转换,还原其原有数据类型。如果没有,则返回 null。

③ setAttribute(String name,Object value):把一个属性写入 application 作用范围。第一个形参 name 是属性名,第二个形参 value 是属性值。

④ removeAttribute(String name):从 Servlet 容器中删除指定名字的 application 属性。

例如,用 application 实现一个简单的站点计数器。

实例演示:(源代码位置:ch3\ch3 - 3\WebRoot\3 - 17. jsp)

```
<body>
  <%
    int n=0;
    String counter=(String)application. getAttribute("counter");
    if(counter!=null)
    n=Integer. parseInt(counter);
```

```
        n+=1;
        counter=String.valueOf(n);
        application.setAttribute("counter",counter);
        out.print("页面被访问次数:"+n+"");
    %>
</body>
```

执行该页面时，每次刷新都会使计数器增加 1。当重新启动 JSP 服务器时，计数器才会归零。

2. application 的其他应用

(1) 用 application 访问 Web 应用的初始参数

服务器启动时，会自动加载合法的 Web 应用。读取 Web 应用中的初始化参数，要用到的方法有：

① getInitParameterNames()：返回初始化参数的变量名，并存储在枚举型对象中，如果没有初始化参数，则返回 null。

② getInitParameter(String name)：返回指定变量名的初始化参数值。

(2) 用 application 读取系统信息

Application 对象可以读取 Servlet 容器的系统信息，相关方法如下：

① getMajorVersion()：返回 Servlet API 的主版本号。

② getMinorVersion()：返回 Servlet API 的子版本号。对于 Servlet 2.4，子版本号为 4，故此方法返回 4。

③ getServerInfo()：返回 Servlet 容器的名称和版本号。对于 Tomcat 5.5，返回值为 Apache Tomcat/5.5。

(3) getMimeType()

返回指定文件的 MIME 类型，如果 MIME 类型未知，则返回 null。例如，在 root 文件夹下分别建立 a.doc、a.zip 的空文件，查询文件的 MIME 类型，用到的代码如下：

```
<%
  Out.print(application.getMimeType("/d.doc")+"<br>");
  Out.print(application.getMimeType("/d.zip")+"<br>");
%>
```

(4) getRealPath()

返回一个字符串，包含一个给定虚拟路径的真实路径。例如：

```
<%
  out.print(application.getRealPath("/"));
%>
```

运行结果为

D:\Tomcat 5.5\webapps\jsp\

(5) log()

用于记录日志信息。例如：

```
<%
    application.log("数据库访问成功");
%>
```

这段代码运行后，Servlet 容器将日志信息“数据库访问成功”写入 D:\Tomcat \logs 文件夹下的日志文件。日志信息有助于了解服务器的运行状态，方便站点的管理和维护。

3.3.6　pageContext 隐含对象

pageContext 隐含对象是 javax. servlet. jsp. pageContext 类型的一个实例，主要用来管理页面的属性。它是 JSP 页面所有功能的集成者，可以访问到本页中的所有其他隐含对象及其属性。

1. 取得其他隐含对象的方法

调用 pageContext 对象中的 getException()、getOut()、getPage()、getRequest()、getResponse() 和 getSession()等方法，可以获得相应的隐含对象。

2. 取得属性的方法

① getAttribute(String name，int scope)：在指定范围内返回属性名称为 name 的属性对象。

② setAttribute(String name，Object value，int scope)：在指定范围内设置属性及其属性值。

③ removeAttribute(String name，int scope)：在指定范围内删除属性名称为 name 的属性对象。

④ findAttribute(String name)：依次在 page、request、session 和 application 范围内寻找属性名称为 name 的属性对象。

3. 实现包含或转发跳转

利用 pageContext 对象执行 include 和 forward 操作，效果与调用 RequestDispatcher 中的方法相当。

① include(String URL)：在当前位置包含另一个文件。

② forward(String URL)：将页面跳转到指定的 URL。例如，利用 pageContext. forward() 实现 request 页面跳转，在 a. jsp 中有以下代码：

```
<%
    request.setAttribute("LoginName","Jim");
    pageContext.forward("b.jsp");
%>
```

在 b. jsp 中读取 request 属性的代码：

```
<%
    Out.print(request.getAttribute("LoginName"));
%>
```

3.3.7　exception 隐含对象

当 JSP 页面在执行过程中发生异常时，会自动产生一个 exception 对象。exception 对象称为异常对象，是 java. lang. Throwable 类型的，用来封装运行时的异常信息。这个异常对象被传递给异常处理页面进行处理。如果一个 JSP 页面中设定<%@ page isErrorPage＝"true" %>，则这个 JSP 页面属于异常处理页面，通过 exception 对象可读出运行时的异常信息。如果一个 JSP 页面中没有设定<%@ page isErrorPage＝"true" %>，则 exception 对象在此页面中不可用。exception 对象常用的方法有：

① toString()：该方法以字符串的形式返回一个对异常的描述。

② getMessage( )：获取错误提示信息。

例如，exception 对象应用实例。

创建一个异常处理页面 3－18. jsp，代码如下：

实例演示：(源代码位置：ch3\ch3－3\WebRoot\3－18. jsp)

```
<%@ page errorPage="3-19. jsp" %>
<html>
  <body>
    <%
    int i=1/0;
    %>
  </body>
</html>
```

3－19. jsp 是一个异常页面，其代码如下：

实例演示：(源代码位置：ch3\ch3－3\WebRoot\3-19. jsp)

```
<%@ page contentType="text/html; charset=gb2312" language="java" %>
<%@ page isErrorPage="true"%>
<html>
  <head>
    <title>异常处理</title>
  </head>
  <body>
    <% out. print(exception. toString());%><br>
    <% out. println(exception. getMessage());%>
  </body>
</html>
```

3.4 JSP 应用举例

前面学习了 JSP 开发技术：JSP 元素以及 JSP 隐含对象的基础知识。本节通过开发实例具体讲解这些知识的实际应用，以达到查缺补漏与巩固知识的目的。

本实例要达到的设计目标是：在第 2.6 节的个人信息收集的基础上，将网页收集到的个人信息，在页面中显示出来。

在上一章的示例中，我们已经完整地运用了 HTML、CSS 和 JavaScript 技术实现了收集信息页面，本实例中个人信息显示页面布局、风格的设计与实现就不再详细叙述了。本实例的主要任务就是获取收集到的个人信息，然后在页面中显示出来。效果如图 3－14 所示。

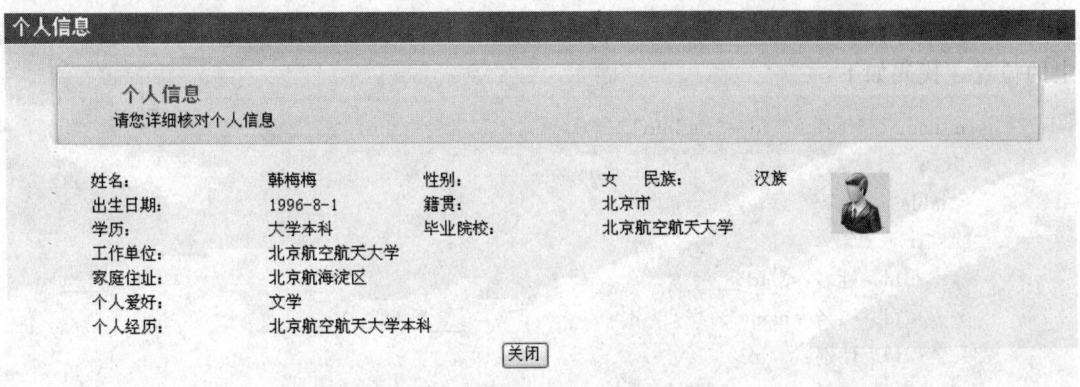

图 3－14　个人信息显示页面

首先建立 Web 项目，项目名称为“ch3-4”。

第一步：在 WebRoot 下建立个人信息收集页面，页面的文件名为 register. html，与第 2.6 节中的 register. html 一样(源代码位置：ch3\ch3－4\WebRoot\ register. html)。

第二步：本实例中需要指明表单 form 提交的目标，这里首先指定个人信息显示页面文件名为 personinfo. jsp，指定表单提交的语句为

```
<form name="regInfo" id="regInfo" action="personinfo.jsp" method="post">
```

其中 action 属性就是用来指定提交目标的。提交方式为 post。

第三步：在 personinfo. jsp 页面中接收由 register. html 页面提交来的个人信息数据。因为个人信息有中文信息、英文信息和数字信息，为了防止在显示页面中出现中文乱码现象，首先需要经行编码设置，这里设置语句为

```
request.setCharacterEncoding("GBK");
```

在学习了 Servlet 以后，也可以采用过滤器的方式解决中文乱码问题。

第四步：为了接收提交来的数据，在 personinfo. jsp 页面中需要运用 Java 脚本段实现，并相应地定义接收数据的变量，采用隐含对象 request 接收数据。代码如下：

```
<%
  request.setCharacterEncoding("GBK");
  String name=request.getParameter("name");
  String gender=request.getParameter("gender");
  String nation=request.getParameter("nation");
  String birth=request.getParameter("birth");
  String place=request.getParameter("place");
  String education=request.getParameter("education");
  String school=request.getParameter("school");
  String unit=request.getParameter("unit");
  String address=request.getParameter("address");
  String hobby=request.getParameter("hobby");
```

```
  String experience=request.getParameter("experience");
%>
```

第五步：通过 HTML 中的表单元素、CSS 样式和 Java 表达式，将变量中的信息显示到指定的位置。代码如下：

```
<form name="regInfo" id="regInfo">
  <div>
    <table>
      <tr>
        <td>姓名：</td>
        <td><%=name %></td>
        <td>性别：</td>
        <td><%=gender %></td>
        <td>民族：</td>
        <td><%=nation %></td>
        <td rowspan="3"><img src="images/person.png" alt="照片"></img></td>
      </tr>
      <tr>
        <td>出生日期：</td>
        <td><%=birth %></td>
        <td>籍贯：</td>
        <td colspan="4"><%=place %></td>
      </tr>
      <tr>
        <td>学历：</td>
        <td><%=education %></td>
        <td>毕业院校：</td>
        <td colspan="4"><%=school %></td>
      </tr>
      <tr>
        <td>工作单位：</td>
        <td colspan="6"><%=unit %></td>
      </tr>
      <tr>
        <td>家庭住址：</td>
        <td colspan="6"><%=address %></td>
      </tr>
      <tr>
        <td>个人爱好：</td>
        <td colspan="6"><%=hobby %></td>
      </tr>
      <tr>
        <td>个人经历：</td>
```

```
        <td   colspan="6"><%=experience %></td>
      </tr>
      <tr>
        <td colspan="7" align="center">
          <input type="button" value="关闭" onclick="window.close()"/>
        </td>
      </tr>
    </table>
  </div>
</form>
```

3.5　习　题

1. JSP 支持的元素类型有哪几种？

2. 简述<%@include%>与<jsp:include>的异同。

3. <jsp:forward>与 response.sendRedirect()实现页面跳转有什么区别？

4. 简述 session 跟踪。实现 session 跟踪的主要技术方案有哪些？

5. 创建两个页面，由主页面动态加载次页面，并传递参数 100 给次页面，由次页面求 1～100 的连续和。

6. 利用 session 对象获取访问页面的次数。

7. out 对象有什么功能？out.print 和 document.write 有什么区别？

8. 如何获得客户端的 IP 地址？

9. application 对象有什么特点？与 session 对象有什么联系和区别？

10. 程序如何向浏览器写入 Cookie 集合，如何从浏览器端读取 Cookie 集合。

第 4 章　Java Web 中的异步通信技术

4.1　Ajax 基础知识

4.1.1　Ajax 技术概述

Ajax 全称为 Asynchronous JavaScript and XML，即异步 JavaScript 和 XML，是一种创建交互式网页应用的网页开发技术。Ajax 技术是目前在浏览器中可以通过 JavaScript 脚本使用的多种技术的集合。Ajax 并没有创造出某种具体的新技术，它所使用的所有技术都是在很多年前就已经存在的，然而 Ajax 以一种崭新的方式来使用所拥有的这些技术，使得古老的 B/S模式的 Web 开发焕发了新的活力。

具体来说，Ajax 包含以下技术：

① JavaScript，通用脚本语言。它用于嵌入在 Web 页面中。页面中嵌入的 JavaScript 允许通过程序与浏览器的很多内建功能进行交互。Ajax 程序是用 JavaScript 编写的。

② CSS，层叠样式表。它用来为页面元素提供一种可重用的可视化样式的定义方法，它以一致的方式定义和使用可视化样式。在 Ajax 中，页面的样式可以通过 CSS 独立修改。

③ DOM，文档对象模型。它以一组可以使用 JavaScript 操作的可编程对象展现出页面的结构，通过使用 JavaScript 修改 DOM 对象，Ajax 应用程序可以在运行时改变用户界面，或者修改页面中的某一部分。

④ XMLHttpRequest。该对象允许 Web 程序员从 Web 服务器获取数据。数据格式通常是 XML，也可以很好地支持任何基于文本的数据格式。

可以看出，除了 XMLHttpRequest 以外，所有的技术都是目前已经广泛使用、得到广泛理解的基于 Web 标准的技术。Ajax 的核心技术是 XMLHttpRequest，1999 年在 IE 5.0 浏览器中率先推出。

4.1.2　Ajax 的工作原理

在 Ajax 技术出现之前，浏览器与服务器通信的唯一方式就是通过 HTML 提交表单。整个 Web 应用被划分成了大量的页面，其中大部分页面比较小，浏览器与服务器的大部分交互需要切换并刷新整个页面。而在这个过程中，用户只能等待服务器的响应结果，什么都做不了。传统的 Web 应用模式如图 4-1 所示。

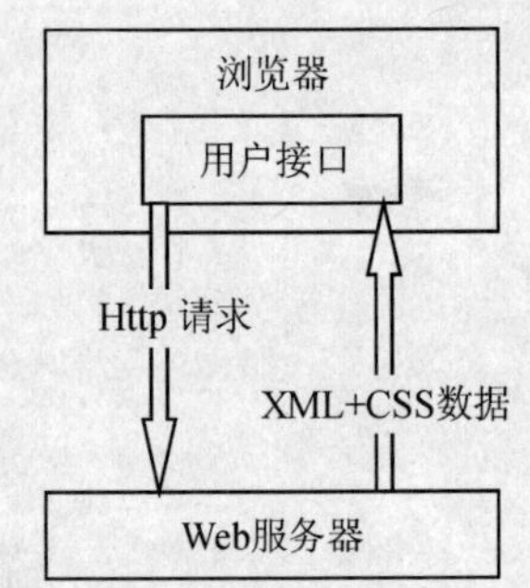

图 4-1　传统的 Web 应用模式

在传统 Web 应用模式下，浏览器发出请求，等待服务器响应。浏览器与服务器的交互方式如图 4-2 所示。

Ajax 采用异步方式与服务器进行通信，不需要打断用户的操作，响应迅速，大部分交互在页面之内完成。Ajax 应用模式如图 4－3 所示。

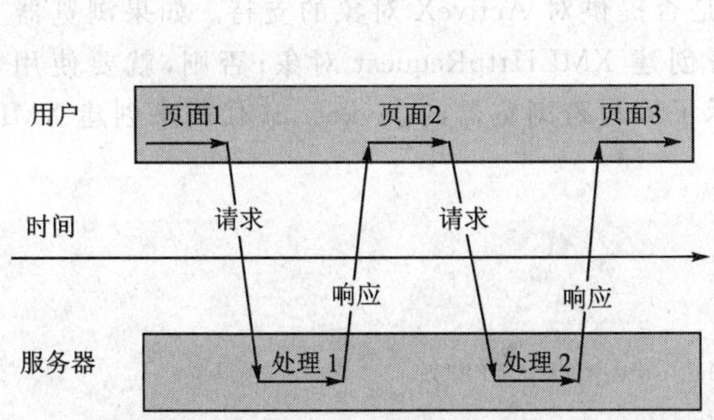

图 4－2　传统的浏览器与服务器交互方式

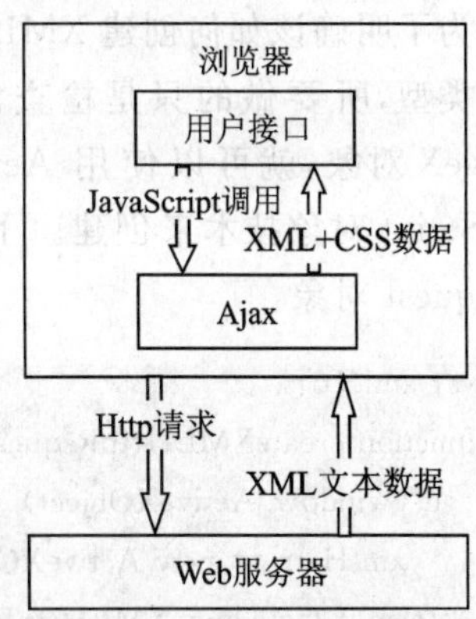

图 4－3　Ajax 应用模式

Ajax 通过 XmlHttpRequest 对象来向服务器发出异步请求，从服务器获得数据，然后用 JavaScript 来操作 DOM，页面内的 JavaScript 可以在不刷新页面的情况下从服务器获取数据，或者向服务器提交数据。Ajax 与服务器的交互方式如图 4－4 所示。

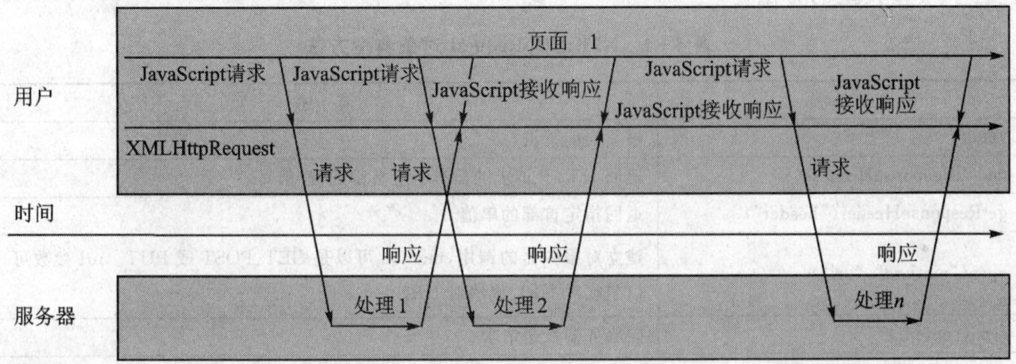

图 4－4　Ajax 与服务器的交互方式

4.1.3　XMLHttpRequest 对象

XMLHttpRequest 对象是 Ajax 技术体系中最为核心的技术，没有它，Ajax 的其余技术就无法成为一个有机的整体。XMLHttpRequest 对象提供了对 HTTP 协议完全的访问，包括作出 POST 和 HEAD 请求，以及普通的 GET 请求。XMLHttpRequest 可以同步或异步返回 Web 服务器的响应，并且能够以文本或者一个 DOM 文档的形式返回内容。

在使用 XMLHttpRequest 对象发送请求和处理响应之前，必须先用 JavaScript 创建一个 XMLHttpRequest 对象。由于 XMLHttpRequest 不是 W3C 标准，所以可以采用多种方法使用 JavaScript 来创建 XMLHttpRequest 的实例。目前在 IE 5.0、IE 6.0 把 XMLHttpRequest 实现为一个 ActiveX 对象，创建 XMLHttpRequest 对象的语法如下：

```
var xmlhttp = new ActiveXObject("Microsoft.XMLHttp");
```

在其他浏览器包括 IE 7 中，把它实现为一个本地 JavaScript 对象。创建 XMLHttpRequest 对象的语法如下：

```
xmlhttp=new XMLHttpRequest();
```

为了明确该如何创建 XMLHttpRequest 对象的实例,并不需要详细编写代码来区别浏览器的类型,所要做的只是检查浏览器是否提供对 ActiveX 对象的支持。如果浏览器支持 ActiveX 对象,就可以使用 ActiveX 来创建 XMLHttpRequest 对象;否则,就要使用本地 JavaScript 对象技术来创建。下面展示了编写跨浏览器的 JavaScript 代码来创建 XMLHttpRequest 对象。

```
var xmlHttp;
function createXMLHttpRequest() {
  if (window.ActiveXObject) {
    xmlHttp = new ActiveXObject("Microsoft.XMLHTTP");
  }else if (window.XMLHttpRequest) {
    xmlHttp = new XMLHttpRequest();
  }
}
```

为了完成与服务器的通信,XMLHttpRequest 对象包含了多种方法和多个属性。表 4-1 中包含了一些典型的方法。

表 4-1　XMLHttpRequest 对象典型方法

方　法	描　述
about()	停止当前请求
getAllResponseHeaders()	返回 HTTP 请求的所有响应首部的键/值对
getResponseHeader("header")	返回指定首部的串值
open("method","url")	建立对服务器的调用,method 可以是 GET、POST 或 PUT。url 参数可以是相对 URL 或绝对 URL
send(content)	向服务器发送请求
setRequestHeader("header","value")	把指定首部设置为提供的值,在设置任何首部之前必须先调用 open()方法

下面详细介绍其中的方法:

1. open()方法

void open(string method、string url、boolean asynch、string username、string password):这个方法会建立对服务器的调用。这是初始化一个请求的纯脚本方法。它有 2 个必要的参数,还有 3 个可选参数。method 参数提供调用的特定方法 GET、POST 或 PUT,url 参数提供所调用资源的 URL,asynch 参数传递一个 Boolean 值,指示这个调用是异步的还是同步的。默认值为 true,表示请求本质上是异步的。最后两个参数,允许指定一个特定的用户名和密码。

2. send()方法

void send(content):这个方法具体向服务器发出请求。XMLHttpRequest 与服务器通信有两种方式:同步方式和异步方式。同步方式的调用非常简单,仅适用于数据量少的场合;当数据量大的时候,同步方式会造成页面长时间的停顿。Ajax 应用中一般都使用异步方式来与服务器通信。如果请求声明为异步的，这个方法就会立即返回；如果是同步请求，则它会等待，直至接收到响应为止。content 参数可以是 DOM 对象的实例、输入流或者串。传入这个方法的内容会作为请求体的一部分发送。

3. getAllResponseHeaders()方法

string getAllResponseHeaders()：这个方法的核心功能对于 Web 应用开发人员来说应该很熟悉了，它返回一个串，其中包含 HTTP 请求的所有响应首部，首部包括 Content-Length、Date 和 URI。

除了这些标准方法外，XMLHttpRequest 对象还提供了许多属性，处理 XMLHttpRequest 时可以大量使用这些属性，如表 4-2 所列。

表 4-2　XMLHttpRequest 对象属性

属　性	描　述
onreadystatechange	每个状态改变时都会触发这个事件处理器，通常会调用一个 JavaScript 函数请求状态
readyState	请求的状态
responseText	服务器响应表示为一个字符串
responseXML	服务器响应表示为 XML，可以解析为 DOM 对象
status	服务器 HTTP 状态码，200 为 OK，404 为 Not Found 等
statusText	HTTP 状态码的响应文本，如 OK，Not Found 等

在向服务器发送数据之前，有必要先了解 XMLHttpRequest 对象的三个重要属性。

(1) onreadystatechange 属性

onreadystatechange 属性类似一个侦听器，随着 readystate 属性状态的变化而被触发，只要 readystate 每改变一次状态，onreadystatechange 属性就会被触发一次。onready statechange 属性存有处理服务器响应的函数。定义语法如下：

```
xmlhttp.onreadystatechange=function()
{
    //服务器响应处理代码
}
```

(2) readystate 属性

readystate 属性存有服务器响应的状态信息，一次完整的请求 readystate 会产生 3～5 种状态。当 readystate 改变时，onreadystatechange 属性存有的函数就会被执行。表 4-3 是 readystate 属性可能的值。

表 4-3　readystate 属性值

属性值	描　述
0	请求未初始化(在调用 open()方法之前)
1	请求已提出(在调用 send()方法之前)
2	请求已发送(这里通常可以从响应得到内容头部)
3	请求处理中(响应中通常有部分数据可用，但是服务器还没有完成响应)
4	请求已完成(可以访问服务器响应并使用它)

通常在 onreadystatechange 属性存有的函数中添加一条 if 语句，来测试服务器的响应是否访问；也就是说，是否可以获得服务器响应数据。状态判断如下：

```
xmlhttp.onreadystatechange=function()
{
  if(xmlhttp.readstate= =4){
    if (xmlHttp.status = = 200) {
      //从服务器的 response 获得数据
    }
  }
}
```

（3）responseText 属性

通过 responseText 属性来取出服务器返回的数据，responseText 为字符串型数据。例如：

```
xmlhttp.onreadystatechange=function()
{
  if(xmlhttp.readstate= =4){
    if (xmlHttp.status = = 200) {
        str=xmlhttp.responseText;
    }
  }
}
```

4.2 用 JavaScript 和 Ajax 发送异步请求

4.2.1 用 XMLHttpRequest 发送简单请求

了解了 XMLHttpRequest 对象，下面就可以在网页中建立异步请求了。标准的 Ajax 异步请求方式以页面中的 JavaScript 事件开始，然后通过 XMLHttpRequest 对象发送请求，服务器处理请求后，控制浏览器将响应信息返回至浏览器。

Ajax 发送请求的过程如下：

① 从 Web 页面中获取需要的数据。可以通过 getElementById()、getElementByName() 等函数实现。

② 建立请求服务器的 URL。URL 统一资源定位符，多数情况下都会结合一些静态数据和用户处理的表单中的数据来构造。

③ 打开服务器 URL 链接。通过 XMLHttpRequest 对象的 open()方法来完成。

④ 设置服务器在完成请求处理后要运行的函数。它也称为回调函数，因为是异步请求，故服务器在完成请求处理后，通知浏览器怎样处理响应。

⑤ 发送请求。将异步请求发送给服务器，运用 XMLHttpRequest 对象的 send()方法完成。

第一个示例很简单。单击页面中的按钮会初始化一个发至服务器的异步请求，服务器将发回一个简单的静态文本文件作为响应。在处理这个响应时，会在一个警告窗口中显示该静态文本文件的内容。代码如下：

实例演示：(源代码位置：ch4\ch4－2\WebRoot\2－1.html)

```
<html>
  <head>
    <title>简单异步请求</title>
    <script type="text/javascript">
      var xmlHttp;
      function createXMLHttpRequest() {
        if (window.ActiveXObject) {
          xmlHttp = new ActiveXObject("Microsoft.XMLHTTP");
        }else if (window.XMLHttpRequest) {
          xmlHttp = new XMLHttpRequest();
        }
      }
      function startRequest() {
        createXMLHttpRequest();
        xmlHttp.onreadystatechange = handleStateChange;
        xmlHttp.open("GET", "2-1.txt", true);
        xmlHttp.send(null);
      }
      function handleStateChange() {
        if(xmlHttp.readyState == 4) {
          if(xmlHttp.status == 200) {
            alert("2-1.txt 页面中包含：" + xmlHttp.responseText);
          }
        }
      }
    </script>
  </head>
  <body>
  <form action="#">
  <input type="button" value="异步请求" onclick="startRequest();"/>
  </form>
  </body>
</html>
```

在 2－1.txt 文件中存有简单的字符串，运行结果如图 4－5 所示。

图 4-5　简单 Ajax 示例

4.2.2　用 XMLHttpRequest 发送 GET 请求

采用 XMLHttpRequest 发送 GET 异步请求比较简单，并且在大部分情况下都能使用。请求的类型不是仅由 open()方法第一个参数指定的，还与 send()方法有关系。send()方法的参数是“”或 null 时，Servlet 容器采用 doGet()方法处理请求，并且 GET 请求类型一般用于小数据量的文本数据请求。

采用 GET 请求类型，则没有请求报文体，只有请求头部。可以使用 GET 类型请求从服务器获取数据，但要避免使用 GET 调用改变服务器上的状态。

例如上面的简单 Ajax 请求示例：

```
xmlhttp.open("get","2-1.txt",true);
xmlhttp.send();
```

还可以通过 GET 请求，向服务器发送信息，发送的信息添加在 URL 后面，例如：

```
xmlhttp.open("get","2-2.html? name=User",true);
xmlhttp.send(null);
```

下面是一个利用 GET 方法向服务器发送信息的示例。代码如下：

实例演示：(源代码位置：ch4\ch4-2\WebRoot\2-2.html)

```
<html>
  <head>
    <title>GET 请求</title>
    <script type="text/javascript">
      function load()
      {
        var xmlhttp;
        if (window.XMLHttpRequest){
          xmlhttp=new XMLHttpRequest();
        }else{
          xmlhttp=new ActiveXObject("Microsoft.XMLHTTP");
```

```
        }
        xmlhttp.onreadystatechange=function(){
          if (xmlhttp.readyState==4 && xmlhttp.status==200){
            document.getElementById("ret").innerHTML=xmlhttp.responseText;
          }
        }
        xmlhttp.open("GET","2-3.jsp? name=User&passwd=123456",true);
        xmlhttp.send();
      }
    </script>
  </head>
  <body>
  <button type="button" onclick="load()">请求数据</button>
  <div id="ret"></div>
  </body>
</html>
```

页面 2-3.jsp 内容如下：

```
<%@ page language="java" pageEncoding="gbk"%>
<p style='color:red;'>你好,<%=request.getParameter("name")%>,欢迎! </p>
```

运行结果如图 4-6 所示。

图 4-6　GET 方法向服务器发送信息

4.2.3　用 XMLHttpRequest 发送 POST 请求

与 GET 请求类型相比较，当无法使用缓存文件向服务器发送大量数据或发送包含未知字符的用户输入时，POST 比 GET 更稳定，也更可靠。

一般地，当改变服务器上的状态时应当使用 POST 方法，POST 不会限制发送给服务器的净荷的大小，而且 POST 请求不能保证是幂等的。所谓幂等是指多个请求返回相同的结果。另一方面，当变量对源有作用时，或者为了个人信息安全，应当采用 POST 请求。POST 类型请求的 send()方法的参数是“参数＝值”或“参数集”的形式。

采用 POST 向服务器请求获取数据，需要使用 setRequestHeader()方法添加 HTTP 头信息。例如：

```
xmlhttp.open("POST","2-4.jsp",true);
xmlhttp.setRequestHeader("Content-type","application/x-www-form-urlencoded");
xmlhttp.send("name=User ");
```

POST 请求常见有两种格式：

① application/x-www-form-urlencoded：把请求数据的 name 和 value 按照 a=1&b=2 的格式拼接成一个字符串，然后放在报文体中。一般只能传递字符型数据。

② multipart/form-data：使用特殊分隔符分割请求数据的 name 和 value。

下面是一个利用 POST 方法向服务器发送信息的示例。代码如下：

实例演示：(源代码位置：ch4\ch4 - 2\WebRoot\2 - 4. html)

```
<html>
  <head>
    <title>POST 示例</title>
    <script type="text/javascript">
      function load()
      {
        var xmlhttp;
        if (window.XMLHttpRequest){
            xmlhttp=new XMLHttpRequest();
        }else{
            xmlhttp=new ActiveXObject("Microsoft.XMLHTTP");
        }
        xmlhttp.onreadystatechange=function()
        {
          if (xmlhttp.readyState==4 && xmlhttp.status==200){
              document.getElementById("ret").innerHTML=xmlhttp.responseText;
          }
        }
        xmlhttp.open("POST","2-5.jsp",true);
        xmlhttp.setRequestHeader("Content-type","application/x-www-form-urlencoded");
        xmlhttp.send("name=User&Passwd=123456");
      }
    </script>
  </head>
  <body>
  <button type="button" onclick="load()">请求数据</button>
  <div id="ret"></div>
  </body>
</html>
```

页面 2 - 5.jsp 内容如下：

```
<%@ page language="java" pageEncoding="gbk"%>
<p style='color:red;'>欢迎  <%=request.getParameter("name")%> 光临! </p>
```

运行结果如图 4-7 所示。

图 4-7　POST 方法向服务器发送信息

GET 和 POST 的意义在 Ajax 中有同样的作用。在构建应用程序时，理解 GET 和 POST 请求的差异是很重要的，会有助于避免 Web 应用程序开发中的常见缺陷。

4.3　处理服务器响应

XMLHttpRequest 对象提供了两个可以用来访问服务器响应的属性。第一个属性 responseText 获得字符串形式的响应数据，第二个属性 responseXML 获得 XML 形式的响应数据。

4.3.1　处理文本响应

如果服务器返回的数据保存在 responseText 属性中，则服务器可以对 responseText 中文本内容的格式和长度自行定义。

一些简单的用例就很适合按简单文本来获取响应，如将响应显示在警告框中，或者响应只是指示成功还是失败。

如果将服务器响应作为简单文本来访问，则灵活性欠佳。简单文本没有结构，很难用 JavaScript 进行逻辑性的表述，而且要想动态地生成页面内容也很困难。

如果结合使用 HTML 元素的 innerHTML 属性，则 responseText 属性就会变得非常有用。innerHTML 属性是一个非标准的属性，最早在 IE 中实现，后来也为其他许多流行的浏览器所采用。这是一个简单的串，表示一组开始标记和结束标记之间的内容。

通过结合使用 responseText 和 innerHTML，服务器就能生成 HTML 内容，由浏览器使用 innerHTML 属性来处理。例如：

```
document.getElementById("ajaxDiv").innerHTML=xmlhttp.responseText;
```

下面的例子是使用 XMLHttpRequest 对象的 responseText 属性和 HTML 元素的 innerHTML 属性实现的。单击“查询”按钮，服务器将生成一个结果表作为响应。浏览器处理响应时将 div 元素的 innerHTML 属性设置为 XMLHttpRequest 对象的 responseText 属性值。

具体步骤如下：

① 单击“提交”按钮，调用 find()方法，它先调用 createXMLHttpRequest 函数来初始化 XMLHttpRequest 对象的一个新实例。

② find()将回调函数设置为 handleFind()函数。

③ find()函数使用 open()方法来设置请求方法(GET)及请求目标，并且设置为异步地完成请求。

④ 使用 XMLHttpRequest 对象的 send()方法发送请求。

⑤ XMLHttpRequest 对象的内部状态每次有变化时，都会调用 handleFind()函数。一旦接收到响应，div 元素的 innerHTML 属性将使用 XMLHttpRequest 对象的 responseText 属性设置。代码如下：

实例演示：(源代码位置：ch4\ch4 - 3\WebRoot\3 - 1. html)

```
<html>
  <head>
    <title>responseText 示例</title>
    <script type="text/javascript">
      var xmlHttp;
      function createXMLHttpRequest() {
        if (window. ActiveXObject) {
          xmlHttp = new ActiveXObject("Microsoft. XMLHTTP");
        }else if (window. XMLHttpRequest) {
          xmlHttp = new XMLHttpRequest();
        }
      }
      function find() {
        createXMLHttpRequest();
        xmlHttp. onreadystatechange = handleFind;
        xmlHttp. open("GET", "3-1. xml", true);
        xmlHttp. send(null);
      }
      function handleFind() {
        if(xmlHttp. readyState == 4) {
          if(xmlHttp. status == 200) {
            document. getElementById("books"). innerHTML = xmlHttp. responseText;
          }
        }
      }
    </script>
  </head>
  <body>
```

```
    <form>
      <input type="button" value="提交" onclick="find();"/>
    </form>
    <div id="books"></div>
  </body>
</html>
```

3-1.xml 文件内容如下：

实例演示：(源代码位置:ch4\ch4-3\WebRoot\3-1.xml)

```
<table border="1" >
  <tr>
    <th>Book Name</th>
    <th>Press</th>
    <th>Price</th></tr>
  <tr>
    <td>Java Web Programming</td>
    <td>BuaaPress</td>
    <td>32.00</td></tr>
  <tr>
    <td>JSP Advanced Programming</td>
    <td>China Machime Press</td>
    <td>34.00</td></tr>
</table>
```

运行结果如图 4-8 所示。

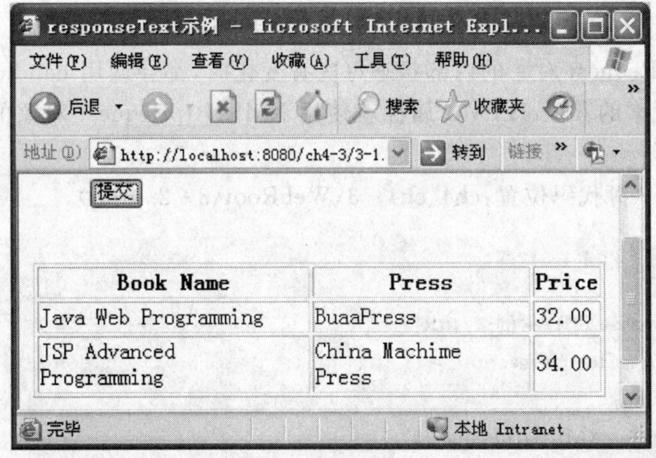

图 4-8　responseText 示例

4.3.2　处理 XML 响应

对于结构比较复杂的响应数据，可以借助 XMLHttpRequest 对象的另一个属性 responseXML，将响应提供为一个 XML 对象。如果服务器返回的数据保存在 responseXML 属性中，则在页面中处理返回的 XML 数据。处理 XML 数据和处理普通文本数据有很大不同，涉及到解析、文档对象模型(DOM)等。

此属性只读，将响应信息格式化为 Xml Document 对象并返回。如果响应数据不是有效的 XML 文档，则此属性本身不返回 XMLDOMParseError，可以通过处理过的 DOMDocument 对象获取错误信息。

此 responseXML 属性用于当接收到完整的 HTTP 响应时(readyState 为 4)描述 XML 响应；如果响应实体不是有效的 xml 格式，则返回错误。无论何时，只要 readyState 值不为 4，那么该 responseXML 的值也会返回 null。

如果 Content－Type 头部并不包含以下这些媒体类型之一：Content－Type 头部指定 MIME(媒体)类型为 text/xml、application/xml 或以＋xml 结尾，例如，"application/rss＋xml"，那么 responseXML 的值为 null。

其实，这个 responseXML 属性值是一个文档接口类型的对象，用来描述被分析的文档。如果文档不能被分析(例如，如果文档不是良构的或不支持文档相应的字符编码)，那么 responseXML 的值将为 null。

下面的例子使用 XMLHttpRequest 对象的 responseXML 属性实现。单击"列表"按钮，服务器将生成一个结果列表作为响应。浏览器处理响应时将 div 元素的 innerHTML 属性设置为 XMLHttpRequest 对象的 responseXML 属性值。

具体步骤如下：

① 单击"列表"按钮，调用 list()方法，它先调用 createXMLHttpRequest 函数来初始化 XMLHttpRequest 对象的一个新实例。

② list()将回调函数设置为 handleList()函数。

③ list()函数使用 open()方法来设置请求方法(GET)及请求目标，并且设置为异步地完成请求。

④ 使用 XMLHttpRequest 对象的 send()方法发送请求。

⑤ XMLHttpRequest 对象的内部状态每次有变化时，都会调用 handleList()函数。一旦接收到响应，div 元素的 innerHTML 属性就使用 XMLHttpRequest 对象的 responseXML 属性设置。代码如下：

实例演示：(源代码位置：ch4\ch4－3\WebRoot\3－2.html)

```
<html>
  <head>
    <title>responseXML 示例</title>
    <script type="text/javascript">
      var xmlHttp;
      function createXMLHttpRequest() {
        if (window.ActiveXObject) {
            xmlHttp = new ActiveXObject("Microsoft.XMLHTTP");
        }else if (window.XMLHttpRequest) {
            xmlHttp = new XMLHttpRequest();
        }
      }
```

```
        function list() {
          createXMLHttpRequest();
          xmlHttp.onreadystatechange = handleList;
          xmlHttp.open("GET", "3-2.xml", true);
          xmlHttp.send(null);
        }
        function handleList() {
          if(xmlHttp.readyState == 4) {
            if(xmlHttp.status == 200) {
              var xmlDoc = xmlHttp.responseXML;
              var target = xmlDoc.getElementsByTagName("j2ee")[0];
              var str = "<ul>";
              var langs = target.getElementsByTagName("lang");
              var currentLang = null;
              for(var i = 0; i < langs.length; i++) {
                currentLang = langs[i];
                str += '<li>' + currentLang.childNodes[0].nodeValue + '</li>';
              }
              str += '</ul>';
              document.getElementById("list").innerHTML =str;
            }
          }
        }
      </script>
    </head>
    <body>
      <form>
        <input type="button" value="列表" onclick="list();"/>
        <div id="list"></div>
      </form>
    </body>
</html>
```

3-2.xml 文件内容如下：

实例演示：(源代码位置：ch4\ch4-3\WebRoot\3-2.xml)

```
<root>
  <j2ee>
    <lang>JavaCore</lang>
    <lang>Servlet</lang>
    <lang>JavaBean</lang>
    <lang>JSP</lang>
  </j2ee>
  <net>
```

```
        <lang>vb.net</lang>
        <lang>vc.net</lang>
        <lang>c#.net</lang>
        <lang>asp.net</lang>
    </net>
</root>
```

运行结果如图 4-9 所示。

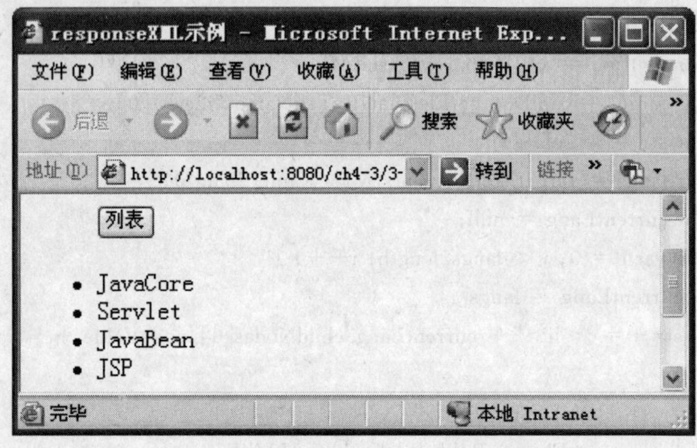

图 4-9 responseXML 示例

4.4 用 DOM 进行动态 Web 响应

4.4.1 DOM 模型

DOM 称为文档对象模型，是一个表示和操作文档的标准，是针对 XML 但经过扩展用于 HTML 的应用程序编程接口。通过 DOM 接口，JavaScript 能访问或操纵页面文档的所有元素，改变元素的内容、结构、样式、行为等。

DOM 被分为不同的部分：

- Core DOM：定义了一套标准的针对任何结构化文档的对象。
- XML DOM：定义了一套标准的针对 XML 文档的对象。
- HTML DOM：定义了一套标准的针对 HTML 文档的对象。

HTML DOM 和页面文档结构存在一一对应的关系。DOM 以一个拥有很多相互关联的节点的树形结构(简称 DOM 树)来表示页面文档结构，即每一个 DOM 节点都对应文档中的一个具体元素，JavaScript 通过访问 DOM 节点，就能够访问页面文档中的所有组成信息。页面代码如下：

```
<html>
  <head>
    <title>结构图</title>
  </head>
```

```
  <body>
    <h1>标题</h1>
    <a href="">链接</a>
  </body>
</html>
```

页面文档树形结构对应的 DOM 树如图 4－10 所示。

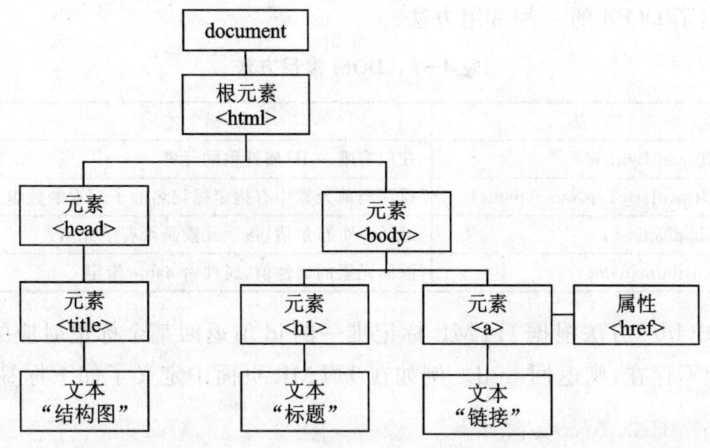

图 4－10 页面文档树形结构和 DOM 树对应图

按照 DOM 模型，页面文档中的每个成分都对应一个节点，不同类型的页面元素对应不同类型的 DOM 节点：

- 整个文档是一个文档节点 document。
- 每个 HTML 标签是一个元素节点 element。
- 包含在 HTML 元素中的文本是文本节点 text。
- 每一个 HTML 属性是一个属性节点 attribute。
- 注释称为注释节点 comment。

4.4.2 用 JavaScript 操作 DOM

DOM 是面向 HTML 和 XML 文档的 API，为文档提供了结构化表示，并定义了如何通过脚本来访问文档结构。JavaScript 则是用于访问和处理 DOM 的语言。如果没有 DOM，则 JavaScript 根本没有 Web 页面和构成页面元素的概念。文档中的每个元素都是 DOM 的一部分，这就使得 JavaScript 具有可以访问元素的属性和方法。

DOM 独立于具体的编程语言，具有一致的 API，可以使用任何脚本语言来访问 DOM。表 4－4 列出了 DOM 元素的一些常用的属性。

表 4－4 DOM 元素常用属性

属　性	描　述
childNodes	返回当前元素所有子元素的数组
firstChild	返回当前元素的第一个子元素
lastChild	返回当前元素的最后一个子元素

续表 4－4

属　性	描　述
nextSibling	返回紧跟在当前元素后面的元素，即下一个兄弟节点
nodeValue	指定表示元素值的读/写属性
parentNode	返回元素的父节点
previousSibling	返回紧邻当前元素之前的元素，即前一个兄弟节点

表 4－5 列出了 DOM 的一些常用方法。

表 4－5　DOM 常用方法

方　法	描　述
getElementById(id)	获取有唯一 ID 属性值的元素
getElementsByTagName(name)	返回当前元素中有指定标记名的子元素的数组
hasChildNodes()	返回一个布尔值，指示元素是否有子元素
getAttribute(name)	返回元素的属性值，属性由 name 指定

getElementById()方法根据 HTML 标记唯一的 id 值返回某个标记对应的 DOM 节点，如果指定 id 的标记不存在，则返回 null。例如在 HTML 页面中定义了如下标签：

```
<p id='hello'>Hello Ajax</p>
```

在 JavaScript 中可以通过 getElementById()方法获取这个节点。实现代码如下：

```
var hello=document.getElementById('hello');
```

getElementsByTagName()方法在页面文档中返回所有名称相同的标签对应的 DOM 对象，它的返回值总是一个集合，如果页面中没有指定名称的标签，则它的返回值是一个 length 为 0 的空集。例如在 HTML 页面中定义了如下标签：

```
<h1>hello Ajax</h1>
```

在 JavaScript 中可以通过 getElementsByTagName("h1")方法获取。实现代码如下：

```
var t=document.getElementsByTagName('h1');
```

4.4.3　DOM 在 Ajax 中的作用

Web 最初只是作为媒介向各处分发静态的文本文档，如今它本身已经发展为一个应用开发平台。以前的企业系统通常通过纯文本的终端部署，或者作为客户-服务器应用部署，这些系统正在被完全通过 Web 浏览器部署的系统所取代。

随着用户越来越习惯于使用基于 Web 的应用，他们开始有了新的要求，需要一种更丰富的用户体验。用户不再满足于完全页面刷新，即每次在页面上编辑一些数据时，页面都会完全刷新。他们想立即看到结果，而不是坐等与服务器完成完整的往返通信。

当使用 Ajax 向服务器端发出请求，并返回 responseXML 数据到客户端时，是怎样将这些返回的数据显示到网页上的呢？毫无疑问，是使用 DOM 对象，利用 DOM 对象的各个指令，向 HTML 中添加想要显示的内容。

通过前面的学习，我们已经了解了通过 DOM 对象可以方便地遍历 XML 结构，并抽取所需的数据。Web 浏览器的 W3C DOM 和 JavaScript 实现越来越成熟，这大大简化了在浏览器上动态创建内容的任务。原来总是要处心积虑地解决浏览器间的不兼容性问题，如今这已经不太需要。表 4－6 列出了用于动态创建内容的 DOM 属性和方法。

表 4－6　动态创建内容的 DOM 属性和方法

方　法	描　述
document. createElement(tagName)	创建由 tagName 指定的元素。如果以串 div 作为方法参数，就会生成一个 div 元素
document. createTextNode(text)	创建一个包含静态文本的节点
<element>. appendChild(childNode)	将指定的节点增加到当前元素的子节点列表
<element>. getAttribute(name) <element>. setAttribute(name, value)	这些方法分别获得和设置元素中 name 属性的值
<element>. insertBefore(newNode, targetNode)	将节点 newNode 作为当前元素的子节点插到 targetNode 元素前面
<element>. removeAttribute(name)	从元素中删除属性 name
<element>. removeChild(childNode)	从元素中删除子元素 childNode
<element>. replaceChild(newNode, oldNode)	将节点 oldNode 替换为节点 newNode
<element>. hasChildnodes()	返回一个布尔值，指示元素是否有子元素

下面的例子展示了如何使用 DOM 和 Ajax 来动态创建页面内容。示例实现按照价格来搜索图书。单击表单上的“搜索”按钮，会使用 XMLHttpRequest 对象以 XML 格式获取结果，使用 JavaScript 处理响应 XML，从而生成一个表，其中列出搜索到的结果。代码如下：

实例演示：（源代码位置：ch4\ch4－4\WebRoot\4－1. html）

```
<html>
  <head>
    <title>动态编辑页面内容</title>
    <script type="text/javascript">
      var xmlHttp;
      function createXMLHttpRequest() {
        if (window. ActiveXObject) {
            xmlHttp = new ActiveXObject("Microsoft. XMLHTTP");
        }else if (window. XMLHttpRequest) {
            xmlHttp = new XMLHttpRequest();
        }
      }
      function doFind() {
        createXMLHttpRequest();
        xmlHttp. onreadystatechange = handleStateChange;
        xmlHttp. open("GET", "4-1. xml", true);
        xmlHttp. send(null);
      }
      function handleStateChange() {
```

```
    if(xmlHttp. readyState == 4) {
    if(xmlHttp. status == 200) {
    clear();
list(document. getElementById("s"). value,document. getElementById("e"). value);
    }
    }
}
function clear() {
    var header = document. getElementById("h");
    if(header. hasChildNodes()) {
        header. removeChild(header. childNodes[0]);
    }
    var tableBody = document. getElementById("reBody");
    while(tableBody. childNodes. length > 0) {
        tableBody. removeChild(tableBody. childNodes[0]);
    }
}
function list(s,e) {
    var results = xmlHttp. responseXML;
    var book = null;
    var name = "";
    var press = "";
    var price = "";
    var books = results. getElementsByTagName("book");
    for(var i = 0; i < books. length; i++) {
      book = books[i];
      name = book. getElementsByTagName("name")[0]. firstChild. nodeValue;
      press = book. getElementsByTagName("press")[0]. firstChild. nodeValue;
      price = book. getElementsByTagName("price")[0]. firstChild. nodeValue;
      if (price >= s && price <= e){
        addTableRow(name, press, price);
      }
    }
    var header = document. createElement("h5");
    var headerText = document. createTextNode("查找结果:");
    header. appendChild(headerText);
    document. getElementById("h"). appendChild(header);
    document. getElementById("reTable"). setAttribute("border", "1");
}
function addTableRow(name, press, price) {
    var row = document. createElement("tr");
    var cell = createCellWithText(name);
    row. appendChild(cell);
```

```
            cell = createCellWithText(press);
            row.appendChild(cell);
            cell = createCellWithText(price);
            row.appendChild(cell);
            document.getElementById("reBody").appendChild(row);
        }
        function createCellWithText(text) {
            var cell = document.createElement("td");
            var textNode = document.createTextNode(text);
            cell.appendChild(textNode);
            return cell;
        }
    </script>
</head>
<body>
    <h4>按照价格查找图书</h4>
    <form action="#">显示图书:介于  
        <select name="s" id="s">
            <option value="20">20.00</option>
            <option value="30">30.00</option>
            <option value="50">50.00</option>
        </select>~
        <select name="e" id="e">
            <option value="20">20.00</option>
            <option value="30">30.00</option>
            <option value="50" selected>50.00</option>
        </select>
        <input type="button" value="查找" onclick="doFind();"/>
    </form>
    <span id="h"></span>
    <table id="reTable" width="75%" border="0">
        <tbody id="reBody">
        </tbody>
    </table>
</body>
</html>
```

4-1.xml 文件内容如下：

实例演示：(源代码位置：ch4\ch4-4\WebRoot\4-1.xml)

```
<books>
  <book>
    <name>Java Programming</name>
    <press>Post Telecom Press</press>
    <price>25.00</price>
  </book>
  <book>
    <name>JSP Programming</name>
    <press>China Machine Press</press>
    <price>30.00</price>
  </book>
  <book>
    <name>J2EE Programming</name>
    <press>CUAA Press</press>
    <price>40.00</price>
  </book>
</books>
```

运行结果如图 4-11 所示。

图 4-11　动态添加页面内容示例

4.5　Ajax 应用举例

前面学习了 Ajax 异步通信技术如发送 GET、POST 请求，处理服务器文本或 XML 响应，利用 DOM 进行动态 Web 响应等知识。本节通过开发实例具体讲解这些知识的实际应用，以达到查缺补漏与巩固知识的目的。

本实例要达到的设计目标是：在 HTML 页面中建立三级关联列表，当选择一级列表时，会添加二级列表中与一级列表对应的列表项；选择二级列表时，会添加三级列表中与二级列表对应的列表项。为了实现三级级联列表，这里采用了 Ajax 技术和 Java 技术。效果如图 4－12 所示。

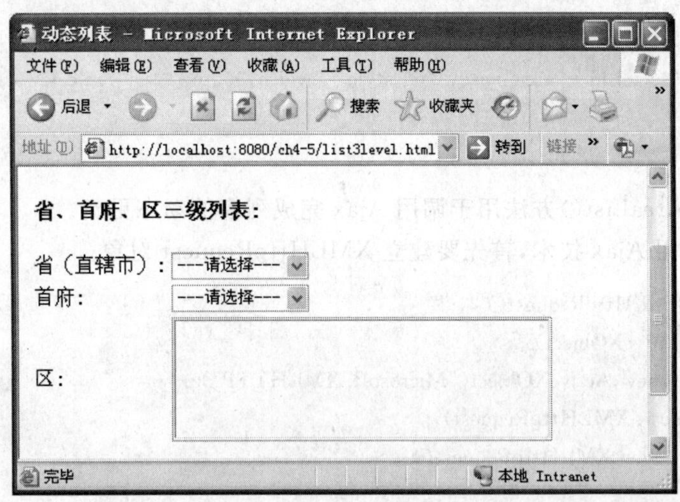

图 4－12　三级动态列表

首先在 MyEclipse 开发环境下建立 Web 项目，项目名称为 ch4－5。

在 WebRoot 下建立包含三级列表的页面，页面文件名为“list3level. html”。（源代码位置：ch4\ch4－5\WebRoot\list3level. html。）

为了达到上面所要求的三级列表效果，设计步骤如下：

第一步：在页面中定义三个选择列表<select>，并且定义三个列表的 onchange()事件，定义语句为

```
<form action="#">
  <table>
    <tr>
      <td colspan="2"><h4>省、首府、区三级列表:</h4></td></tr>
    <tr>
      <td><span>省(直辖市):</span></td>
      <td><select id="province" onchange="refreshAreaList();">
      <option value="">---请选择---</option>
      <option value="BeiJing">BeiJing</option>
      <option value="ShangHai">ShangHai</option>
      <option value="GuangDong">GuangDong</option>
      </select></td></tr>
    <tr>
      <td><span>首府:</span></td>
      <td><select id="capital" onchange="refreshAreaList();">
      <option value="">---请选择---</option>
      <option value="BeiJing">BeiJing</option>
      <option value="ShangHai">ShangHai</option>
```

```
        <option value="GuangZhou">GuangZhou</option>
        </select></td></tr>
      <tr>
        <td><span>区:</span></td>
        <td><select id="area" size="6" style="width:300px;"></select></td></tr>
   </table>
</form>
```

其中 refreshAreaList()方法用于调用 Ajax 完成列表的动态更新。

第二步:要使用 Ajax 技术,首先要建立 XMLHttpRequest 对象。

```
function createXMLHttpRequest() {
  if (window.ActiveXObject) {
    xmlHttp = new ActiveXObject("Microsoft.XMLHTTP");
  }else if (window.XMLHttpRequest) {
    xmlHttp = new XMLHttpRequest();
  }
}
```

第三步:完成 refreshAreaList()方法,建立服务器 GET 请求的 URL,这里采用 Servlet 调用服务器,并且设置 Ajax 回调函数为 handleStateChange。

```
function refreshAreaList() {
  var capital = document.getElementById("capital").value;
  var province = document.getElementById("province").value;
  if(capital == "" || province == "") {
    clearAreasList();
    return;
  }
  var url = "RefreshAreas?"
        + createQueryString(capital, province) + "&ts=" + new Date().getTime();
  createXMLHttpRequest();
  xmlHttp.onreadystatechange = handleStateChange;
  xmlHttp.open("GET", url, true);
  xmlHttp.send(null);
}
function createQueryString(capital, province) {
  var queryString = "capital=" + capital + "&province=" + province;
  return queryString;
}
```

第四步:完成回调函数 handleStateChange(),在准备就绪状态下更新第三级 area 列表,更新第三级列表的方法为 updateAreasList(),并且在更新前要清除 area 中的数据,清除函数为 clearAreasList()。

```
function handleStateChange() {
  if(xmlHttp.readyState == 4) {
    if(xmlHttp.status == 200) {
        updateAreasList();
    }
  }
}
function updateAreasList() {
  clearAreasList();
  var area = document.getElementById("area");
  var results = xmlHttp.responseXML.getElementsByTagName("area");
  var option = null;
  for(var i = 0; i < results.length; i++) {
    option = document.createElement("option");
    option.appendChild(document.createTextNode(results[i].firstChild.nodeValue));
    area.appendChild(option);
  }
}
function clearAreasList() {
  var area = document.getElementById("area");
  while(area.childNodes.length > 0) {
    area.removeChild(area.childNodes[0]);
  }
}
```

第五步：建立访问服务器的 Servlet。Serlvet 名称为 RefreshAreasServlet，然后在 web.xml 文件中设置 Servlet 的访问路径。

因为关于 Servlet 的知识将在第 6 章中介绍，因此这里没有将 RefreshAreasServlet 实现代码列出来，感兴趣的读者可以查看源文件，位于 ch4\ch4－5\src\servlet\ RefreshAreasServlet.java。Servlet 访问路径设置，请参阅 ch4\ch4－5\WebRoot\WEB-INF\ web.xml 文件。

4.6 习 题

1. Ajax 技术包含哪几部分，主要功能是什么？

2. 简述 Ajax 的工作原理。

3. 运用 JavaScript 创建一个 XMLHttpRequest 对象。

4. 运用 XMLHttpRequest 把字符串 Hello Ajax 载入 HTML 页面，并且显示到<div>元素中。

5. 运用 XMLHttpRequest 把一个 XML 文件载入到页面中。

6. 将 XML 文件采用异步通信方式显示到 HTML 页面的表格中。

第 5 章　JavaBean 组件

5.1　JavaBean 概述

5.1.1　JavaBean 组件技术

JavaBean 是用 Java 语言编写的可重用软件组件，有些类似于 Microsoft 的 COM 组件，可以通过可视化的构建工具来创建。JavaBean 可以嵌入到 Applet 小程序、应用程序、Servlet 和复合组件中。

Sun 公司对 JavaBean 的定义为：JavaBean 是一个能在 IDE 可视化编程工具中使用的、可重用的软件组件。实质上，JavaBean 组件是通过 Java 代码封装的 Java 类，通过封装属性和方法成为具有某种功能或者处理某个业务的对象，简称 Bean。在 Java 模型中，通过 JavaBean 可以无限扩充 Java 程序的功能，可以快速生成新的应用程序。对于软件开发人员来说，使用 JavaBean 最大的好处是可以实现程序的重复利用。

可以把 JavaBean 看成是一个黑盒子，即只需要知道其功能而不必关心其内部结构的对象。例如，用 JSP 页面对数据库操作，在 JSP 网页开发的初级阶段，并没有框架与逻辑分层的概念，每个 JSP 页面都要写一段连接数据库的相同代码，这样会对页面的开发和维护带来很多不便，其开发模式如图 5-1 所示。

如果把与数据库操作相关的代码封装在 JavaBean 组件中，则每个 JSP 页面只需要调用这个 JavaBean，就可以访问和操作数据库，而不需要自己写代码。这样可以降低 HTML 代码与 Java 代码之间的耦合度，简化 JSP 页面，提高 Java 程序代码的重用性及可维护性。应用 JavaBean＋JSP 的开发模式如图 5-2 所示。

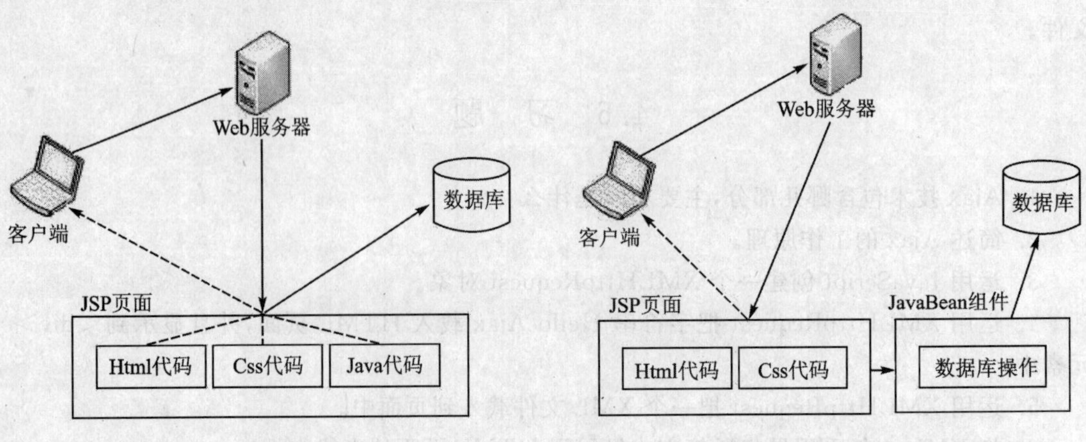

图 5-1　纯 JSP 开发模式　　　　**图 5-2　JavaBean＋JSP 的开发模式**

从图 5-2 可以看出，JavaBean 是从 JSP 页面中分离出来的 Java 代码。在 JSP 页面中只包含了 Html 代码、Css 代码等，但 JSP 页面可以引用 JavaBean 组件来完成某一业务逻辑，如数据库操作。

JavaBean 一般分为可视化组件和非可视化组件两种。

可视化的 JavaBean 是简单的 GUI 元素，如按钮、文本框和菜单等，必须继承 java.awt.Component 类，只有这样才能将其添加到可视化容器中。它一般用于编写 Applet 程序或者 Java 应用程序。

不可视化的 JavaBean 没有 GUI 界面，不需要继承特定的类或接口。它一般用来封装业务逻辑、数据库操作等，可以很好地实现后台业务逻辑和前台表示逻辑的分离，使得系统具有了灵活、健壮、易维护的特点。

在早期，JavaBean 常用于可视化领域。自从 JSP 诞生后，JavaBean 被更多地应用在非可视化领域。

由于 JavaBean 是基于 Java 语言的，因此 JavaBean 不依赖平台，具有以下特点：

- 独立性；
- 可以实现代码的重复利用；
- 易编写，易使用，易维护；
- 状态可以保存；
- 可以在任何安装了 Java 运行环境的平台下使用，而不需要重新编译。

5.1.2　JSP-JavaBean 开发模式

JSP 作为很好的动态网站开发语言，得到了越来越广泛的应用，在各类 JSP 应用中，JSP 结合 JavaBean 成为了一种事实上最常见的 JSP 程序标准。JSP-JavaBean 开发模式如图 5-3 所示。

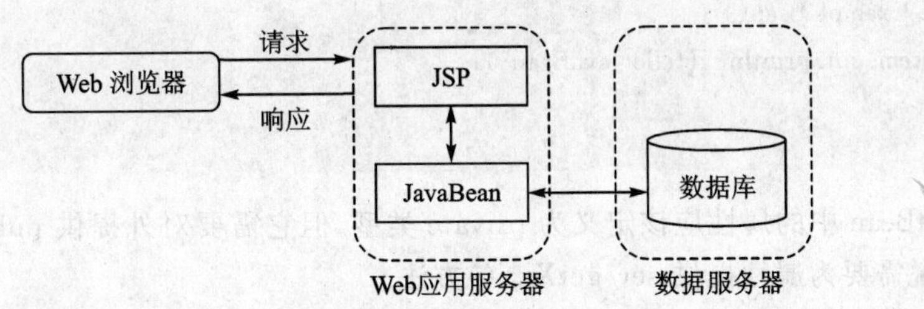

图 5-3　JSP-JavaBean 开发模式

- JavaBean：包含了 Web 应用中程序功能的核心，负责存储与 Web 应用相关的数据，集中体现了应用程序的状态。JavaBean 在 JSP-JavaBean 模式中，主要用来处理事务逻辑和数据结构，能够与数据库或文件系统进行交互，承担维护应用程序数据的责任。
- JSP：JSP 在 JSP-JavaBean 模式中有两种主要作用：① 实现视图。通过视图，用户可以访问 JavaBean 中的数据。② 实现控制。JSP 除了负责 Web 页面视图外，还负责整个 Web 应用程序的流程控制，根据用户的请求类型来决定应用程序的操作，如数据的更新、维护，以及页面的显示与转发。

通过使用 JSP-JavaBean 开发模式，可以实现页面的显示和页面内容分离。但是大量使用这种模式开发 Web 应用时，就会导致在 JSP 页面中嵌入大量的 Java 控制代码；当页面中处理的业务逻辑复杂时，大量的内嵌代码使得页面变得很大。因此，此开发模式一般适合小型的应用中。

5.2 JSP 中应用 JavaBean

JSP 对于在 Web 应用中集成 JavaBean 组件提供了完善的支持。这种支持不仅能缩短开发时间(可以直接利用经测试和可信任的已有组件，避免了重复开发)，也为 JSP 应用带来了更多的可伸缩性。

JSP 页面中使用 JavaBean，有以下几个特点：

- 使得 HTML 与 Java 代码分离，降低页面中代码的复杂度，便于代码维护；
- JavaBean 代码与 Java 代码相比较，简单易用，降低了开发 JSP 页面人员对 Java 编程能力的要求；
- JSP 侧重于实现动态页面，可以执行复杂的计算任务，或负责与数据库的交互以及数据提取；
- 在实现 JSP 页面中可以利用 JavaBean 可重用性的特点，提高开发效率。

5.2.1 编写 JavaBean 概述

1. 编写 JavaBean

本书主要讨论服务器端的 JavaBean。编写一个标准的 JavaBean 具有以下规范：

① 有一个默认的无参构造函数，该构造方法必须是 public 类型的。例如：

```
package bean;
public class ExampleBean{
   public ExampleBean() {
     System. out. println("Hello JavaBean");
   }
}
```

② JavaBean 中的属性应该定义为 private 类型，但它需要对外提供 public 类型的访问方法，也就是说需要为属性提供 set/getXxx()方法。

③ JavaBean 中的属性一般不能被外界直接访问，而是通过 set/getXxx()方法访问的，其中 setXxx()是 void 型的，用于给属性赋值，getXxx()用于读取并返回属性的值。set/get 方法名中的 Xxx 一般是属性名的首字母大写后而得到的。对于 boolean 类型的属性，可用 is 代替 set/getXxx()方法。下面通过一个例子来说明如何创建 JavaBean。

实例演示：(源代码位置：ch5\ch5 - 2\src\bean\UserBean. java)

```
package bean;
public class UserBean{
  private String userName;
  public UserBean (){
    userName = null;
```

```
    }
    public void setUserName(String name){
        userName = name;
    }
    public String getUserName(){
        return userName;
    }
}
```

这是一个典型的 JavaBean，定义了私有的 userName 属性、公有的无参构造函数，以及公有的 setUserName 和 getUserName 方法。需要注意的是，set 和 get 方法不一定是成对出现的，如果只有 get 方法，则表示对应的属性是只读的，它已有初值，或初值由构造方法等提供。

④ JavaBean 规范中虽然没有规定 JavaBean 必须使用 package 包名，但建议每一个 JavaBean 都使用包名。

2. 编译 JavaBean

为了在 JSP 页面中使用 JavaBean，JSP 容器必须使用相应的字节码创建一个 JavaBean 对象。例如上面创建的 UserBean 的 JavaBean 对象，编译 JavaBean 实际上就是编译 Java 类。

在命令提示符窗口中，执行下列命令编译 UserBean. java 文件：

```
javac -d . UserBean.java
```

如果编译成功，就会生成 UserBean. class 文件，这是 JavaBean 类的字节码文件。为了让 Tomcat 服务器能找到字节码，字节码文件必须保存在特定的目录中。

3. 保存 JavaBean

在应用程序的根目录下建立子目录\WEB-INF\classes，为了让 Tomcat 服务器启用\WEB-INF\classes 目录，必须重新启动 Tomcat 服务器。

编译 JavaBean 成功后，Tomcat 服务器会根据类的包名，在\WEB-INF\classes 目录下生成一个以包名命名的文件夹，编译所得的字节码文件就存储在此文件夹下，而 Javabean 的类文件可以保存在任意目录中。

部署完 JavaBean 之后，编写 JSP 文件调用该 JavaBean，JSP 文件可以放在除 WEB-INF 目录以外的任何地方。

5.2.2 JSP 通过程序代码访问 JavaBean

在访问 JavaBean 前，将 JavaBean 编译后的 class 文件复制到 WebRoot 中的/WEB-INF/classes 下。以 UserBean. class 为例，将 UserBean. class 文件复制到 WebRoot/WEB-INF/classes/bean 目录下。例如，访问 UserBean 的页面代码如下：

实例演示：(源代码位置：ch5\ch5－2\WebRoot\2－1. jsp)

```
<%@ page import="bean.UserBean" %>
<html>
  <body>
    <%
      UserBean user=new UserBean();
      User.setUserName("李磊");
```

```
    %>
    <h2>JavaBean 示例！ </h2>
    <p>Bean 中 username 属性的值为：
    <%=user.getUserName()%>
  </body>
</html>
```

页面中使用<%@ page import="bean.UserBean" %>将 UserBean 引入 2-1.jsp 页面中，然后利用代码"UserBean user=new UserBean()"语句创建对象，set 方法设置 Bean 的属性值，get 方法获取属性值。运行结果如图 5-4 所示。

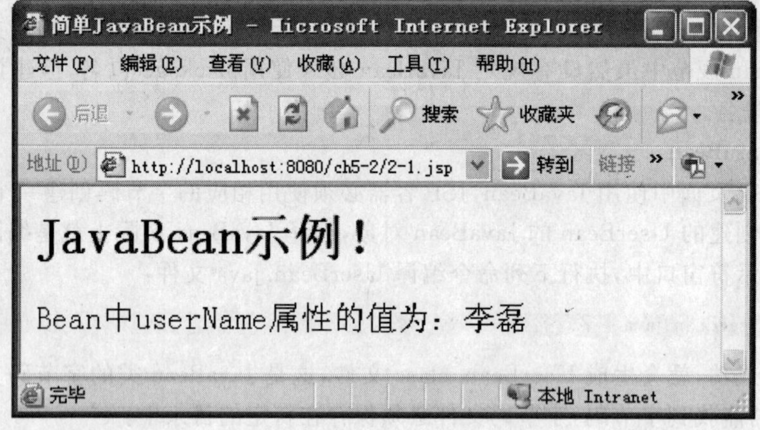

图 5-4　简单 JavaBean 示例图

采用通过 JSP 页面中的 Java 代码访问 JavaBean，会增加 JSP 页面中的 Java 代码，降低程序的可读性，使得 HTML 和 Java 程序结合到一起，开发人员维护起来比较困难。下面介绍另一种 JavaBean 的调用方法。

5.2.3　通过 JSP 标签访问 JavaBean

采用 JSP 标签访问 JavaBean，可以减少 JSP 页面中 Java 的程序代码，使 HTML 与 Java 程序分离，增加 JSP 页面代码的可读性与维护性。JSP 页面中访问 JavaBean 主要包含三个步骤：

① 在 JSP 页面中导入 JavaBean 类：通过<%@ page import="*" %>将 JSP 指令导入 JavaBean 类。例如：

```
<%@ page import="bean.UserBean" %>
```

② 在 JSP 页面中声明 JavaBean 对象：在 JSP 页面中，使用 JavaBean 前首先要声明 JavaBean。JavaBean 的声明通过<jsp:useBean>指令来实现，具体语法定义如下：

```
<jsp:useBean id=" " class=" " scope=" " />
```

其中：

- class 属性用于指定需要的 JavaBean 类；
- id 属性是使用的 JavaBean 实例的名字，JSP 页面的代码中都通过 id 定义的名字来使用 JavaBean 实例；

● scope 属性指定了 JavaBean 的作用范围。

例如：

```
<jsp:useBean id="user" class="bean.UserBean" scope="page" />
```

③ JSP 页面中访问 JavaBean 属性：JSP 提供了访问 JavaBean 属性的标签，给 JavaBean 属性赋值采用<jsp:setProperty>动作，访问 JavaBean 的属性采用<jsp:getProperty>动作。例如：

```
<jsp:setProperty name="user" property="username" value="李磊" />
<jsp:getProperty name="user" property="username" />
```

其中：

● name 属性为要设置的 JavaBean 的名字，与 JavaBean 声明中的 id 值一致；

● property 属性用于指定 JavaBean 的哪个属性。

下面是采用 JSP 标签调用 JavaBean 的例子，还是以 UserBean.class 为例。访问 UserBean.class 的 JSP 页面文件为 2-2.jsp，文件代码如下：

实例演示：(源代码位置：ch5\ch5-2\WebRoot\2-2.jsp)

```
<%@ page import="bean.UserBean" %>
<html>
  <body>
    <jsp:useBean id="user" class="bean.UserBean" scope="page">
    <jsp:setProperty name="user" property="userName" value="李磊" />
    </jsp:useBean>
    <h3>JavaBean  测试！</h3>
    <p>Bean 中 username 属性的值为：
    <jsp:getProperty name="user" property="userName" />
  </body>
</html>
```

运行结果与图 5-4 一致。

5.2.4　Bean 属性设置与获取

JavaBean 类中的属性和方法的设置有一定的规律，在 JavaBean 属性的 get 方法和 set 方法中能够反映出操作的属性。在使用 jsp:getProperty 元素和 jsp:setProperty 元素来设置或获取属性值时，必须遵循这个命名方式。如果不用 jsp:getProperty 元素和 jsp:setProperty 元素，而直接使用类的方法，则可以任意命名，如<%=user.getUserName()%>。

获取 JavaBean 的属性值通常有两种方法：

① 采用 jsp:getProperty 元素获取属性值：

```
<jsp:getProperty name="bean-id" property="PropertyName">
```

其中：

● name 是 jsp:useBean 的 id 属性值；

● property 是 JavaBean 的属性名称。

② 直接运用程序获取，如：

```
<%user.getUserName()%>
```

设置 JavaBean 属性值有下面五种方法：

① 设置 JavaBean 的所有属性：

```
<jsp:setProperty name="bean-id" property="*" />
```

name 是 jsp:useBean 的 id 属性值，使用 JSP 引擎的自我检查机制，设置 JavaBean 的所有属性值。

② 设置名为 PropertyName 的属性值：

```
<jsp:setProperty name="bean-id" property="PropertyName" />
```

name 是 jsp:useBean 的 id 属性值，使用 JSP 引擎的自我检查机制设置属性名为 PropertyName 的 JavaBean 的属性值。JSP 引擎会检查请求参数中是否有名为 PropertyName 的参数，如果有，则调用对应的 set 方法来设置。

③ 运用请求参数设置属性值：

```
<jsp:setProperty name="bean-id" property="PropertyName" param="ParamName" />
```

name 是 jsp:useBean 的 id 属性值，使用 JSP 引擎自我检查机制，检查请求参数中是否有名为 ParamName 的参数，如果有，则调用对应的 set 方法来设置，将名为 ParamName 的参数值赋值给 JavaBean 中 PropertyName 的属性。

④ 通过 value 值设置属性值：

```
<jsp:setProperty name="bean-id" property="PropertyName" value="ParamName" />
```

name 是 jsp:useBean 的 id 属性值，不使用 JSP 引擎自我检查机制。通过 value 值动态设置 JavaBean 的属性值。

⑤ 采用程序直接给属性赋值。

5.3 JavaBean 属性

JavaBean 的属性与一般 Java 程序中所指的属性，或者说与所有面向对象的程序设计语言中对象的属性是一个概念，在程序中的具体体现就是类中的变量。在 JavaBean 设计中，按照属性的不同作用又细分为四类：Simple、Indexed、Bound 与 Constrained 属性。

5.3.1 Simple 属性

该属性解释怎样把属性赋予 JavaBean，或者怎样获得 JavaBean 属性。JavaBean 中每一个属性，都会有一对 get/set 方法，用来设置属性或取得属性值，属性名和该属性相关的 get/set 方法名对应。例如：如果有 getXxx() 和 setXxx() 方法，则有一个名为 xxx 的属性。如果方法名为 isXxx()，则通常 xxx 属性是一个布尔类型。

下面给出一个简单的例子说明 Simple 属性的用法。在 3-1.jsp 页面中输入学生的基本信息，并将学生信息保存到名为 Student 的 JavaBean 中；然后在 3 - 2. jsp 页面中显示出学生的信息。Student. java 文件代码如下：

实例演示：(源代码位置：ch5\ch5 - 3\src\bean\Student. java)

```
public class Student {
  private String name;
  private String department;
  private int age;
  public String getName(){
    return name;
  }
  public void setName(String name){
    this. name=name;
  }
  public String getDepartment(){
    return department;
  }
  public void setDepartment(String department){
    this. department=department;
  }
  public int getAge(){
    return age;
  }
  public void setAge(int age){
    this. age=age;
  }
}
```

3 - 1. jsp 页面文件代码如下：

实例演示：(源代码位置：ch5\ch5 - 3\WebRoot\3 - 1. jsp)

```
<body>
  <form method="POST" action="3-2. jsp">
    <table>
      <tr><td colspan="2" align="center">学生信息</td></tr>
      <tr>
        <td>学生姓名:</td>
        <td><input type="text" name="name"></td></tr>
      <tr>
        <td>所在学院:</td>
        <td><input type="text" name="depart"></td></tr>
      <tr>
        <td>年     龄:</td>
        <td><input type="text" name="age"/></td></tr>
```

```
    <tr>
      <td colspan="2" align="center">
      <input type="submit" name="submit" value="显示学生信息"/></td></tr>
    </table>
  </form>
</body>
```

3-1.jsp 页面运行结果如图 5-5 所示。

图 5-5　学生信息页面

3-2.jsp 页面文件代码如下：

实例演示：(源代码位置：ch5\ch5-3\WebRoot\3-1.jsp)

```
<body>
  <center>
    学生信息
  </center>
  <jsp:useBean id="student" class="bean.Student" scope="request">
  <!--将 3-1.jsp 页面中 name、depart、age 赋值给 Student 属性 name、department、age-->
  <jsp:setProperty name="student" property="name" param="name" />
  <jsp:setProperty name="student" property="department" param="depart" />
  <jsp:setProperty name="student" property="age" param="age" />
  </jsp:useBean>
  <!--显示 Student 各属性值 -->
  <p><b>学生姓名：</b><%=student.getName() %></p>
  <p><b>所在学院：</b><%=student.getDepartment() %></p>
  <p><b>年     龄：</b><%=student.getAge() %></p>
</body>
```

在 3-1.jsp 页面中输入信息后，单击“显示学生信息”按钮，学生信息显示页面如图 5-6 所示。

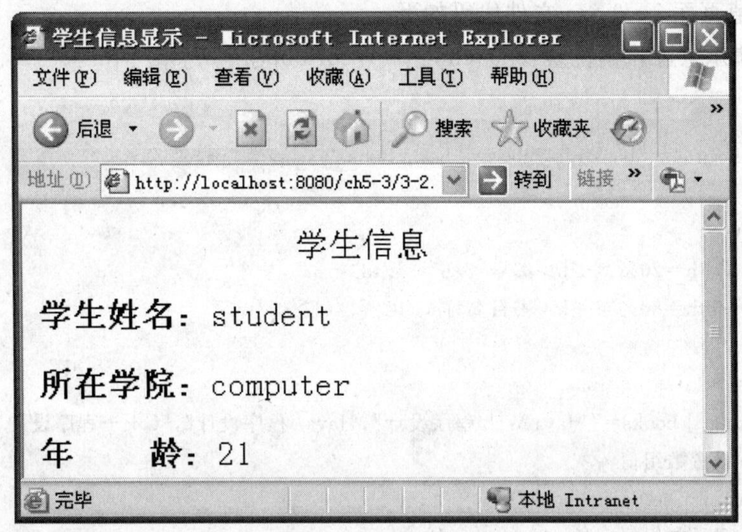

图 5-6　学生信息显示页面

5.3.2　Indexed 属性

Indexed 属性表示一个数组值。使用与该属性对应的 set/get 方法可取得数组中的数值。该属性也可一次设置或取得整个数组的值。

下面给出一个例子说明 Indexed 属性的用法，要求将 JavaBean 中数组的每一个值显示到页面中。JavaBean 为 Books.Java，显示数组值页面为 3-3.jsp。Books.java 文件代码如下：

实例演示：(源代码位置：ch5\ch5-3\src\bean\Books.java)

```
public class Books {
  private String[] books;
  /* 设置整个数组 */
  public void setBooks(String[] book){
    books=book;
  }
  /* 设置数组中的单个元素值 */
  public void setBooks(int index, String book){
    books[index]=book;
  }
  /* 取得整个数组值 */
  public String[] getBooks(){
    return books;
  }
  /* 取得数组中的指定元素值 */
  public String getBooks(int index){
    return books[index];
  }
}
```

显示数组值页面 3 - 3. jsp 文件代码如下：

实例演示：(源代码位置：ch5\ch5 - 3\WebRoot\3 - 3. jsp)

```
<body>
  <jsp:useBean id="bookinfo" class="bean.Books" scope="page" />
  <table>
    <tr>
      <td width=20%><b>编号</b></td>
      <td width=80%><b>书目名称</b></td></tr>
      <%
        int i=1;
        String[] books={"Java Web 程序设计","Java  程序设计","C++程序设计"};
        /*设置数组值*/
        bookinfo.setBooks(books);
        /*显示数组值*/
        for (String book:bookinfo.getBooks())
        {
      %>
    <tr>
      <td width=20%><%=i%></td>
      <td width=80%><%= book %> </td></tr>
      <%
        i++;
        }
      %>
  </table>
</body>
```

显示数组值页面的运行结果如图 5 - 7 所示。

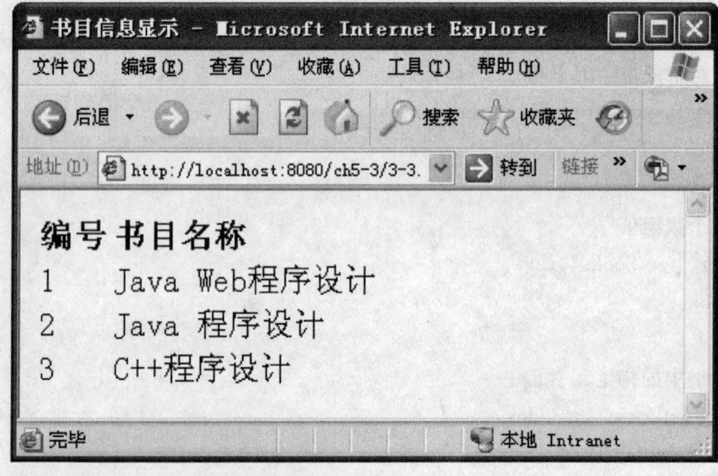

图 5 - 7　显示数组值页面运行结果

5.3.3 Bound 属性

Bound 属性是指当该种属性的值发生变化时，要通知其他的对象。每次属性值改变时，会自动触发 PropertyChange 事件，事件中封装了属性名、属性的原值、属性变化后的新值。

下面给出一个例子说明 Bound 属性的用法：编写一个 JavaBean，用于接收 name 变量，当 name 变量值发生变化时，在页面中显示出变化情况。

首先建立 JavaBean，类文件名为 Bound.java，文件代码如下：

实例演示：(源代码位置：ch5\ch5-3\src\bean\ Bound.java)

```
public class Bound {
  private String name;
  /*向监听者对象发送信息*/
  private PropertyChangeSupport support=new PropertyChangeSupport(this);
  public Bound(){}
  /*事件监听者对象和 Bound 对象绑定起来，并把它添加到监听者队列中去*/
  public void addPropertyChangeListener(PropertyChangeListener listener){
    if(support==null){
        support=new PropertyChangeSupport(this);
    }
    support.addPropertyChangeListener(listener);
  }
  /*从监听者队列中移除监听者对象*/
  public void removePropertyChangeListener(PropertyChangeListener listener){
    if(support==null){
        support=new PropertyChangeSupport(this);
    }
    support.removePropertyChangeListener(listener);
  }
  public void setName(String name){
    String tmp=name;
    this.name=name;
    /*通知监听者队列里的所有事件监听者对象当前对象的属性值改变的事件*/
    support.firePropertyChange("name",tmp,name);
  }
  public String getName(){
    return name;
  }
}
```

监听者为 Listen.java 类，文件代码如下：

实例演示：(源代码位置：ch5\ch5-3\src\bean\Listen.java)

```
public class Listen implements PropertyChangeListener{
  private String inform;
```

```
    public Listen(){
        inform="Bean 中的属性值没有变化";
    }
    /*属性值变化后触发的事件*/
    public void propertyChange(PropertyChangeEvent evt){
        inform="Bean 中的属性值发生了变化";
    }
    public String getInform(){
        return inform;
    }
}
```

显示属性变化的页面为3-4.jsp,文件代码如下:

实例演示:(源代码位置:ch5\ch5-3\WebRoot\3-4.jsp)

```
<body>
  <%
    Bound bound=new Bound();
    Listen listen=new Listen();
    bound.setName("李磊");
  %>
  <p><b>name = <%=bound.getName()%></b></p>
  <%
    bound.addPropertyChangeListener(listen);
    bound.setName("韩梅梅");
  %>
  <hr><%=listen.getInform()%>
  <hr><b>name = <%=bound.getName()%></b>
</body>
```

属性变化显示页面运行结果如图5-8所示。

图5-8 属性变化显示页面

5.3.4 Constrained 属性

JavaBean 的 Constrained 属性是指当这个属性的值要发生变化时，与这个属性已建立了某种连接的其他 Java 对象可否决属性值的改变。Constrained 属性的监听者通过抛出 PropertyVetoException 来阻止该属性值的改变。

下面给出一个例子说明 Constrained 属性的用法：编写一个 JavaBean，用于接收 price 变量，当 price 变量值发生变化时，在页面中显示出变化情况。

首先建立 JavaBean，类文件名为 Constrain.java，文件代码如下：

实例演示：(源代码位置：ch5\ch5 - 3\src\bean\Constrain.java)

```
public class Constrain {
  private int price;
  private PropertyChangeSupport change=new PropertyChangeSupport(this);
  private VetoableChangeSupport vetos=new VetoableChangeSupport(this);
  public Constrain(){}
  public void addVetoableChangeListener(VetoableChangeListener listen){
    vetos.addVetoableChangeListener(listen);
  }
  public void removeVetoableChangeListener(VetoableChangeListener listen){
    vetos.removeVetoableChangeListener(listen);
  }
  public void setPrice (int price) throws PropertyVetoException{
    int oldValue=this.price;
    vetos.fireVetoableChange("price", oldValue,price);
    this.price=price;
    change.firePropertyChange("price",oldValue,price);
  }
  public int getPrice() {
    return price;
  }
}
```

监听者为 ConstrainListen.java 类，文件代码如下：

实例演示：(源代码位置：ch5\ch5 - 3\src\bean\ ConstrainListen.java)

```
public class ConstrainListen implements VetoableChangeListener {
  private String inform;
  public ConstrainListen(){
    inform="Bean 中的属性值没有变化";
  }
  public void vetoableChange(PropertyChangeEvent evt){
    inform="Bean 中的属性值发生了变化";
  }
```

```
    public String getInform(){
        return inform;
    }
}
```

显示属性变化的页面为 3-5.jsp，文件代码如下：

实例演示：(源代码位置：ch5\ch5 - 3\WebRoot\3 - 5.jsp)

```
<body>
  <%
    Constrain constrain=new Constrain();
    ConstrainListen conListen=new ConstrainListen();
    constrain.setPrice(15);
  %>
  <p>Price 初始值为:<%=constrain.getPrice()%>
  <hr>欲将 Price 值设置为 10。
  <%
    constrain.addVetoableChangeListener(conListen);
    constrain.setPrice(10);
  %>
  <hr><%=conListen.getInform()%>
</body>
```

属性变化显示页面运行结果如图 5 - 9 所示。

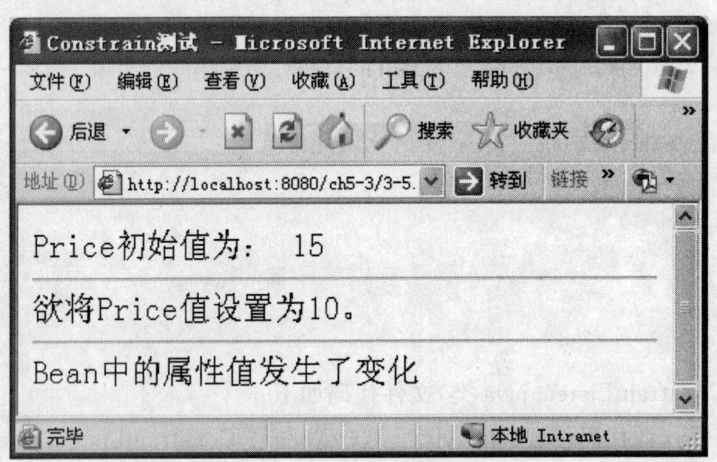

图 5 - 9　属性变化显示页面运行结果

5.4　JavaBean 的范围

可以设定 JavaBeans 的 Scope 属性，使得 JavaBeans 组件对于不同的任务具有不同的生命周期和不同的使用范围。Scope 属性具有四个可能的值，分别是：application、session、request 和 page，分别代表 JavaBeans 的四种不同的生命周期和四种不同的使用范围。Scope 的默认属性值为 page。下面分别介绍这四种不同的使用范围。

5.4.1　JavaBean 在 Application 范围内

当 JavaBeans 的 Scope 属性被指定为 application 时，也就是说这个 JavaBean 具有 Application Scope，那么它的生命周期和 JSP 的 Application 对象同步作用范围，也和 Application 对象一样使用。这种类型的 JavaBeans 可以在多个用户之间共享全局信息。

JavaBean 在 Application 范围内，如果某个 JSP 程序使用<jsp:useBean>操作指令创建了一个 JavaBean 对象，而且这个 JavaBean 具有 Application Scope，那么这个 JavaBean 就一直在服务器的内存空间中，随时处理客户端的请求，直到服务器关闭为止，它所保存的信息才消失，它所占用的系统资源才会被释放。在此期间，如果有其他用户请求的 JSP 程序中需要用到这个 JavaBean，那么服务器在执行<jsp:useBean>操作指令时并不会创建新的 JavaBean，而是创建源对象的一个同步拷贝，并且在拷贝对象上发生的改变都会影响到源对象，源对象也会做出同步的改变，不过这个改变不会影响其他已经存在的拷贝。

下面给出一个页面访问计数器的例子。计数器 Counter 为 JavaBean，文件代码如下：

实例演示：(源代码位置：ch5\ch5 - 3\src\bean\Counter. java)

```
public class Counter {
  private int Count;
  public void Counter(){
    Count=1;
  }
  public void addCount(){
    Count++;
  }
  public int getCount(){
    return Count;
  }
}
```

计数器显示页面为 4-1. jsp，文件代码如下：

实例演示：(源代码位置：ch5\ch5 - 4\WebRoot\4 - 1. jsp)

```
<body>
  <jsp:useBean id="counter" scope="application" class="bean.Counter" />
  <br>
  你好！你是第
  <b><%out.println(counter.getCount());%></b>
  位访客
  <%counter.addCount();%>
</body>
```

计数器显示页面运行结果如图 5 - 10 所示。

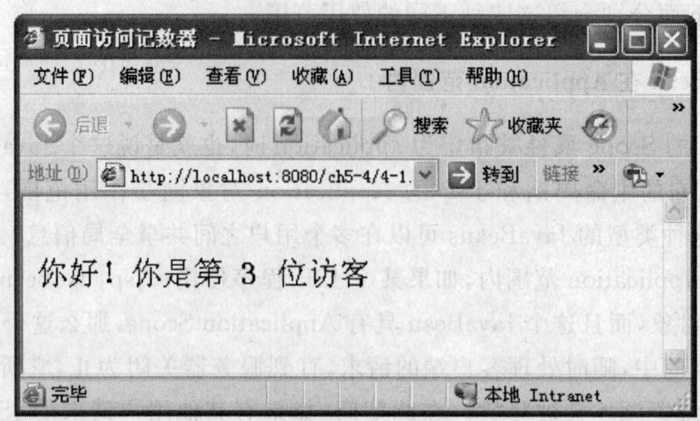

图 5-10　计数器显示页面运行结果

5.4.2　JavaBean 在 Session 范围内

JavaBean 的 Scope 属性值为 session，表示这个 JavaBean 的生命周期、作用范围与 JSP 的 Session 对象的生命周期、作用范围一样。这一类型的 JavaBean 的生命周期就是某个会话过程所经历的时间。会话过程是对于单个用户而言的，会话过程的开始以用户开始访问某个网站为标志，会话过程的结束以用户结束对该网站的访问为标志。不同的用户对应着不同的会话过程，不同的会话过程之间互不干涉，互不影响。

假设某一用户第一次登录某个网站的某个 JSP 页面，而这个 JSP 页面用到了一个 Scope 属性为 session 的 JavaBean，服务器会自动创建这个 JavaBean 的实例对象，并且当此用户继续访问同一网站的其他 JSP 页面，其他的 JSP 程序又用到同一个 JavaBean 对象时，服务器不会创建新的 JavaBean 对象，而是使用已经存在的 JavaBean 对象实例。

下面的例子说明 session 属性的用法。访问用户登录页面后，访问的页面中显示用户的登录名。记录登录用户信息的 LoginUser 为 JavaBean，文件代码如下：

实例演示：(源代码位置：ch5\ch5－4\src\bean\LoginUser. java)

```
public class LoginUser {
  private String userName;
  private String password;
  public String getUserName(){
    return userName;
  }
  public void setUserName(String userName){
    this.userName=userName;
  }
  public String getPassword(){
    return password;
  }
  public void setpassword(String password){
    this.password=password;
```

```
  }
}
```

用户的登录页面 4－2.jsp，文件代码如下：

实例演示：(源代码位置：ch5\ch5－4\WebRoot\4－2.jsp)

```
<form method="get" action="4-3.jsp">
  <div align="center"> </div>
  <table align="center" border="0" bgcolor="#b5d6e6">
    <tr>
    <td >用户名：<input type="text" name="username"></td></tr>
    <tr>
    <td>密   码：<input type="password" name="password" size="21"></td></tr>
    <tr>
    <td align="center"><input type="submit" name="submit" value="登录"></td></tr>
  </table>
</form>
```

运行后登录页面如图 5－11 所示。

图 5－11　登录页面

用户登录后访问的页面为 4－3.jsp，文件代码如下：

实例演示：(源代码位置：ch5\ch5－4\WebRoot\4－3.jsp)

```
<body>
  <jsp:useBean id="logUser" class="bean.LoginUser" scope="session" />
  <jsp:setProperty name="logUser" property="userName" param="username" />
  <p>欢迎 <b><jsp:getProperty name="logUser" property="userName" /></b> 访问!
  <hr>
  <a href="4-4.jsp">进入 Session Scope 测试页</a>
</body>
```

在登录页面中，输入用户名和密码后，单击“登录”按钮，进入 4－3.jsp 页面，如图 5－12 所示。

图 5－12　4－3.Jsp 页面

单击"进入 Session Scope 测试页"链接进入的页面为 4－4.jsp，文件代码如下：

实例演示：(源代码位置：ch5\ch5－4\WebRoot\4－4.jsp)

```
<body>
  <jsp:useBean id="logUser" class="bean.LoginUser" scope="session" />
  <p>欢迎用户：<b><jsp:getProperty name="logUser" property="userName" /></b> ！
  <hr>
</body>
```

4－4.jsp 页面如图 5－13 所示。

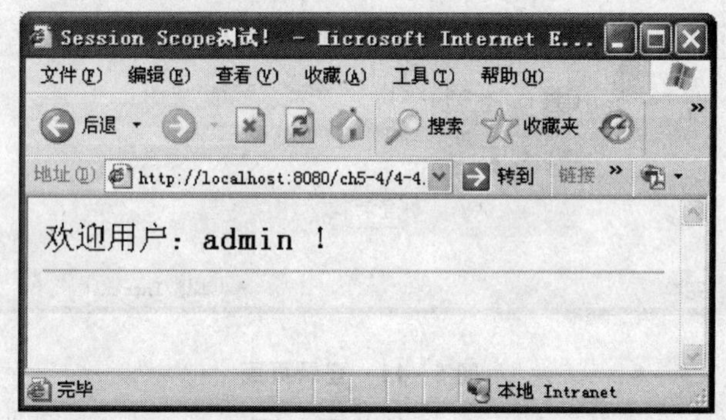

图 5－13　4－4.jsp 页面

5.4.3　JavaBean 在 Request 范围内

JavaBean 的 Scope 属性值被设为 request 时，JavaBean 对象的生命周期和作用范围与 JSP 的 Request 对象一样。当一个 JSP 程序使用<jsp:forward>操作指令定向到另外一个 JSP 页面，或者使用<jsp:include>操作指令导入另外的 JSP 页面时，第一个 JSP 页面会把 Request 对象传送到下一个 JSP 页面，属于 Request Scope 的 JavaBean 对象也将随着 Request 对象送出，被第二个 JSP 程序接收。因此所有通过这两个操作指令连接在一起的 JSP 程序都可以共享一个 Request Scope 的 JavaBean 对象。这种类型的 JavaBean 对象使得 JSP 程序之间传递信息更为容易。

下面给出一个 Request Scope 例子。JavaBean 为 Request.java，文件代码如下：

实例演示：(源代码位置：ch5\ch5－4\src\bean\ Request. java)

```
public class Request {
  private String msg;
  public Request(){}
  public String getMsg(){
    return msg;
  }
  public void setMsg(String msg){
    this. msg=msg;
  }
}
```

显示页面为 4-5. jsp，文件代码如下：

实例演示：(源代码位置：ch5\ch5－4\WebRoot\4－5. jsp)

```
<body>
  <jsp:useBean id="req" class="bean. Request" scope="request" />
  <jsp:setProperty name="req" property="msg" value="Request Scope Test!" />
  Request Scope 测试页(4-5. jsp):
  <hr>JavaBean 属性值(4-6. jsp):
  <p><jsp:include page="4-6. jsp" flush="true" />
</body>
```

运行后的结果如图 5－14 所示。

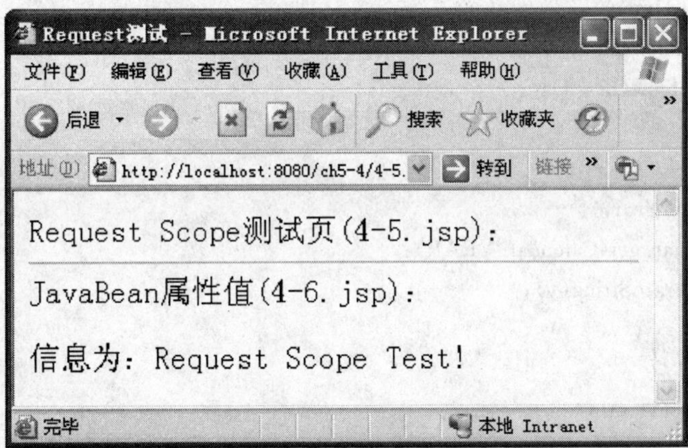

图 5－14　4－5. jsp 运行结果

4－5. jsp 页面中访问的页面为 4－6. jsp，文件代码如下：

实例演示：(源代码位置：ch5\ch5－4\WebRoot\4－6. jsp)

```
<body>
  <jsp:useBean id="req" class="bean. Request" scope="request" />
  信息为:<jsp:getProperty name="req" property="msg" />
</body>
```

5.4.4　JavaBean 在 Page 范围内

如果一个 JavaBean 的 Scope 属性被设为 Page，那么它的生命周期和作用范围在这四种类型的 JavaBean 组件中是最小的。Page Scope 类型的 JavaBeans 组件的生命周期为 JSP 程序的运行周期，当 JSP 程序运行结束时，该 JavaBean 组件的生命周期也就结束了。Page Scope 类型的 JavaBeans 组件程序的作用范围只限于当前的 JSP 程序中，它无法在别的 JSP 程序中起作用。对应于不同的客户端请求，服务器都会创建新的 JavaBean 组件对象，而且一旦客户端的请求执行完毕，该 JavaBean 对象会马上注销，无法为别的客户端请求所使用。

下面给出一个 Page Scope 例子，显示系统时间。JavaBean 为 SysTime.java，文件代码如下：

实例演示：(源代码位置：ch5\ch5－4\src\bean\SysTime.java)

```
public class SysTime {
  private Calendar calendar = null;
  private String year;
  private String month;
  private String day;
  private String week;
  private String ampm;
  private String hour;
  private String minute;
  private String second;
  public void SysTime (){
    calendar = Calendar.getInstance();
    calendar.setTime(new Date());
  }
  //获取年
  public String getYear(){
    int y=calendar.get(Calendar.YEAR);
    return Integer.toString(y);
  }
  //获取月
  public String getMonth(){
    int m=calendar.get(Calendar.MONTH);
    return Integer.toString(m+1);
  }
  //获取日期
  public String getDay(){
    int d;
    d=calendar.get(Calendar.DAY_OF_MONTH);
    return Integer.toString(d);
  }
```

```
    //获取星期
    public String getWeek(){
      int w;
      w=calendar.get(Calendar.DAY_OF_WEEK);
      String[] weeks= new String[]{"日","一","二","三","四","五","六"};
      return weeks[w];
    }
    //获取上午、下午
    public String getAmpm(){
      int a;
      a=calendar.get(Calendar.AM_PM);
      String m[]=new String[]{"上午","下午"};
      return m[a];
    }
    //获取时间
    public String getHour(){
      int h;
      h=calendar.get(Calendar.HOUR_OF_DAY);
      return Integer.toString(h);
    }
    public String getMinute(){
      int m;
      m=calendar.get(Calendar.MINUTE);
      return Integer.toString(m);
    }
    public String getSecond(){
      int s;
      s=calendar.get(Calendar.SECOND);
      return Integer.toString(s);
    }
}
```

系统时间显示页面中运用的 JavaBean 的 scope 属性为 page。页面文件为 4-7.jsp，文件代码如下：

实例演示：(源代码位置：ch5\ch5 - 4\WebRoot\4 - 7.jsp)

```
<body>
  <jsp:useBean id='clock' scope='page' class='bean.SysTime'/>
  当前系统时间为：
  <hr>
  <jsp:getProperty name="clock" property="year"/>年
  <jsp:getProperty name="clock" property="month"/>月
  <jsp:getProperty name="clock" property="day"/>日   
  星期<jsp:getProperty name="clock" property="week"/>  
```

```
    <jsp:getProperty name="clock" property="ampm"/>  
    <jsp:getProperty name="clock" property="hour"/>:
    <jsp:getProperty name="clock" property="minute"/>:
    <jsp:getProperty name="clock" property="second"/>
  </body>
```

运行后显示效果如图 5-15 所示。

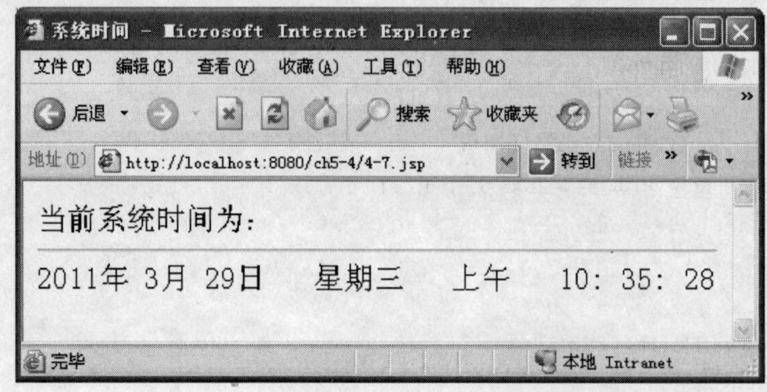

图 5-15 4-7.jsp 页面显示效果

刷新页面后，页面中显示的时间发生了变化。将页面中 scope 值设置为 application，与 scope 值为 page 时运行结果对照，发现当 scope 为 application 时，刷新页面，页面中的时间不会变化；而当 scope 为 page 时，刷新页面，页面中的时间会发生变化。也就是说，当 scope 为 application 时，SysTime 只被执行了一次；而当 scope 为 page 时，每次刷新页面都会重新执行 SysTime 类。这就是 application scope 类型的 JavaBean 与 page scope 类型的 JavaBean 的区别。

5.5 数据封装 JavaBean

在 JSP 中，可以将一些来源于界面的数据信息封装在 JavaBean 对象中。数据封装 JavaBean 只是起到封装表单或者数据库表的作用，并不操作表单或者数据库，即根据表单元素名或数据库表的字段设置类的属性，并为各个属性定义相应的 set/getXxx()方法。

例如，制作了一个“我最喜爱的旅游城市评选”表单，并写一个 JavaBean，用来存储表单中的各表单元素值，最后将表单提交给 JSP 页面显示。评选页面 5-1.jsp 代码如下：

实例演示：(源代码位置：ch5\ch5-5\WebRoot\5-1.jsp)

```
<body>
  <p>我最喜爱的旅游城市评选</p>
  <form name="form" method="get" action="5-2.jsp" id="form">
    姓名:<input name="selection" type="text" id="selection"><br>
    <p>候选城市:
    <input name="sel" type="checkbox" value="北京" id="sel">北京
    <input name="sel" type="checkbox" value="西安" id="sel">西安
```

```
    <input name="sel" type="checkbox" value="杭州" id="sel">杭州
    <input name="sel" type="checkbox" value="成都" id="sel">成都
    <input name="sel" type="checkbox" value="拉萨" id="sel">拉萨
    </p>
    <input name="submit" type="submit" value="提交">
  </form>
</body>
```

评选页面如图 5－16 所示。

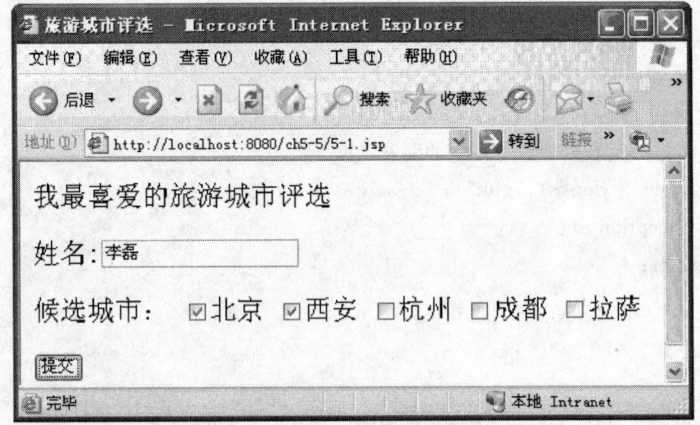

图 5－16 评选页面

新建一个 JavaBean 程序类 Tourism，将上面页面中的评选信息封装到其中，其代码如下：

实例演示：(源代码位置：ch5\ch5－5\src\bean\Tourism.java)

```
public class Tourism {
  private String selection;
  private String sel[];
  public String getSelection(){
    try {
      byte b[]=selection.getBytes("ISO-8859-1");
      selection=new String(b);
      return selection;
    }catch(Exception e) {
      return selection;
    }
  }
  public void setSelection(String newSelection){
    selection=newSelection;
  }
  public String[] getSel(){
    return sel;
  }
```

```
    public void setSel(String s[]){
      sel=s;
    }
}
```

将评选页面中的信息封装到 Tourism 类中，然后在 5-2.jsp 页面中显示。5-2.jsp 代码如下：

实例演示：(源代码位置：ch5\ch5-5\WebRoot\5-2.jsp)

```
<body>
  <%!
    public static String toChinese(String str){
      try{
        byte s1 []=str.getBytes("ISO8859-1");
        return new String(s1,"gbk");
      }catch(Exception e){
        return str;
      }
    }
  %>
  <jsp:useBean id="my" class="bean.Tourism" scope="page"/>
  <jsp:setProperty name="my" property="*"/>
  您的用户名是:<jsp:getProperty name="my" property="selection"/><br>
  您喜欢的旅游城市是:
  <%
    String s[]=my.getSel();
    if(s!=null)
      for(int i=0;i<s.length;i++)
        out.print(toChinese(s[i])+" ");
  %>
</body>
```

评选结果显示页面如图 5-17 所示。

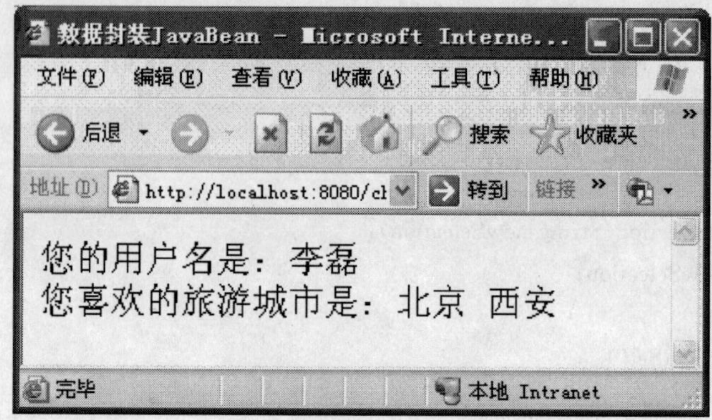

图 5-17 评选结果显示

通过上面的分析可知，如果将表单提交给一个 JSP 页面，则可以利用<jsp:setProperty property="*">反射机制将表单中的数据填入到 JavaBean 中。但如果表单提交给一个 Servlet 程序，由于 Servlet API 中没有类似的<jsp:setProperty property="*">的反射机制，要将表单中的数据填入 JavaBean 中就相对困难一些。如果用 request.getParameter()逐个读取表单数据的值填入到 JavaBean 中，则不利于表单元素的增加和删除，使程序缺乏灵活性。Apache 的 Commons 组件中，提供了一个有用的工具类 BeanUtils，利用它能够方便地将表单元素的值填入 JavaBean 中。相关的用法如下：

1. request.getParameterMap()

该方法的作用在于将客户端用 GET/POST 方式传来的参数封装在一个 Map 对象中。

2. BeanUtils.populate(bean,Map)

该方法是将存储在 Map 中的参数填充到一个特定的 JavaBean 对象中。第一个形参是一个表单 JavaBean 对象，第二个形参是一个存储有表单元素值的 Map 对象。

根据上述两种方法，要在 Servlet 程序中将各表单元素的值填入表单 JavaBean 的基本方法是：首先用 request.getParameterMap()获得存储有表单元素值的 Map 对象，再利用 BeanUtils.populate(bean,Map)将 Map 对象中的表单值填入 JavaBean 对象中。

5.6 业务逻辑封装 JavaBean

在 JSP 应用中，JavaBean 除了常用来封装数据外，还常用来封装业务逻辑。封装业务逻辑的 JavaBean，主要实现对封装数据的 JavaBean 的一些业务逻辑处理。

例如，通过表单输入两个数，表单提交后调用 JavaBean 实现计算两个数的最大公约数，并显示计算结果。

编写一个 JavaBean 文件 Compute.java，用于计算两个数的最大公约数。代码如下：

实例演示：(源代码位置：ch5\ch5-6\src\bean\Compute.java)

```
public class Compute {
  private int num1;
  private int num2;
  public int getGCD(){
    int r = 1;
    if(num1<num2){
      r=num1;
      num1 = num2;
      num2 = r;
    }
    while(r!=0){
      r = num1%num2;
      num1 = num2;
      num2 = r;
    }
    return num1;
```

```
    }
    public int getNum1(){
        return num1;
    }
    public void setNum1(int num1){
        this.num1 = num1;
    }
    public int getNum2(){
        return num2;
    }
    public void setNum2(int num2){
        this.num2 = num2;
    }
}
```

创建一个输入两个数字的 HTML 页面 6-1.html。代码如下：

实例演示：(源代码位置：ch5\ch5－6\WebRoot\6－1.html)

```
<body>
  <form name="login" method="get" action="Compute.jsp">
    数字 1：<input type="text" name="num1"><br>
    数字 2：<input type="text" name="num2"><br>
    <input type="submit" value="计算">
    <input type="reset" value="清除">
  </form>
</body>
```

运行结果如图 5－18 所示。

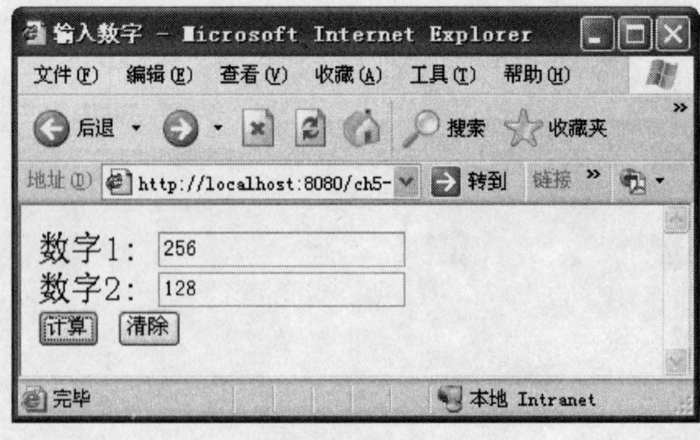

图 5－18 计算最大公约数

创建 6-2.jsp，调用 JavaBean 计算两个数的最大公约数，并显示。代码如下：

实例演示：(源代码位置：ch5\ch5－6\WebRoot\6－2.jsp)

```
<body>
  <jsp:useBean id="gcd" class="mybean.Compute"/>
```

```
  <jsp:setProperty name="gcd" property="*"/>
  最大公约数：
  <jsp:getProperty name="gcd" property="GCD"/>
</body>
```

单击图 5-18 中的"计算"按钮，调用 JavaBean 实现对两个数计算最大公约数，结果如图 5-19 所示。

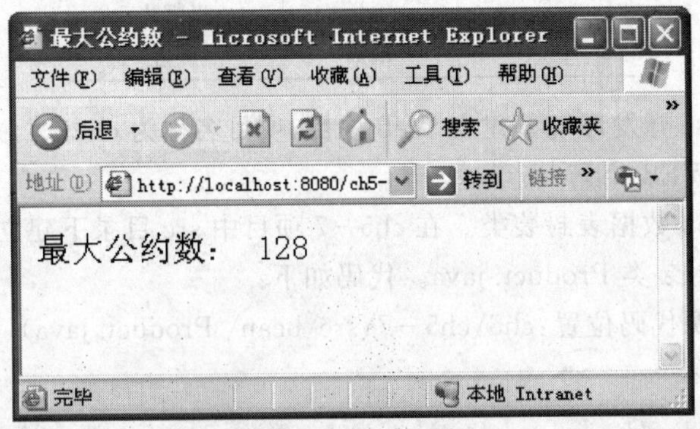

图 5-19　最大公约数

5.7　JavaBean 应用实例

这一章学习了 JavaBean 组件技术，本节通过开发实例具体讲解 JavaBean 的实际应用，以达到查漏补缺与巩固知识的目的。

本实例要达到的设计目标是：提取 MySQL 数据库中数据表的多条数据记录，采用 JavaBean 进行封装，然后将封装的数据在页面中显示，效果如图 5-20 所示。

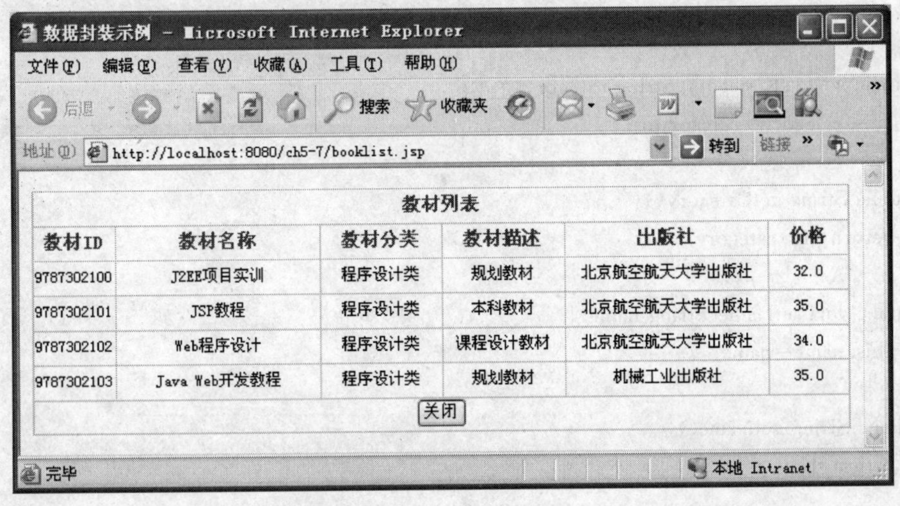

图 5-20　页面效果图

此例中数据表名为 book，数据表结构如表 5-1 所列。

表 5-1　book 数据表

字段名	字段类型	描　述
productid	varchar	书籍 ID 号
name	varchar	书籍名称
category	varchar	书籍分类
description	varchar	书籍描述
press	varchar	出版社
price	float	价格

首先在 MyEclipse 开发环境下建立 Web 项目，项目名称为 ch5-7，并将 MySQL 的 JDBC 包拷贝到 WebRoot\WEB-INF\lib 下。

第一步：建立 book 数据表封装类。在 ch5-7 项目中 src 目录下建立 bean 类包，然后建立 book 表的 JavaBean 封装类 Product. java。代码如下：

实例演示：(源代码位置：ch5\ch5-7\src\bean\ Product. java)

```
public class Product {
  private String productId;
  private String category;
  private String name;
  private String description;
  private String press;
  private float price;
  public void setProductId(String productId){
    this.productId=productId;
  }
  public String getProductId(){
    return this.productId;
  }
  public void setCategory(String category){
    this.category=category;
  }
  public String getCategory(){
    return this.category;
  }
  public void setName(String name){
    this.name=name;
  }
  public String getName(){
    return this.name;
  }
  public void setDescription(String description){
    this.description=description;
  }
```

```
    public String getDescription(){
        return this.description;
    }
    public void setPress(String press){
        this.press=press;
    }
    public String getPress(){
        return this.press;
    }
    public void setPrice(float price){
        this.price=price;
    }
    public float getPrice(){
        return price;
    }
}
```

第二步:通过 JDBC 获取 book 表中的数据,并且将数据封装到 Product 对象中。首先建立数据库连接,实现连接数据的 Java 类为 DataBaseConnection.java。代码如下:

实例演示:(源代码位置:ch5\ch5－7\src\util\DataBaseConnection.java)

```
public class DataBaseConnection {
    public static Connection getConnection(){
    Connection conn=null;
    String CLASSFORNAME="com.mysql.jdbc.Driver";
    String DB="jdbc:mysql://localhost:3306/test? user=root&password=admin";
    String USER="root";
    String PWD="admin";
    try{
        Class.forName(CLASSFORNAME);
        conn=DriverManager.getConnection(DB,USER,PWD);
    }catch(Exception e){
        e.printStackTrace();
    }
    return conn;
    }
}
```

连接 MySQL 数据库,获取 book 表中的数据信息。实现的 Java 类为 ProductBean.java。代码如下:

实例演示:(源代码位置:ch5\ch5－7\src\bean\ProductBean.java)

```
public class ProductBean {
    public List getProductsInfo() throws Exception{
        List list = new ArrayList();
```

```
        Connection conn=DataBaseConnection.getConnection();
        Statement stmt=conn.createStatement();
        ResultSet rs=stmt.executeQuery("select * from book");
        Product product=null;
        while(rs.next()){
            product=new Product();
            product.setProductId(rs.getString("productid"));
            product.setCategory(rs.getString("category"));
            product.setName(rs.getString("name"));
            product.setDescription(rs.getString("description"));
            product.setPress(rs.getString("press"));
            product.setPrice(rs.getFloat("price"));
            list.add(product);
        }
        return list;
    }
}
```

第三步：在页面中获取数据列表，并且显示在页面中，页面文件名为 booklist.jsp。实现代码如下：

实例演示：(源代码位置：ch5\ch5-7\WebRoot\booklist.jsp)

```
<html>
    <head>
    <title>数据封装示例</title>
    </head>
    <jsp:useBean id="books" class="bean.ProductBean" scope="page" />
    <body>
        <table width="100%" border="0" cellpadding="0" cellspacing="1" bgcolor="b5d6e6">
            <tr height="25">
                <td colspan="6" align="center" bgcolor="#FFFFFF">
                <span class="STYLE1"><strong>教材列表</strong></span></td></tr>
            <tr height="25">
                <td width="10%" align="center" bgcolor="#FFFFFF" >
                <span class="STYLE1"><strong>教材 ID</strong></span></td>
                <td width="25%" align="center" bgcolor="#FFFFFF" >
                <span class="STYLE1"><strong>教材名称</strong></span></td>
                <td width="15%" align="center" bgcolor="#FFFFFF" >
                <span class="STYLE1"><strong>教材分类</strong></span></td>
                <td width="15%" align="center" bgcolor="#FFFFFF" >
                <span class="STYLE1"><strong>教材描述</strong></span></td>
                <td width="25%" align="center" bgcolor="#FFFFFF" >
                <span class="STYLE1"><strong>出版社</strong></span></td>
                <td width="10%" align="center" bgcolor="#FFFFFF" >
```

```
    <span class="STYLE1"><strong>价格</strong></span></td></tr>
  <%
    List products=books.getProductsInfo();
    Iterator it=products.iterator();
    while(it.hasNext()){
    Product book=(Product)it.next();
  %>
  <tr height="25">
    <td align="center" bgcolor="#FFFFFF" style="font-size:12px;">
    <%=book.getProductId()%></td>
    <td align="center" bgcolor="#FFFFFF" style="font-size:12px;">
    <%=book.getName() %></td>
    <td align="center" bgcolor="#FFFFFF" style="font-size:12px;">
    <%=book.getCategory() %></td>
    <td align="center" bgcolor="#FFFFFF" style="font-size:12px;">
    <%=book.getDescription() %></td>
    <td align="center" bgcolor="#FFFFFF" style="font-size:12px;">
    <%=book.getPress() %></td>
    <td align="center" bgcolor="#FFFFFF" style="font-size:12px;">
    <%=book.getPrice() %></td></tr>
  <%
    }
  %>
  <tr>
    <td colspan="6" align="center" bgcolor="#FFFFFF">
    <input type="button" value="关闭" onclick="window.close()"/></td></tr>
 </table>
</body>
</html>
```

5.8　习　题

1. JavaBean 和一般的 Java 类有何区别？

2. 编写一个标准的 JavaBean 应该具有的规范是什么？请举例说明。

3. 编写 JavaBean 封装一个 int adder(int n)，它能够完成 $1+2+\cdots+n$ 的计算并返回，其中 n 是传给 JavaBean 的一个整数。在 JSP 页面中调用此 JavaBean，完成 $1+2+\cdots+100$ 的计算并显示结果。写出 JavaBean 的完整代码及 JSP 页面的调用代码。

4. 编写 JavaBean 计算圆的周长和面积，然后通过浏览器查看最终结果。

5. 将一张扩展名为.jpg 的图像文件，存放在当前 Web 服务目录的子目录 image 中。编写负责浏览图像的 JavaBean，在 JSP 页面中调用此 JavaBean，完成图像的浏览。

第 6 章　Servlet 技术

6.1　Servlet 概述

Servlet 是一种 Java 应用程序，在 Web 服务器端运行，利用 Servlet 可以生成动态的 Web 页面。与普通的 Java 应用程序不同，Servlet 由包含支持 Servlet 的 Web 服务器加载，可以动态地扩展 Server 的能力，并采用请求-响应模式提供 Web 服务。Servlet 对于 Web 服务器就好像 Java Applet 对于 Web 浏览器，但是 Applet 是装入 Web 浏览器并在 Web 浏览器内执行的。Servlet 是一个可信赖的服务器端程序，不受 Java 安全性的限制，拥有和普通 Java 程序一样的权限。

Servlet 通过创建一个框架来扩展服务器，以提供在 Web 上进行请求和响应的服务。当客户机发送请求至服务器时，服务器可以将请求信息发送给 Servlet，并让 Servlet 建立起服务器返回给客户机的响应。当启动 Web 服务器或客户机第一次请求服务时，可以自动装入 Servlet。装入后，Servlet 继续运行，直到其他客户机发出请求。Servlet 的主要功能在于交互式地浏览和修改数据，生成动态 Web 内容。这个过程如下：

① 客户端发送请求至服务器端；

② 服务器将请求信息发送至 Servlet；

③ Servlet 生成响应内容并将其传给服务器；

④ 服务器将响应返回给客户端。

6.1.1　Servlet 工作原理

Servlet 程序在 Servlet 容器（如 Tomcat）中运行，Web 服务器中嵌入 Servlet 容器，便具备了提供 Servlet 服务的能力。Servlet 容器负责处理客户请求，把请求传递给 Servlet 并把结果返回给客户。不同程序的容器具体实现时可能有所变化，但容器与 Servlet 之间的接口是由 Servlet API 定义好的，这个接口定义了 Servlet 容器在 Servlet 上要调用的方法及传递给 Servlet 的对象类。

Servlet 的工作原理如图 6 - 1 所示。客户端浏览器通过 HTTP 协议向 Web 服务器发出请求，Web 服务器会将这个请求转发给 Servlet 容器处理。Servlet 容器会在第一次接收到 HTTP 请求时创建一个 Servlet 实例，然后启动一个线程。当 Servlet 容器再次收到 HTTP 请求时，无须创建 Servlet 实例，而是为每个客户启动一个线程。这些线程由 Servlet 容器来管理，与传统的 CGI 为每个客户启动一个进程相比较，效率要高得多。

在服务器端的 Servlet 程序能够对来自客户端的 HTTP 协议请求作出相应的响应，必要时可以调用 EJB、JavaBean 或者 JDBC，并将运行结果返回给客户端。可以看出，Servlet 起到中间层的作用，将客户端和后台的资源隔离开来。

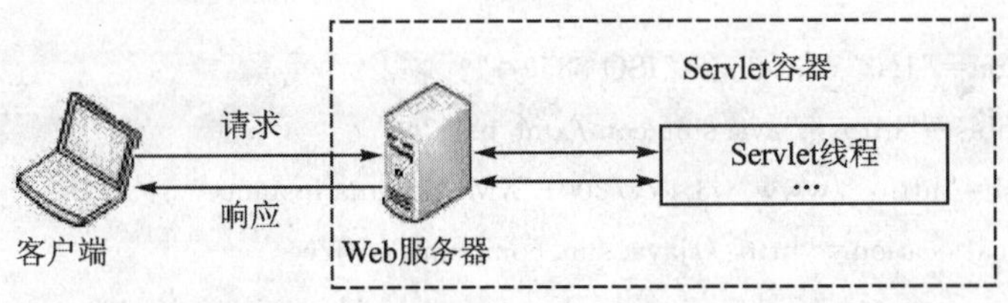

图 6－1　Servlet 的工作原理

6.1.2　简单 Servlet 编程

1. 编写 Servlet

编写 Servlet 实际上就是编写一个实现 javax. servlet. Servlet 接口的类。通常 Servlet 扩展使用 HTTP 协议的 Web 服务器，以便与客户交互，所以开发 Servlet 时一般直接继承 javax. servlet. http. HttpServlet 类。如果编写的 Servlet 与 HTTP 协议无关，那么就必须继承 javax. servlet. GenericServlet 类。下面创建一个名为 MyServlet 的 Servlet 类。

```
package servlet;
import java.io.*;
import javax.servlet.*;
import javax.servlet.http.*;
public class MyServlet extends HttpServlet{
   public void doGet(HttpServletRequest request, HttpServletResponse response) throws ServletException, IOException{
       PrintWriter out = response.getWriter();
       out.println("Good morning!");
   }
}
```

在当前 Web 应用程序的根目录下建立子目录\WEB-INF\classes，将编写好的 MyServlet. java 文件存放到 classes 目录下的 servlet 目录中。

2. 编译 Servlet

编译 Servlet 程序时，需要用到 Servlet API 中的 javax. servlet 和 javax. servlet. http 两个软件包，而这两个软件包被包含在“Tomcat 的安装目录\common\lib”下的 servlet-api. jar 和 jsp-api. jar 压缩包中。因此，需要将 servlet-api. jar 和 jsp-api. jar 压缩包复制到 Web 应用程序的根目录下，并为 JDK 配置环境变量，即在 classpath 环境变量中添加这两个压缩包的路径。

在命令提示符窗口中，执行下列命令编译 MyServlet. java 文件：

```
javac -d . MyServlet.java
```

编译成功后，生成一个以包名 servlet 命名的文件夹和编译文件 MyServlet. class。

3. 部署 Servlet

部署 Servlet 程序是指在\WEB-INF\web. xml 中，按一定书写要求对 web. xml 文件进行配置。值得注意的是，web. xml 文件对大小写敏感。Servlet 2.4 规范的 web. xml 文件格式如下：

```
<? xml version="1.0" encoding="ISO-8859-1"? >
<web-app xmlns="http://java.sun.com/xml/ns/j2ee"
    xmlns:xsi="http://www.w3.org/2001/XMLSchema-instance"
    xsi:schemaLocation="http://java.sun.com/xml/ns/j2ee
    http://java.sun.com/xml/ns/j2ee/web-app_2_4.xsd" version="2.4">
  <display-name>Welcome to Tomcat</display-name>
  <description>
  Welcome to Tomcat
  </description>
</web-app>
```

如果 web.xml 文件存在，则只需在该文件中添加 Servlet 的部署信息。代码如下：

```
<servlet>
  <servlet-name>MyServlet</servlet-name>
  <servlet-class>servlet.MyServlet</servlet-class>
</servlet>
<servlet-mapping>
  <servlet-name>MyServlet</servlet-name>
  <url-pattern>/servlet/MyServlet</url-pattern>
</servlet-mapping>
```

以上部署信息中元素的具体作用如下：

(1) <servlet>元素

<servlet>元素用于注册 Servlet 程序，它必须含有<servlet-name>元素和<servlet-class>元素。<servlet-name>元素指出 Servlet 程序的名称，该名称具有唯一性，可以自由命名。<servlet-class>元素指出 Servlet 程序中的包名和类名。一个<servlet>元素注册一个 Servlet 程序，如果 Servlet 程序不在 web.xml 中注册，则不被容器加载。

(2) <servlet-mapping>元素

<servlet-mapping>元素为 Servlet 程序提供一个 URL 映射，客户端可以通过此 URL 访问 Servlet 程序，它包含了两个子元素<servlet-name>和<url-pattern>。<servlet-name>元素指出 Servlet 程序的名称，必须和<servlet>元素中的名称保持一致。<url-pattern>元素指出对应于 Servlet 的 URL 路径，一般以"\"开头。

4. 访问 Servlet

重新启动 Tomcat，打开浏览器，在地址栏中输入"http://localhost:8080/ch6 - 1/ servlet/MyServlet"，访问 Servlet。其中"http://localhost:8080/"是本机 Tomcat 服务器的访问地址，Servlet 是当前应用项目的名称，servlet 是 Servlet 的访问路径。运行结果如图 6 - 2 所示。

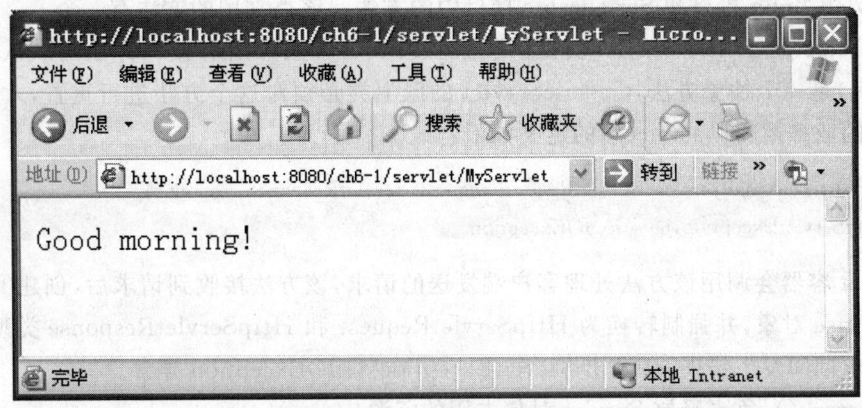

图 6-2　访问 Servlet

6.2 Servlet 的基本结构

Servlet 是使用 Java Servlet API 开发的一种 Java 类，这些 API 包含在 javax. servlet 和 javax. servlet. http 这两个软件包中。javax. servlet 包定义了所有 Servlet 类实现和扩展的通用接口和类，是编写 Servlet 时必须要实现的，与 HTTP 协议无关。javax. servlet. http 包定义了 Servlet 程序处理 HTTP 请求时所需的扩充类，该包中的部分类继承了 javax. servlet 包中的部分类和接口。Servlet 的基本结构如图 6-3 所示。

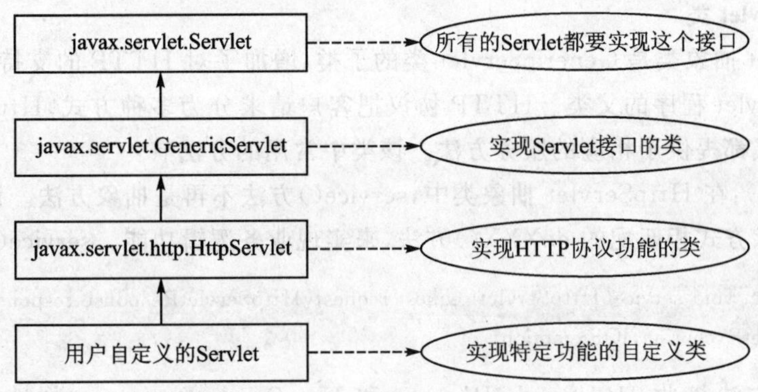

图 6-3　Servlet 的基本结构

从图 6-3 可以看出，Servlet 结构的核心部分是 javax. servlet. Servlet 接口，所有的 Servlet 必须直接或者间接地实现 javax. servlet. Servlet 接口。大多数情况下，Servlet 通过从 GenericServlet 或 HttpServlet 类进行扩展来实现。用户自定义的 Servlet 都是 HttpServlet 类的子类，HttpServlet 类是从 GenericServlet 类继承来的，而 GenericServlet 类要实现 javax. servlet. Servlet 接口。

6.2.1 Servlet 的基本类

1. GenericServlet 类

GenericServlet 抽象类定义了一个与 HTTP 协议无关的通用 Servlet 类，实现了 Servlet

接口、ServletConfig 接口和 Serializable 接口中的方法。该类常用的方法有：

① service()：GenericServlet 类提供了除 service()方法外所有接口方法的默认实现。因为 service()是一个抽象方法，GenericServlet 的派生类必须对这个方法进行重置，才能实现用户所期望的业务逻辑。service()的定义如下：

```
Public abstract void service(ServletRequest request,ServletResponse response)
throws ServletException,java.io.IOException
```

Servlet 容器会调用该方法处理客户端发送的请求，该方法接收到请求后，创建 request 对象和 response 对象，并强制转换为 HttpServletRequest 和 HttpServletResponse 类型的对象，在处理请求期间发生错误，会抛出 ServletException 和 IOException 异常。

② destory()：负责释放 Servlet 对象占用的资源。

③ getServletConfig()：返回一个 getServletConfig，在该对象中包含了 Servlet 的初始化参数信息。

④ getServletContext()：返回在 config 对象中引用的 ServletContext。

⑤ getServletInfo()：返回一个字符串，该字符串描述了 Servlet 的创建者、版本等信息。

⑥ init(ServletConfig config)：负责初始化 Servlet 对象。

⑦ getInitParameterNames()：返回具有初始化变量的枚举值，如果没有初始化变量，则返回 null。

⑧ getInitParameter(String name)：返回具有指定名称的初始化参数值，如果找不到指定的参数，则返回 null。

2. HttpServlet 类

HttpServlet 抽象类是 GenericServlet 类的子类，增加了对 HTTP 的支持，是使用 HTTP 协议工作的 Servlet 程序的父类。HTTP 协议把客户请求分为多种方式，HttpServlet 类针对每一种请求方式都提供了相应的服务方法。该类中常用的方法有：

① service()：在 HttpServlet 抽象类中，service()方法不再是抽象方法。该方法会自动调用与客户端请求方式相匹配的 doXXX()方法，来实现业务逻辑功能。service()的定义如下：

```
public abstract void service(HttpServletRequest request,HttpServletResponse response)
throws ServletException,IOException
```

service()方法接收 HttpServletRequest 和 HttpServletResponse 类型的对象后，根据 HTTP 请求的类型，重置相应的 doXXX()方法来处理客户端的请求。如果为 GET 方式，则调用 doGet()方法；如果为 POST 方式，则调用 doPost()方法，依次类推。

② doGet()：由 Servlet 容器通过 service()方法调用，用于处理一个 HTTP 的 GET 请求。与 GET 请求相关的参数附带在浏览器发送的 URL 后面，与这个请求一起发送给服务器，参数的大小个数有严格限制且只能是字符串。doGet()的定义如下：

```
protected void doGet(HttpServletRequest request,HttpServletResponse response)
throws ServletException,IOException
```

形参中的 request 和 response 同 JSP 隐形对象中的 request 和 response。

例如，使用 doGet()方法接收客户端数据。代码如下：

实例演示：(源代码位置：ch6\ch6－2\src\servlet\TestGet. java)

```
public void doGet(HttpServletRequest request, HttpServletResponse response)
throws ServletException, IOException {
    response.setContentType("text/html");
    response.setCharacterEncoding("gb2312");
    PrintWriter out = response.getWriter();
    out.println("<html>");
    out.println("<head>");
    out.println("<title>doGet()使用示例</title>");
    out.println("</head>");
    out.println("<body>");
    out.print("doGet()方法用来响应客户端使用 get()方法提取数据的请求。");
    out.println("</body>");
    out.println("</html>");
    out.flush();
    out.close();
}
```

在服务器的 ch6－2\WebRoot\WEB-INF\web. xml 中，配置 Servlet 部署信息，内容如下：

```
<servlet>
    <servlet-name>TestGet</servlet-name>
    <servlet-class>servlet.TestGet</servlet-class>
</servlet>
<servlet-mapping>
    <servlet-name>TestGet</servlet-name>
    <url-pattern>/servlet/TestGet</url-pattern>
</servlet-mapping>
```

在浏览器地址栏输入 TestGet 的访问路径"http://localhost:8080/ch6-2/servlet/TestGet"，执行 Servlet 程序，运行结果如图 6－4 所示。

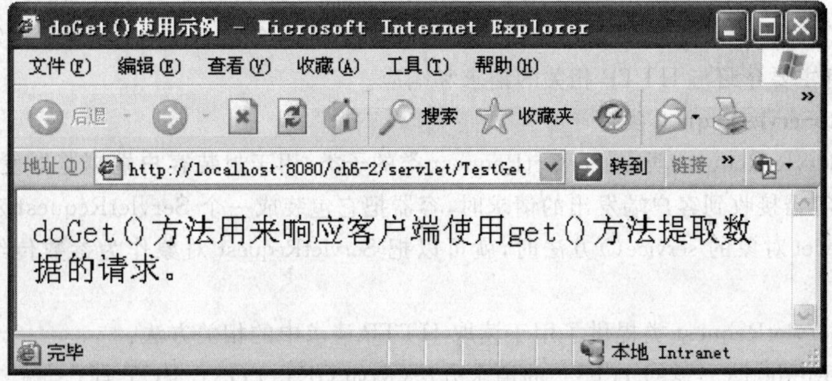

图 6－4　doGet()使用示例

③ doPost():由 Servlet 容器通过 service()方法调用,用于处理一个 HTTP 的 POST 请求。POST 的参数不通过 URL 传递,而是采用表单传递,一般用于发送大量的数据。doPost()的定义如下:

```
protected void doPost(HttpServletRequest request,HttpServletResponse response)
throws ServletException,IOException
```

④ doPut():由 Servlet 容器通过 service()方法调用,用于处理一个 HTTP 的 PUT 请求。PUT 请求会把文件的地址作为一个文件写到服务器。当要处理 PUT 操作时,必须在 HttpServlet 的子类中重载该方法。

```
protected void doPut(HttpServletRequest request,HttpServletResponse response)
throws ServletException,IOException
```

⑤ doDelete():由 Servlet 容器通过 service()方法调用,用于处理一个 HTTP 的 DELETE 请求。DELETE 请求可供客户端从服务器上删除 URL。该方法的定义如下:

```
protected void doDelete(HttpServletRequest request,HttpServletResponse response)
throws ServletException,IOException
```

⑥ doOptions():由 Servlet 容器通过 service()方法调用,用于处理一个 HTTP 的 OPTIONS 请求。这个操作能自动确定服务器支持哪种 doXXX()方法。该方法定义如下:

```
protected void doOptions()(HttpServletRequest request,HttpServletResponse response)
throws ServletException,IOException
```

⑦ doTrace():由 Servlet 容器通过 service()方法调用,用于处理一个 HTTP 的 TRACE 请求。该操作返回 TRACE 请求中的所有头部信息。doTrace()定义如下:

```
protected void doTrace()(HttpServletRequest request,HttpServletResponse response)
throws ServletException,IOException
```

6.2.2 Servlet 的请求响应类

Servlet 和 HTTP 紧密结合,使用 Servlet 几乎可以处理 HTTP 各个方面的内容。HTTP 协议采用了请求/响应模型,在服务器端 Servlet 程序的运行需要 Servlet 的请求对象和响应对象。本节将主要介绍与 HTTP 相关的请求和响应。

1. HttpServletRequest 类

HttpServletRequest 类是 ServletRequest 类的子类,用于封装客户端浏览器发出的请求。当 Servlet 容器接收到客户端发出的请求时,容器把它包装成一个 ServletRequest 对象。当容器调用 Servlet 对象的 service()方法时,就可以把 ServletRequest 对象作为参数传给 service()方法。

HttpServletRequest 类提供了用于读取 HTTP 请求中的相关方法:

① getMethod ():返回 HTTP 的请求方法(例如 GET、POST、PUT 等)。

② getCookies():返回与请求相关的所有 Cookie。

③ getHeader(String name):返回指定的 HTTP 请求报头。

④ getHeaderNames():返回一个枚举对象,它包含了请求给出的所有 HTTP 报头的项目名。

⑤ getRequestURI():返回此请求的 URL 的一部分,从"/"开始,包括上下文,但不包括"?"后面的任意查询字符。

⑥ getContextPath():返回客户端所请求访问的 Web 应用的 URL 入口。

⑦ getServletPath():这个方法返回请求 URL 反映调用 Servlet 的部分。

⑧ getQueryString():返回 HTTP 请求中的查询字符串,即 URL 中的"?"后面的内容。

例如,获取请求消息的示例。具体代码如下:

实例演示:(源代码位置:ch6\ch6-2\src\servlet\Message.java)

```
public void doGet(HttpServletRequest request, HttpServletResponse response)
throws ServletException, IOException {
    response.setContentType("text/html");
    response.setCharacterEncoding("gb2312");
    String method = request.getMethod();
    String uri = request.getRequestURI();
    String conPath = request.getContextPath();
    String serPath = request.getServletPath();
    String string = request.getQueryString();
    PrintWriter out = response.getWriter();
    out.println("<html>");
    out.println("<head>");
    out.println("<title>获取请求消息示例</title>");
    out.println("</head>");
    out.println("<body>");
    out.print("请求方法:"+method+"<br>");
    out.print("请求资源:"+uri+"<br>");
    out.println("Context 的入口:"+conPath+"<br>");
    out.println("Servlet 的路径:"+serPath+"<br>");
    out.println("请求查询字符串:"+string+"<br>");
    out.println("</body>");
    out.println("</html>");
    out.flush();
    out.close();
}
```

配置\WEB-INF\web.xml 文件。代码如下:

```
<servlet>
    <servlet-name>Message</servlet-name>
    <servlet-class>servlet.Message</servlet-class>
</servlet>
<servlet-mapping>
```

```
    <servlet-name>Message</servlet-name>
    <url-pattern>/servlet/Message</url-pattern>
</servlet-mapping>
```

Servlet 程序运行结果如图 6-5 所示。

图 6-5 获取请求消息

2. HttpServletResponse 类

HttpServletResponse 类继承了 ServletResponse 类，用于封装 HTTP 响应消息，允许控制 HTTP 协议相关数据，支持 Cookie 和 Session 跟踪。Servlet 程序通过调用 ServletResponse 对象的方法可以向客户端发送基本的响应消息。

在 ServletResponse 类中的常用方法如下：

① addCookie ()：在 Web 服务器响应中加入 Cookie 对象。

② addHeader()：将指定的名字和值加入到响应的头信息中。

③ addDateHeader()：用给定名称和日期值添加响应头。

④ setHeader()：设置具有指定名字和值的一个响应报头。

⑤ setDateHeader()：用给定名称和日期值设置响应头。

⑥ sendRedirect()：客户端重定向一个临时的响应，使初始的 URL 地址变成重定向的目标 URL。

⑦ setStatus()：给当前响应设置状态码。

⑧ sendError()：向客户端发送一个代表特定错误的 HTTP 响应状态代码。

例如：

```
response.setContentType("text/html");
response.setDateHeader("Expires", 0);
response.setHeader("Cache-Control", "no-cache");
response.setCharacterEncoding("gbk");
```

6.3 Servlet 程序的生命周期

Servlet 的生命周期是指 Servlet 对象从创建到销毁的过程，可以划分为初始化阶段、处理请求阶段和销毁阶段，它们分别由 javax. servlet. Servlet 接口的 init()方法、service()方法和 destroy()方法来实现。Servlet 的生命周期的流程图如图 6－6 所示。

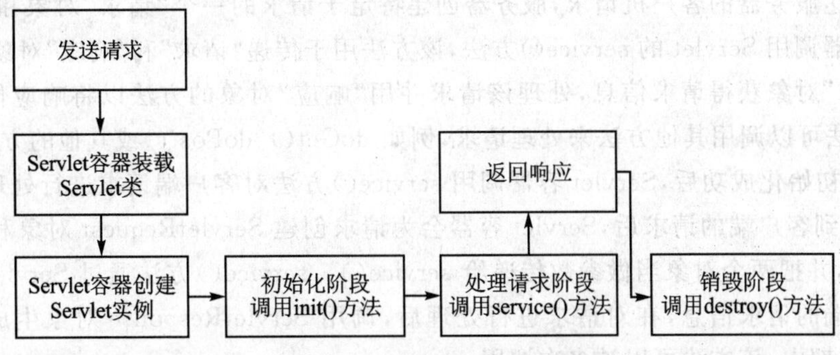

图 6－6　Servlet 的生命周期

Servlet 的生命周期由 Servlet 容器控制，而 Servlet 容器主要负责加载和实例化 Servlet。当 Servlet 容器启动时，会加载一个 Servlet 类，这个过程也可以推迟到 Servlet 容器需要响应第一个请求时。当 Servlet 容器加载成功后，便可以创建一个或多个实例。

Servlet 的生命周期开始于被装载到 Servlet 容器中，结束于被终止或重新装入时。Servlet 的生命周期可以分为 3 个阶段：初始化阶段、响应客户请求阶段和终止阶段。在 javax. servlet. Servlet 接口中定义了 3 个方法 init()、service()和 destroy()，它们将分别在 Servlet 的不同阶段被调用。

6.3.1　初始化时期

Servlet 被装载后，Servlet 容器创建一个 Servlet 实例并且调用 Servlet 的 init()方法进行初始化。在 Servlet 的整个生命周期中，init 方法只会被调用一次。init 方法有两种重载形式：

```
public void init(ServletConfig config) throws ServletException;
public void init() throws ServletException;
```

在 Servlet 的初始化阶段，Servlet 容器会为 Servlet 创建一个 ServletConfig 对象，用来存放 Servlet 的初始化配置信息，如 Servlet 的初始参数。如果 Servlet 类覆盖了第一种带参数的 init 方法，应该先调用 super. init(config)方法确保参数 config 引用 ServletConfig 对象；如果覆盖的是第二种不带参数的 init 方法，则可以不调用 super. init()方法；如果要在 init 方法中访问 ServletConfig 对象，则可以调用 Servlet 类的 getServletConfig()方法。

init()方法通过形参获取 Servlet 容器传递来的 ServletConfig 对象，这个 ServletConfig 对象包含了初始化的参数信息，并负责向 Servlet 实例传递信息。如果传递失败，则会抛出 ServletException 异常，指明 Servlet 初始化失败，容器将重新初始化这个 Servlet。如果抛出的是 UnavailableException 异常，则指明 Servlet 实例不可用；如果该异常指定了不可用的最小时间，那么容器必须等待该指定时间以后，才能初始化一个新的 Servlet 实例。

一般情况下，在下列时刻装入 Servlet：

- Servlet 容器启动时自动装载某些 Servlet；
- 在 Servlet 容器启动后，客户首次向 Servlet 发出请求；
- Servlet 的类文件被更新后，重新装载 Servlet。

6.3.2　Servlet 执行时期

对于到达服务器的客户机请求，服务器创建特定于请求的一个“请求”对象和一个“响应”对象。服务器调用 Servlet 的 service()方法，该方法用于传递“请求”和“响应”对象。service()方法从“请求”对象获得请求信息，处理该请求并用“响应”对象的方法以将响应传回客户机。service()方法可以调用其他方法来处理请求，例如 doGet()、doPost()或其他的方法。

Servlet 初始化成功后，Servlet 容器调用 service()方法对客户端请求进行处理。当 Servlet 容器接收到客户端的请求后，Servlet 容器会为请求创建 ServletRequest 对象和 ServletResponse 对象，并把两个对象当做参数传递给 service()。service()方法通过 ServletRequest 对象得到客户端的请求信息，在对请求进行处理后，调用 ServletResponse 对象生成响应结果。在 Servlet 周期内，该方法可以被多次调用。

容器有时会将多个客户端的请求发送给同一个实例的 service()方法，这就意味着必须采取一定的方法处理多线程问题。一个简单的方法是编写 Servlet 程序继承 SingleThreadModel 类，该类能确保一次只会有一个线程访问 service()方法。

HttpServlet 类的 service()方法首先分析客户端请求的类型，然后调用相应的 doXXX()方法来处理请求。当 Servlet 中有 doGet()或者 doPost()方法时，默认为调用这两个方法，service()方法就可以省略。doXXX()不是抽象方法，为了响应特定的请求类型，必须重置相应的 doXXX()方法。

6.3.3　Servlet 结束期

当 Servlet 需要销毁或者重新载入时，Servlet 容器会调用 destroy()方法让 Servlet 自动释放占用的资源。值得注意的是，容器在调用 destroy()方法前，必须保证 service()方法中没有线程在执行，因为 destroy()方法一旦被调用，容器就不会再向该实例发送任何请求。destroy()方法仅能被调用一次，它标志着 Servlet 生命周期的结束。该方法的定义如下：

```
public void destroy()
```

6.4　JSP 页面中调用 Servlet

用户可以在浏览器的地址栏中直接输入 Servlet 地址进行访问，也可以通过 JSP 页面来调用一个 Servlet。也就是说，JSP 页面主要负责静态的数据显示，而 Servlet 负责动态的数据处理。

6.4.1　创建 Servlet

创建一个 HTTP Servlet，通常涉及下列 4 个步骤：

① 扩展 HttpServlet 抽象类。

② 重载适当的方法。如覆盖(或称为重写)doGet()或 doPost()方法。

③ 如果有 HTTP 请求信息，则获取该信息。用 HttpServletRequest 对象来检索 HTML 表格所提交的数据或 URL 上的查询字符串。“请求”对象含有特定的方法以检索客户机提供的信息，有 3 个可用的方法：

● getParameter()：获得客户端请求的某个参数值。

● getParameterNames()：获得客户端请求的所有参数名字。

● getParameterValues()：获得与客户端请求的参数名相同的值的数组。

④ 生成 HTTP 响应。HttpServletResponse 对象生成响应，并将它返回到发出请求的客户机上。它的方法允许设置“请求”标题和“响应”主体。“响应”对象还含有 getWriter()方法以返回一个 PrintWriter 对象。可以使用 PrintWriter 的 print()和 println()方法，以编写 Servlet 响应来返回给客户机，或者直接使用 out 对象输出有关 HTML 文档内容。例如下面采用 Servlet 直接输出 HTML 文档。代码如下：

实例演示：(源代码位置：ch6\ch6 - 4\src\servlet\OutHtml. java)

```
public void doGet (HttpServletRequest request, HttpServletResponse response)
throws ServletException, IOException {
    String name = "";
    name = request.getParameter("name");
    response.setCharacterEncoding("gbk");
    request.setCharacterEncoding("gbk");
    response.setContentType("text/html");
    response.setHeader("Pragma", "No-cache");
    response.setDateHeader("Expires", 0);
    response.setHeader("Cache-Control", "no-cache");
    PrintWriter out = response.getWriter();
    out.println("<head><title>创建 Servlet</title></head>");
    out.println("<body>");
    out.println("<h4>输入的 Name  是:" +name+ "</h4>");
    out.println("</body></html>");
    out.flush();
}
```

上述 ServletSample 类扩展 HttpServlet 抽象类、重写 doGet()方法。在重写的 doGet()方法中，获取 HTTP 请求中的一个任选的参数(name)，该参数可作为调用的 URL 上的查询参数传递到 Servlet。示例如下：

http://localhost:8080/ch6 - 4/servlet/OutHtml? name=admin。运行结果如图 6 - 7 所示。

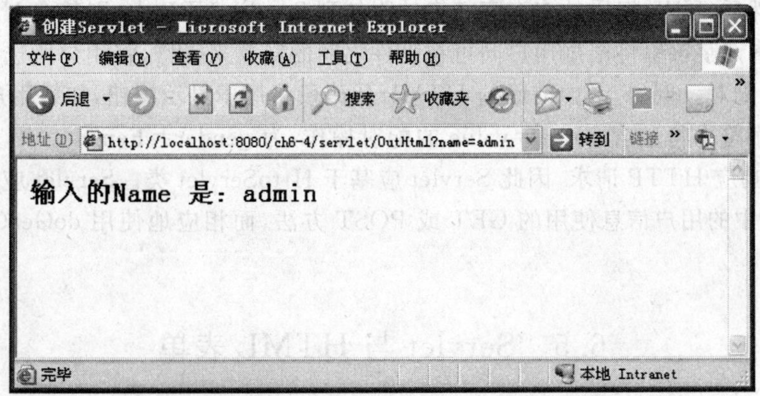

图 6 - 7　Servlet 的生命周期

6.4.2 调用 Servlet

调用 Servlet 通常可以使用下列任一种方法：

① 由 URL 调用 Servlet。

② 在<form>标记中调用 Servlet。

③ 在 JSP 文件中调用 Servlet。

1. 由 URL 调用 Servlet

这里有两种用 Servlet 的 URL 从浏览器中调用该 Servlet 的方法：

① 指定 Servlet 名称：当用 Servlet 容器将一个 Servlet 实例添加到服务器配置中时，必须指定"Servlet 名称"参数的值。例如，可以指定将 hi 作为 HelloWorldServlet 的 Servlet 名称。要调用该 Servlet，需打开"http://localhost:8080/servlet/hi"。也可以指定 Servlet 和类使用同一名称。在这种情况下，将由"http:// localhost:8080/servlet/HelloWorldServlet"来调用 Servlet 的实例。

② 指定 Servlet 别名：用 WebSphere 应用服务器管理器来配置 Servlet 别名，该别名是用于调用 Servlet 的快捷 URL。快捷 URL 中不包括 Servlet 名称。

2. 在<form>标签中指定 Servlet

可以在<form>标记中调用 Servlet。HTML 格式使用户能在 Web 页面中输入数据，并向 Servlet 提交数据。例如：

```
<form method="GET" action="/servlet/myservlet">
  <ol>
    <input type="radio" name="gender" value="male">Male<br>
    < input type="radio" name=" gender" value="female">Female<br>
  </ol>
</form>
```

Action 属性值为调用 Servlet 的 URL。关于 method 的特性，如果用户输入的信息是通过 GET 方法向 Servlet 提交的，则 Servlet 必须优先使用 doGet()方法；反之，如果用户输入的信息是通过 POST 方法向 Servlet 提交的，则 Servlet 必须优先使用 doPost()方法。使用 GET 方法时，用户提供的信息是查询字符串表示的 URL 编码，无需对 URL 进行编码，因为这是由表单完成的；然后，URL 编码的查询字符串被附加到 Servlet URL 中，则整个 URL 提交完成。URL 编码的查询字符串将根据用户同可视部件之间的交互来操作，将用户所选的值同可视部件的名称进行配对。例如，考虑前面的 HTML 代码段将用于显示按钮，如果用户选择 Female 按钮，则查询字符串将包含 name=value 的配对操作，为 gender=Female。因为在这种情况下，Servlet 将响应 HTTP 请求，因此 Servlet 应基于 HttpServlet 类。Servlet 应根据提交给它的查询字符串中的用户信息使用的 GET 或 POST 方法，而相应地使用 doGet()或 doPost()方法。

6.5 Servlet 与 HTML 表单

用户可以在浏览器的地址栏中直接输入 Servlet 地址进行访问，也可以通过 JSP 页面来调用一个 Servlet。也就是说，JSP 页面主要负责数据的提交和显示，而 Servlet 负责数据的处理。

6.5.1　通过表单“提交”按钮调用 Servlet

在 Servlet 中，与 JSP 相同，通过调用 request 隐含对象中的方法来读取表单数据，并在 Servlet 的 doGet() 和 doPut() 方法中处理数据，doGet() 方法的第一个形参 HttpServletRequest 与 JSP 中的 request 隐含对象相当。

例如，编写一个页面提取用户兴趣，并通过 Servlet 显示出来。用户兴趣页面代码如下：

实例演示：(源代码位置：ch6\ch6 - 5\WebRoot\5 - 1. jsp)

```
<body>
  <form action="servlet/Hobby" method="get">
    姓名:<input type="text" name="name"/><br>
    兴趣:<select name="hobby">
    <option value="音乐">音乐</option>
    <option value="跳舞">跳舞</option>
    <option value="绘画">绘画</option>
    </select>
    <input type="submit" value="提交" />
  </form>
</body>
```

运行结果如图 6 - 8 所示。

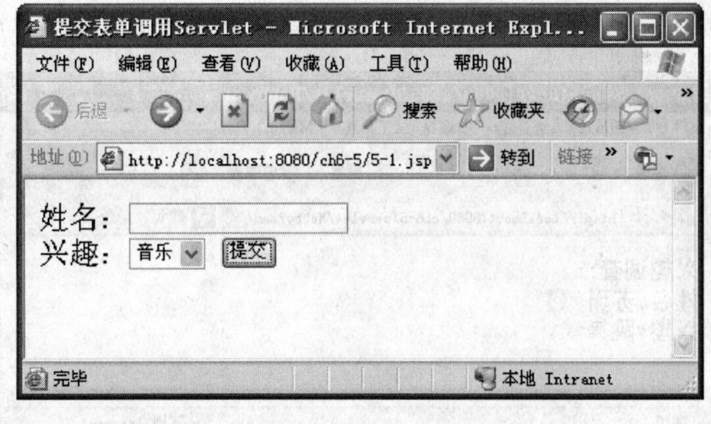

图 6 - 8　表单提交调用 Servlet

通过提交表单调用 Servlet，只需要将 form 表单的 action 属性值指向对应的 Servlet URL 即可。获取信息的 Servlet 类名为 Hobby。代码如下：

实例演示：(源代码位置：ch6\ch6 - 5\src\servlet\Hobby. java)

```
public void doGet(HttpServletRequest request, HttpServletResponse response)
throws ServletException, IOException {
  response.setContentType("text/html");
  response.setCharacterEncoding("gbk");
```

```
    request.setCharacterEncoding("gbk");
    PrintWriter out = response.getWriter();
    String name = request.getParameter("name");
    String hobby = request.getParameter("hobby");
    out.println("<font size='2'>");
    out.print("兴趣调查:<br>");
    out.print("姓名:" + name + "<br>");
    out.print("兴趣:" + hobby + "<br>");
    out.print("</font>");
}
```

通过 HTTP 协议传输数据时，数据会被转码，因此在获取请求参数之前必须设置好字符的编码格式，否则得到的中文字符将不能正常显示。Servlet 程序编译成功后，在\WEB-INF\web.xml 中加入如下部署信息：

```
<servlet>
  <servlet-name>Hobby</servlet-name>
  <servlet-class>servlet.Hobby</servlet-class>
</servlet>
<servlet-mapping>
  <servlet-name>Hobby</servlet-name>
  <url-pattern>/servlet/Hobby</url-pattern>
</servlet-mapping>
```

在图 6-8 中输入姓名和兴趣，并单击“提交”按钮后，执行效果如图 6-9 所示。

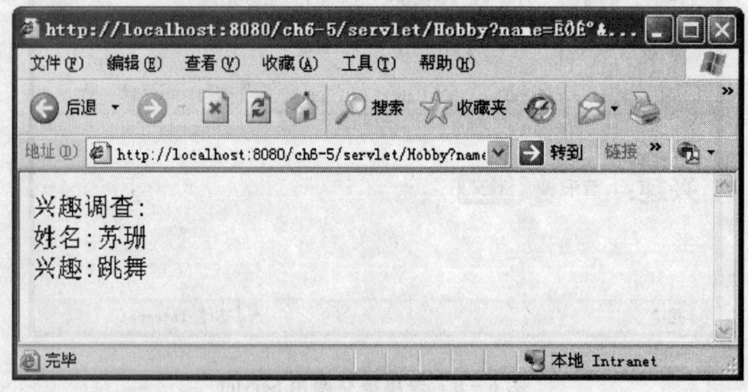

图 6-9 Servlet 处理表单结果

6.5.2 通过页面中的超链接调用 Servlet

当用户没有表单输入内容要提交给服务器时，可以直接通过超链接的方式调用 Servlet，并且可以给 Servlet 传递参数。

例如，编写一个页面在页面中定义超链接调用 Servlet，该 Servlet 负责输出英文字母表。包含超链接的页面代码如下：

实例演示：(源代码位置：ch6\ch6－5\WebRoot\5－2.jsp)

```
<body>
  <font size="2">
    单击下面的链接：<br>
    <a href="servlet/Link? sum=26">查看英文字母表</a>
  </font>
</body>
```

运行结果如图 6－10 所示。

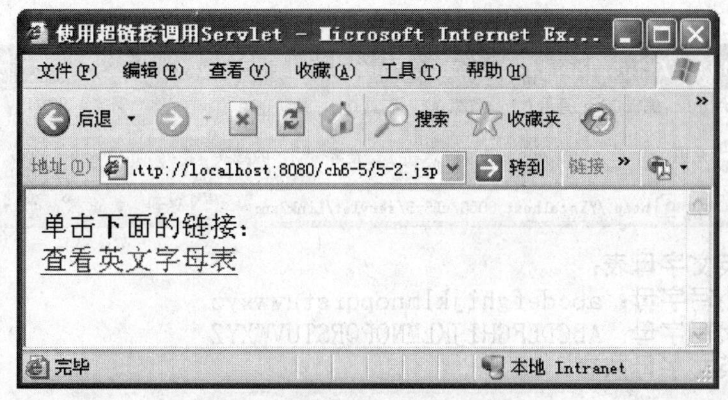

图 6－10　超链接调用 Servlet

创建一个 Servlet 程序，用来响应页面中的请求。代码如下：

实例演示：(源代码位置：ch6\ch6－5\src\servlet\Link.java)

```
public void doGet(HttpServletRequest request, HttpServletResponse response)
throws ServletException, IOException {
  response.setContentType("text/html");
  response.setCharacterEncoding("gbk");
  PrintWriter out = response.getWriter();
  String sum = request.getParameter("sum");
  out.println("<font size='2'>");
  out.println("英文字母表:<br>");
  out.println("小写字母:abcdefghijklmnopqrstuvwxyz<br>");
  out.println("大写字母:ABCDEFGHIJKLMNOPQRSTUVWXYZ<br>");
  out.println("英文字母共有:"+sum + "<br>");
  out.print("</font>");
}
```

在 Servlet 中，通过 request.getParameter("sum")获取页面传递过来的参数。Web.xml 中 Link.java 的 Servlet 配置信息如下：

```
<servlet>
  <servlet-name>Link</servlet-name>
  <servlet-class>servlet.Link</servlet-class>
```

```
</servlet>
<servlet-mapping>
    <servlet-name>Link</servlet-name>
    <url-pattern>/servlet/Link</url-pattern>
</servlet-mapping>
```

运行 JSP 页面，单击“查看英文字母表”超链接，通过超链接语句可以链接到“http://localhost:8080/ch6-5/servlet/Link? sum=26”，其中 Link 就是这个链接调用的 Servlet，并且这个链接还向 Servlet 传递了一个名为 sum 的参数，参数的值为 26。执行效果如图 6-11 所示。

图 6-11　超链接调用 Servlet 结果

6.6　过滤器

Servlet 过滤器是在 Java Servlet 规范 2.3 中定义的，Servlet 2.4 规范对它进行了升级。Servlet 过滤器是一种可重用、可移植、模块化的小型 Web 组件，它可以截取客户端给服务器发的请求，也可以截取服务器给客户端发的响应，并对请求和响应对象进行检查和修改，是在客户端和服务器之间过滤数据的中间组件。Servlet 过滤器本身并不产生请求和响应对象，只能提供过滤功能。服务器在进行具体的业务逻辑处理之前，使用过滤功能可以对所有的访问和请求进行统一的处理，如 IP 访问限制、文字编码转换和关键词过滤等。

Servlet 过滤器中结合了许多元素，从而使得过滤器成为独特、强大和模块化的 Web 组件。也就是说，Servlet 过滤器有以下特点：

- 声明式的：过滤器通过 Web 部署描述符(web.xml)中的 XML 标签来声明。这样允许添加和删除过滤器，而无需改动任何应用程序代码或 JSP 页面。
- 动态的：过滤器在运行时由 Servlet 容器调用来拦截和处理请求和响应。
- 灵活的：过滤器在 Web 处理环境中的应用很广泛，涵盖诸如日志记录和安全等许多最公共的辅助任务。过滤器还是灵活的，因为它们可用于对来自客户机的直接调用执行预处理和后期处理，以及处理在防火墙之后的 Web 组件之间调度的请求。最后，可以将过滤器链接起来以提供必需的功能。

● 模块化的：通过把应用程序处理逻辑封装到单个类文件中，使过滤器定义了可容易地从请求/响应链中添加或删除的模块化单元。

● 可移植的：与 Java 平台的其他许多方面一样，Servlet 过滤器是跨平台和跨容器可移植的，从而进一步支持了 Servlet 过滤器的模块化和可重用本质。

● 可重用的：归功于过滤器实现类的模块化设计，以及声明式的过滤器配置方式，过滤器可以容易地跨越不同的项目和应用程序使用。

● 透明的：在请求/响应链中包括过滤器，这种设计是为了补充(而不是以任何方式替代)Servlet 或 JSP 页面提供的核心处理。因而，过滤器可以根据需要添加或删除，而不会破坏 Servlet 或 JSP 页面。

6.6.1　过滤器概述

1. 过滤器的工作原理

当客户端发出 Web 资源的请求时，Web 服务器判断是否存在过滤器与这个资源相关联。如果相关联，则过滤器对客户端的请求进行拦截，对请求的数据进行检查和修改，然后把请求直接交给客户端作出响应，也可以交给目标资源。如果请求被交给目标资源，目标资源作出响应，则 Web 服务器同样会将响应先发送给过滤器，过滤器可以修改响应信息，然后再将响应转发给客户端。过滤器的工作原理如图 6-12 所示。

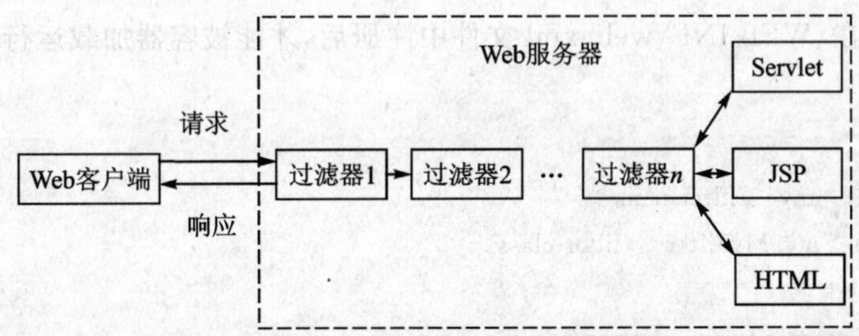

图 6-12　过滤器的工作原理

在 Web 应用中，可以部署多个过滤器协同工作，这些过滤器可以组成一条过滤器链。过滤器链中的过滤器有执行先后顺序，这个顺序是由过滤器在 web.xml 中配置文件的顺序决定的。客户端的 request 请求在到达目标资源之前，将对被送给过滤器链中的各个过滤器进行匹配。

① 如果 request 请求到达了过滤器 k，该请求是过滤器 k 的监控对象，则过滤器 k 被激活，容器会调用 doFilter()方法完成对 request 请求的处理，然后再调用 chain.doFilter()方法将过滤后的 request 请求传送给下一个过滤器处理。如果没有调用 chain.doFilter()方法，那么请求就会被阻止，不能被发送到目标资源。

② 如果 request 请求不是过滤器 k 的监控对象，则过滤器 k 不会被激活，请求被直接传送给下一个过滤器处理。

过滤器程序的基本结构如下：

```
public class XXXFilter implements Filter{
  ......
  public void init(FilterConfig config) throws ServletException{
```

```
        ......
    }
    public void destroy() {
        ......
    }
    public void doFilter(ServletRequest request, ServletResponse response,FilterChain chain) throws IO-
Exception, ServletException{
        ......
        chain.doFilter(request, response);
        ......
    }
}
```

其中，init()方法完成初始化操作，destroy()方法完成资源的释放，doFilter()方法完成过滤处理，chain. doFilter()方法完成请求控制权的转移。

2. 过滤器的部署信息

在使用过滤器之前，需要在 web. xml 文件中对过滤器进行部署。部署一个过滤器的过程包括注册过滤器和映射过滤器。

(1) 注册过滤器

过滤器需要在\WEB-INF\web. xml 文件中注册后，才能被容器加载运行。注册过滤器的方法如下：

```
<filter>
    <filter-name>my</filter-name>
    <filter-class>my. MyFilter</filter-class>
    <filter-pattern>
        <pattern-name>pwd</pattern-name>
        <pattern-value>123</pattern-value>
    </filter-pattern>
</filter>
```

上述部署信息说明如下：

- <filter>元素用于注册一个过滤器，一个<filter>元素注册一个 Servlet 程序。
- <filter-name>元素指出过滤器的名称，该名称具有唯一性。
- <filter-class>元素指出过滤器的包名和类名。
- <filter-pattern>元素为过滤器定义初始化参数，它包含两个子元素<pattern-name>和<pattern-value>。<pattern-name>元素指出定义参数的名称。<pattern-value>元素定义一个参数值，这个参数是可选的。

(2) 映射过滤器

映射过滤器用来定义此过滤器的激活条件，一般是通过目标资源 URI 模式和请求的类型来表示的。映射过滤器的方法如下：

```
<filter-mapping>
    <filter-name>my</filter-name>
```

```
    <url-pattern>/my/*</url-pattern>
    <dispatcher>FORWARD</dispatcher>
</filter-mapping>
```

上述部署信息说明如下：

- <filter-mapping>元素用来声明 Web 应用中的过滤器映射。
- <filter-name>元素为过滤器的别名。
- <url-pattern>元素定义过滤器被映射到的 URI。在 URI 中，可以使用通配符"*"表示 Web 应用的所有请求均可能激活此过滤器。如"/my/*"表示目标资源的 URI，如果是以"/my"开头，则可能激活此过滤器。<url-pattern>有 3 种写法：<url-pattern>/my/index.jsp</url-pattern>、<url-pattern>/my*/</url-pattern>和<url-pattern>*.jsp</url-pattern>，分别表示完全匹配、目录匹配和扩展名匹配。
- <dispatcher>元素设定过滤器对应的请求方式，主要配合 RequestDispatcher 使用。当取值为 REQUEST 时，表示如果请求直接来自客户端，则过滤器可能被激活；当取值为 FORWARD 时，表示如果请求是 RequestDispatcher.forward()引起的，则此过滤器可能被激活；当取值为 INCLUDE 时，表示如果请求是 RequestDispatcher.include()引起的，则此过滤器可能被激活；当取值为 ERROR 时，表示如果请求是 RequestDispatche 使用了"错误信息页面"机制来调用目标资源，才可能激活过滤器。如果没有指定<dispatcher>元素的取值，则默认值是 REQUEST。

6.6.2　过滤器的 API 接口

Servlet 过滤器包含了 3 个 API 接口，它们都在 javax.servlet 包中，分别是 Filter 接口、FilterChain 接口和 FilterConfig 接口。

1. Filter 接口

所有的过滤器一般都要实现此接口，接口中定义了 init()、doFilter()和 destory()三个方法，这三个方法构成了一个过滤器的生命周期。

(1) public void init (FilterConfig filterConfig) throws ServletException

init()方法在容器实例化过滤器时被调用，用于完成初始化操作，只能被调用一次。Web 容器使用 FilterConfig 对象作为 init()方法的参数，将配置信息发送给过滤器。如果此方法抛出异常，则过滤器不能正常工作。

(2) public void doFilter(ServletRequest request, ServletResponse response, FilterChain chain) throws java.io.IOException, ServletException

每当用户提交请求或客户端发送响应时，调用 doFilter()方法。第一个形参 ServletRequest 对象和第二个形参 ServletResponse 对象表示请求/响应类。第三个形参 FilterChain 对象表示将请求/响应类转发给下一个过滤器。

(3) public void destory()

在停止使用过滤器之后，由容器调用 destroy()方法来释放过滤器占用的资源。此方法的执行，表示一个过滤器生命周期的结束。

2. FilterChain 接口

过滤器可以级联，利用 FilterChain 对象可以调用过滤链中的下一个过滤器，对请求/响应进行过滤处理。如果是最后一个过滤器，那么下一个就调用目标资源。FilterChain 接口关键的方法如下：

public void doFilter (ServletRequest request, ServletResponse response, FilterChain chain) throws java. io. IOException, ServletException

3. FilterConfig 接口

在过滤器初始化过程中，使用 FilterConfig 对象向过滤器传递 web. xml 配置信息。该接口提供了以下 4 个方法：

(1) getFilterName()

返回部署文件中定义的该过滤器的名称。

(2) getServletContext()

返回当前 Web 应用的 ServletContext 对象。

(3) getInitParameterNames()

返回过滤器所有初始化参数名称的枚举型集合。

(4) getInitParameter(String name)

返回过滤器初始化参数值的字符串形式，如果没有此参数，则返回 null 值。

从编程的角度看，过滤器类将实现 Filter 接口，然后使用这个过滤器类中的 FilterChain 和 FilterConfig 接口。该过滤器类的一个引用将传递给 FilterChain 对象，以允许过滤器把控制权传递给链中的下一个资源。FilterConfig 对象将由容器提供给过滤器，以允许访问该过滤器的初始化数据。详细流程如图 6－13 所示。

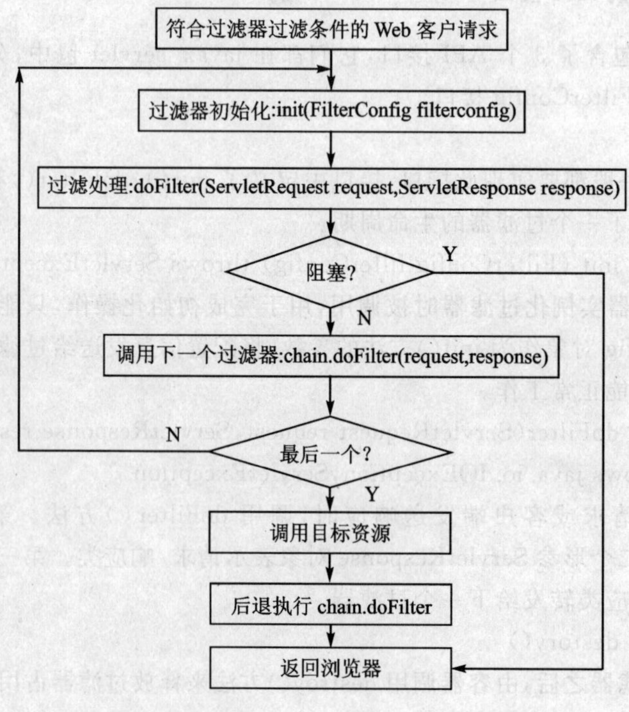

图 6－13　过滤流程图

6.6.3　过滤器的应用实例

1. 转换字符编码

在 Java 语言中，默认的编码方式是 ISO-8859-1，这种编码格式不支持中文显示。在 JSP 页面中，可以使用"<%@ page contentType="text/html;charset=gbk"%>"方式来规定页面字符编码格式。但是如果要显示的内容通过 Servlet 处理，此时内容本身的字符编码格式就是 ISO－8859－1，这就需要服务器将用户传送过来的字符进行重新编码，使其可以满足编码格式。

根据客户端向服务器提交数据的方式，采用相应的办法，可以解决 request.getParameter() 读取数据的中文乱码问题。

(1) get 方式

在 servlet.xml 中设置属性 URIEncoding="gbk"。

(2) post 方式

在过滤器中添加 request.setCharacterEncoding("gbk")语句。

例如，用过滤器进行转换字符编码，解决 request 中文乱码问题。

首先，创建一个转换中文字符编码的过滤器类 EncodingFilter.java。代码如下：

实例演示：(源代码位置：ch6\ch6－6\src\filter\EncodingFilter.java)

```
public class EncodingFilter implements Filter {
  private FilterConfig filterConfig = null;
  public void init(FilterConfig filterConfig) throws ServletException {
    this.filterConfig = filterConfig;
  }
  public void destroy() {
    this.filterConfig = null;
  }
  public void doFilter(ServletRequest request, ServletResponse response, FilterChain chain) throws IO-
Exception, ServletException {
    request.setCharacterEncoding("gbk");
    chain.doFilter(request,response);
  }
}
```

定义好过滤器后，需要在\WEB-INF\web.xml 中部署过滤器，部署内容如下：

```
<filter>
  <filter-name>encode</filter-name>
  <filter-class>filter.EncodingFilter</filter-class>
</filter>
<filter-mapping>
  <filter-name>encode</filter-name>
  <url-pattern>/*</url-pattern>
</filter-mapping>
```

接下来创建一个表单提交页面 6-1.jsp,用来测试过滤器是否正常工作。代码如下:

实例演示:(源代码位置:ch6\ch6-6\WebRoot\6-1.jsp)

```
<body>
  <form action="6-2.jsp" method="post">
    您的姓名:<input name="name" type="text"><br>
    <input  name="submit" type="submit" value="提交">
  </form>
</body>
```

运行后的结果如图 6-14 所示。

图 6-14　表单提交页面

创建页面 6-2.jsp,用于显示 6-1.jsp 页面表单提交的中文数据。代码如下:

实例演示:(源代码位置:ch6\ch6-6\WebRoot\6-2.jsp)

```
<body>
    <%=request.getParameter("name")%><br>
</body>
```

通过过滤器处理字符编码格式后,页面 6-1.jsp 中提交的中文信息在 6-2.jsp 页面中能够直接正常地显示,如图 6-15 所示。

图 6-15　编码后输出页面

2. IP 访问控制

使用过滤器可以对非法的 IP 地址进行限制，不让其访问服务器。当用户发送请求时，首先通过过滤器对用户的 IP 地址进行判断，只有合法的 IP 地址才可以继续访问。

例如，使用过滤器对 IP 地址进行控制。

首先，创建一个限制 IP 访问的过滤器。代码如下：

实例演示：（源代码位置：ch6\ch6－6\src\filter\IpFilter. java）

```
public class IpFilter implements Filter {
   protected FilterConfig filterConfig;
   protected String ip;
   public void init(FilterConfig filterConfig) throws ServletException {
      this.filterConfig = filterConfig;
      this.ip = this.filterConfig.getInitParameter("ip");
   }
   public void destroy() {
      this.filterConfig = null;
      this.ip = null;
   }
   public void doFilter(ServletRequest request, ServletResponse response,FilterChain chain) throws IO-
Exception, ServletException {
      String limitIP = request.getRemoteAddr();
      if(limitIP.equals(ip)){
         response.setCharacterEncoding("gbk");
         PrintWriter out = response.getWriter();
         out.println("IP 地址:<font color='red'>"+ ip +"</font> 被禁止访问。");
      }else{
         chain.doFilter(request,response);
      }
   }
}
```

定义好过滤器后，需要在\WEB-INF\web. xml 中配置过滤器。代码如下：

```
<filter>
   <filter-name>ip</filter-name>
   <filter-class>filter.IpFilter</filter-class>
   <init-param>
      <param-name>ip</param-name>
      <param-value>127.0.0.1</param-value>
   </init-param>
</filter>
<filter-mapping>
   <filter-name>ip</filter-name>
   <url-pattern>/*</url-pattern>
</filter-mapping>
```

设置禁止 IP 地址为 127.0.0.1 的访问页面，本机访问上面任何一个页面都会得到如图 6-16 所示的结果。

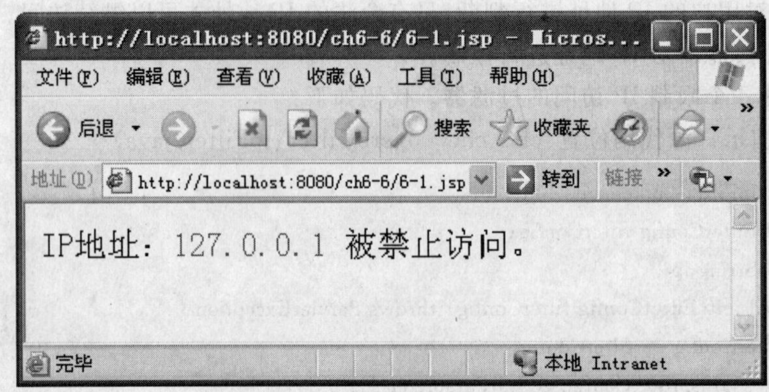

图 6-16　过滤器限制 IP 访问

6.7　Servlet 应用举例

前面学习了 Servlet 编程中用到的技术：Servlet 基本结构，Servlet 生命周期，Servlet 创建和调用，Servlet 在 HTML 表单中的应用等。本节通过开发实例具体讲解这些知识的实际应用，以达到查缺补漏与巩固知识的目的。

本实例要达到的设计目标是：采用 Servlet 和过滤器实现用户对页面的访问控制。在 WebRoot 下建立 admin 用户的专属访问目录 admin，如果用户采用 admin 登录，则可以访问 admin 目录下的内容；如果用户没有登录或以其他用户身份登录，则不可以访问 admin 目录下的内容。

首先在 MyEclipse 开发环境下建立 Web 项目，项目名称为 ch6-7。

第一步：在 WebRoot 目录下建立 admin 用户访问的专属目录 admin，并在其下建立测试页面 index.jsp。

第二步：在 WebRoot 下建立个人登录页面，页面文件名为 login.jsp。代码如下：

实例演示：(源代码位置：ch6\ch6-7\WebRoot\login.jsp)

```
<body>
    系统登录：<hr>
    <form action="servlet/Login" method="post">
      <table>
        <tr>
          <td>用户名：</td>
          <td><input name="userName"/></td></tr>
        <tr>
          <td>密码：</td>
          <td><input name="password"/></td></tr>
        <tr><td colspan="2" align="center">
```

```
        <input type="submit" value="登录"></td></tr>
    </table>
  </form>
</body>
```

登录页面运行后的效果如图 6－17 所示。

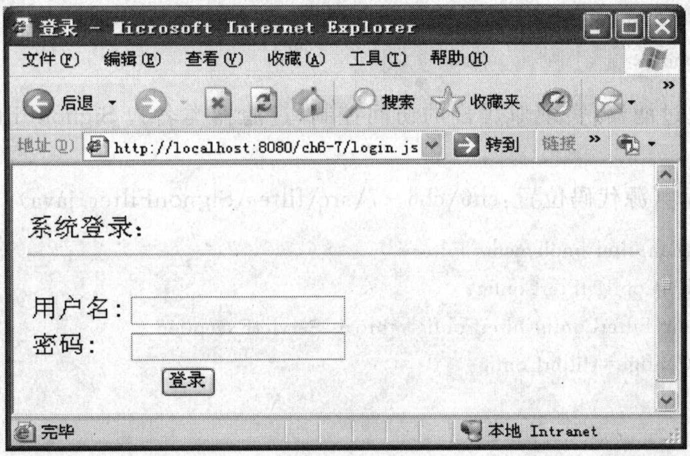

图 6－17　用户登录页面

第三步：建立用户登录的 Servlet，如果以 admin 用户名登录，则登录成功后，Servlet 将跳转到 admin 目录下的 index.jsp 页面；如果登录不成功，则跳转到 login.jsp 页面，并且在 Session 中设置登录标记 isLong，用于访问控制。Servlet 文件名为 Login.java。实现代码如下：

实例演示：（源代码位置：ch6\ch6－7\src\servlet\Login.java）

```
public void doPost(HttpServletRequest request, HttpServletResponse response)
throws ServletException, IOException {
  String userName=request.getParameter("userName");
  String password=request.getParameter("password");
  String path = request.getContextPath();
  String basePath = request.getScheme()+"://"+request.getServerName()+":"+request.getServerPort()+path+"/";
  HttpSession session=request.getSession(true);
  if(userName.equals("admin")&&password.equals("123456")){
    session.setAttribute("isLogin", "true");
    response.sendRedirect(basePath+"admin/index.jsp");
  }else{
    session.setAttribute("isLogin", "false");
    response.sendRedirect(basePath+"login.jsp");
  }
}
```

Servlet 程序定义好后，在\WEB-INF\web.xml 中加入 Login 的部署信息，Login 的访问路径要与 login.jsp 中<form>元素的 action 属性值一致。

```
<servlet>
  <servlet-name>Login</servlet-name>
  <servlet-class>servlet.Login</servlet-class>
</servlet>
<servlet-mapping>
  <servlet-name>Login</servlet-name>
  <url-pattern>/servlet/Login</url-pattern>
</servlet-mapping>
```

第四步:建立过滤器,实现对用户的访问控制,过滤器类名为 SignonFilter.java。实现代码如下:

实例演示:(源代码位置:ch6\ch6－7\src\filter\SignonFilter.java)

```
public class SignonFilter implements Filter {
  protected FilterConfig filterConfig;
  public void init(FilterConfig filterConfig) throws ServletException {
    this.filterConfig = filterConfig;
  }
  public void destroy() {
    this.filterConfig = null;
  }
  public void doFilter(ServletRequest request, ServletResponse response,FilterChain chain) throws IO-
Exception, ServletException {
    HttpServletRequest req=(HttpServletRequest)request;
    HttpServletResponse resp=(HttpServletResponse)response;
    HttpSession session=req.getSession();
    String isLogin="";
    try
    {
      isLogin=(String)session.getAttribute("isLogin");
      if(isLogin==null){
        resp.sendRedirect(req.getScheme()+"://"+req.getHeader("Host")+req.getContextPath
()+"/login.jsp");
        return;
      }
      if(isLogin.equals("true")){
        chain.doFilter(req, resp);
      }else{
        resp.sendRedirect(req.getScheme()+"://"+req.getHeader("Host")+req.getContextPath
()+"/login.jsp");
        return;
      }
    }catch(Exception e){
      e.printStackTrace();
```

```
    }
  }
}
```

过滤器定义好后，在\WEB-INF\web. xml 中加入 SignonFilter 的配置信息。实现代码如下：

```
<filter>
    <filter-name>SignonFilter</filter-name>
    <filter-class>filter. SignonFilter</filter-class>
</filter>
<filter-mapping>
    <filter-name>SignonFilter</filter-name>
    <url-pattern>/admin/ * </url-pattern>
</filter-mapping>
```

运行项目后，如果在浏览器中直接输入"http://localhost:8080/ch6－7/admin/index. jsp"，则页面会自动跳转到"http://localhost:8080/ch6－7/login. jsp"下，要求先登录。

6.8　习　题

1. 简述 Servlet 和 JSP 的关系。
2. 简述 Servlet 的生命周期。
3. JSP 页面通过表单向 Servlet 提交一个正实数，Servlet 负责计算这个数的平方根并返回给客户。
4. 写一个 Servlet 程序，接收客户端表单中的数值，并打印。表单中仅有一个名为 address 的文本域。写出完整的 Servlet 程序及部署信息。
5. 写一个过滤器程序，显示每一个 JSP 页面执行所花费的时间。

第 7 章　EL 表达式

7.1　EL 表达式语言

EL 的全称是表达式语言(Expression Language)，是 JSP 2.0 新增加的技术规范。引入 EL 表达式语言的目的之一是为 JSP 页面计算、访问和打印数据提供方便，尽可能减少 JSP 页面中的 Java 代码，使 JSP 页面更简洁，更易于开发和维护。

EL 表达式用于以下情形：

- 静态文本。
- 标准标签和自定义标签。

7.2　基本语法

EL 表达式语言的基本语法为

${表达式}

所有 EL 表达式都是以“${”为起始、以“}”为结尾的。EL 表达式可以写在 HTML 和 JSP 标签的体内，也可以写在标签属性值内。

例如下面是在 JSP 文本中出现的 EL 表达式：

```
<ul>
  <li>客户名：${username}
  <li>Email：${email}
</ul>
```

再比如 JSP 标准动作的属性中使用 EL 表达式：

```
<jsp:include page="${page1}" >
```

如果使用传统 JSP 代码，则获取 username，写法如下：

```
<%
  User user = (User)session.getAttribute("user");
  String username  =user.getUsername( );
%>
```

两者相比较，可以发现 EL 的语法比传统 JSP 代码更为方便、简洁。

下面给出一个简单的 EL 表达式运用示例。

实例演示：(源代码位置：ch7\ch7－2\WebRoot\2－1.jsp)

```
<%
    pageContext.setAttribute("hello", "Hello EL");
```

```
%>
${hello}
```

运行结果如图 7-1 所示。

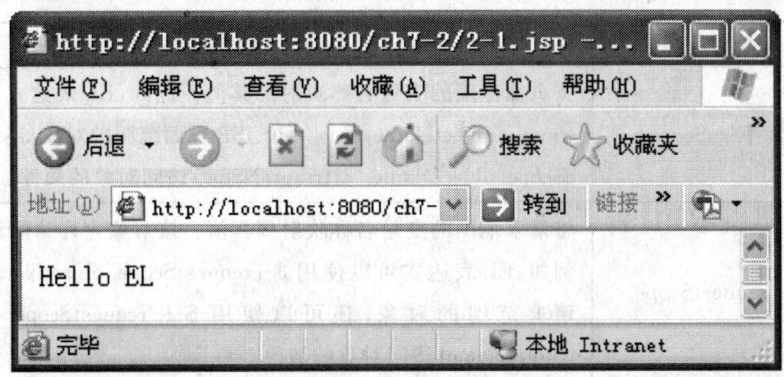

图 7-1 EL 表达式运用

在包含 EL 表达式的 JSP 页面中，为了使 JSP 页面能够识别 EL 表达式，有时需要采用 page 指令启用 EL 表达式，在页面文件开始位置设置。启用 EL 表达式指令如下：

```
<%@ page isELIgnored="false"%>
```

isELIgored 属性取值为 true 时，表示 JSP 页面禁用 EL 表达式；isELIgored 属性取值为 false 时，表示启用 EL 表达式。JSP 2.0 中默认启用 EL 语言。

7.2.1 变 量

EL 数据类型支持布尔型(Boolean)、整型(Integer)、浮点型(Float)、字符串型(String)、Null 变量类型。

- 布尔型指定或检查运算结果，返回结果为 true 或 false。
- 整型与 Java 类似，可以包含任何正数或负数，例如：6、－8。
- 浮点型与 Java 类似，可以包含任何正的或负的浮点数，例如：0.75、－0.5。
- 字符串型是由 0 个或多个字符组成并由单引号限定的字符串，例如：'Hello EL'。
- Null 表示空值，Null 值可用于代码中检查方法是否返回值。

EL 表达式存取变量数据的方法很简单，例如：${username}是取出某一范围中名称为 username 的变量值。

上面的例子中没有指定哪一个范围的 username，页面请求过程中它会依次从 Page、Request、Session、Application 多种范围查找。假如找到了 username，就直接返回 username 值，不再继续找下去；如果全部的范围都没有找到，就返回 null。

EL 表达式会与 JSP 中的变量访问范围一一对应，pageScope 表示页面范围的变量，requestScope 表示请求对象的变量，sessionScope 表示会话范围内的变量，applicationScope 表示应用范围的变量。页面变量访问范围与 EL 对应的名称如表 7-1 所列。

例如，在 session 中定义 x 变量的值为 50，EL 获取 x 的值如下：

```
<%
    session.setAttribute("x", new Integer(50));
```

```
%>
${sessionScope.x}
```

表 7-1　变量访问范围与 EL 名称对应表

访问范围	EL 对应名称	描　述
Page	pageScope	将页面范围的变量名称映射到其值。例如，EL 表达式可以使用 ${pageScope.objectName}访问一个 JSP 页面范围的对象，还可以使用 ${pageScope.objectName.attributeName}访问对象的属性
Request	requestScope	将请求范围的变量名称映射到其值。该对象允许访问请求对象的属性。例如，EL 表达式可以使用 ${requestScope.objectName}访问一个 JSP 请求范围的对象，还可以使用 ${requestScope.objectName.attributeName}访问对象的属性
Session	sessionScope	将会话范围的变量名称映射到其值。该对象允许访问会话对象的属性。例如：${sessionScope.name}
Application	applicationScope	将应用程序范围的变量名称映射到其值。该隐式对象允许访问应用程序范围的对象

例如，在 request 中定义 y 变量的值为 30，EL 获取 y 的值如下：

```
<%
    request.setAttribute("y", new Integer(30));
%>
${requestScope.y}
```

上面的 pageScope、requestScope、sessionScope、applicationScope 四种 EL 变量访问范围方式，实际上是 EL 中的四个隐含对象，EL 其他的隐含对象在后面的小节中介绍。

7.2.2　EL 运算符

EL 表达式中可使用的运算符有算术运算符、关系运算符、逻辑运算符、Empty 运算符和三元运算符。

EL 的算术运算符的含义和用法与 Java 中的运算符相同，优先级也相同。其中“+”运算符不会连接字符串，只用于加法运算。EL 算术运算符如表 7-2 所列。

表 7-2　算术运算符

算术运算符	说　明	示　例
+	加法	${ 5 + 5 }
-	减法	${ 5 - 3 }
*	乘法	${ 2 * 5 }
/ 或 div	除法	${ 10 / 5 }
% 或 mod	模数	${ 7 % 5 }

例如用 EL 计算表达式的值。

```
<body>
    表达式计算：3+(6*7)=${3+(6*7)}
</body>
```

EL 关系运算符有以下六种，如表 7-3 所列。

表 7-3 关系运算符

关系运算符	说 明	示 例
==或 eq	等于	${5==5}或${5 eq 5}
!=或 ne	不等于	${5!=5}或${5 ne 5}
<或 lt	小于	${3<5}或${3 lt 5}
>或 gt	大于	${3>5}或${3 gt 5}
<=或 le	小于或等于	${3<=5}或${3 le 5}
>=或 ge	大于或等于	${3>=5}或${3 ge 5}

例如 EL 关系运算示例：

```
<body>
    ${7<5}
</body>
```

在使用 EL 关系运算符时，不能够写成：

```
${param.A} == ${param.B}
```

或者

```
${ ${param.A } == ${ param.B } }
```

而应写成

```
${ param.A == param.B }
```

EL 逻辑运算符有以下三种，如表 7-4 所列。

表 7-4 逻辑运算符

逻辑运算符	说 明	示 例
&& 或 and	逻辑与运算	${ A && B }或${ A and B }
||或 or	逻辑或运算	${ A \|\| B }或${ A or B }
! 或 not	逻辑非运算	${ !A }或${ not A }

EL 表达式中 Empty 运算符主要用来判断值是否为 null 或空的，并且返回一个代表判断结果的 Boolean 值。empty 运用非常简单，例如：

```
${ empty A}
```

其中 A 为所要判断的值。Empty 运算符的规则如表 7-5 所列。

EL 中的三元运算符是针对特定判断式的运算结果，决定返回值。三元运算符格式如下：

```
${A ? B : C}
```

表 7－5　Empty 运算规则

A 取值	${empty A}结果
如果 A 为 null	返回 true
如果 A 不存在	返回 true
如果 A 为空字符串	返回 true
如果 A 为空数组	返回 true
如果 A 为空的 Map	返回 true
如果 A 为空的 Collection	返回 true

其中，A 为判断式，如果判断式 A 的结果为 true，则返回值为 B；如果判断式 A 的结果为 false，则返回值为 C。例如：

```
${usertype= =1 ?"管理员" :"普通用户"}
```

7.2.3　访问对象的属性及数组的元素

EL 表达式提供"."和"[]"两种运算符来存取数据，"[]"可以访问集合、数组的元素或者是 JavaBean 的属性。

"."运算符一般情况下获取 Map 对象的一个键值或 JavaBean 对象的某一个属性值。

"[]"运算符一般情况下获取 Map、List 或数组中的某一个元素值，也可以获取对象的属性值。

下面采用两种运算符取得 username 属性值，两者所代表的意思是一样的。

```
${sessionScope.user.username}
```

等于

```
${sessionScope.user["username"]}
```

"."和"[]"也可以同时混合使用，例如：

```
${sessionScope.users[0].username}
```

返回结果为 users 列表中第一项的 username 属性值。

如果对象的属性名中出现了特殊字符，如"-"、"?"或"."等，则此时就必须使用"[ ]"运算符获取对象的属性值，以避免语法上的冲突。例如：

${user.my-name}应当改写为${user["my-name"]}。

7.2.4　隐含对象

EL 定义了一组隐含对象，能够用来方便地读取 JSP 环境中的数据，读取 JSP 作用范围变量，读取 request 请求报头数据，读取客户端表单或查询串数据和用户 cookie 数据等。EL 隐含对象如表 7－6 所列。

1. pageContext 隐含对象

可以使用 pageContext 隐含对象取得其他有关用户要求或页面的详细信息。下面给出几个比较常用的 pageContext 隐含对象属性，如表 7－7 所列。

表 7-6　EL 隐含对象

EL 隐含对象	说　明
pageContext	JSP 页面的上下文，可以用于访问 JSP 的隐式对象，如请求、响应、会话、输出等。例如，${pageContext. response}即通过 pageContext 可以访问 response 隐含对象
param	将请求参数名称映射到单个字符串数值，通过调用 ServletRequest. getParameter (String name)获得。表达式 ${param. name}相当于 request. getParameter(name)
paramValues	将请求参数名称映射到一个数值数组，通过调用 ServletRequest. getParameters(String name)获得。它与 param 隐式对象非常类似，但它检索的是一个字符串数组而不是单个值。表达式 ${paramvalues. name}相当于 request. getParamterValues(name)
header	将请求头名称映射到单个字符串头值，通过调用 ServletRequest. getHeader(String name)获得。表达式 ${header. name}相当于 request. getHeader(name)
headerValues	将请求头名称映射到一个数值数组，通过调用 ServletRequest. getHeaders(String name)获得。它与 header 隐式对象非常类似，表达式 ${headerValues. name}相当于 request. getHeader(name)
cookie	将 cookie 名称映射到单个 cookie 对象。向服务器发出的客户端请求可以获得一个或多个 cookie。表达式 ${cookie. name. value}返回带有特定名称的第一个 cookie 值。如果请求中包含多个同名的 cookie，则应该使用 ${headerValues. name}表达式
initParam	将上下文初始化参数名称映射到单个值，通过调用 ServletContext. getInitparameter(String name)获得

表 7-7　pageContext 隐含对象属性

EL 表达式	描　述
${pageContext. request}	取得请求对象
${pageContext. session}	取得 session 对象
${pageContext. request. queryString}	取得请求的参数字符串
${pageContext. request. requestURL}	取得请求的 URL，但不包括请求的参数字符串
${pageContext. request. contextPath}	服务的 Web application 的名称
${pageContext. request. method}	取得 HTTP 的方法(GET、POST)
${pageContext. request. protocol}	取得使用的协议(HTTP/1. 1、HTTP/1. 0)
${pageContext. request. remoteUser}	取得用户名称
${pageContext. request. remoteAddr }	取得用户的 IP 地址
${pageContext. session. new}	判断 session 是否为新的，所谓新的 session，表示刚由 server 产生而 client 尚未使用
${pageContext. session. id}	取得 session 的 ID
${pageContext. servletContext. serverInfo}	取得主机端的服务信息

下面给出一个运用 pageContext 隐含对象获取页面信息的示例。

实例演示：(源代码位置：ch7\ch7-2\WebRoot\2-2. jsp)

```
<body>
    <h1>EL 隐含对象 pageContext</h1>
    URL 查询串：${pageContext.request.queryString}</br>
    绝对路径：${pageContext.request.requestURL}</br>
    项目名称(相对路径)：${pageContext.request.contextPath}</br>
    请求方式：${pageContext.request.method}</br>
    HTTP 版本：${pageContext.request.protocol}</br>
    session 状态：${pageContext.session.new}</br>
    session 编号：${pageContext.session.id}
</body>
```

运行结果如图 7-2 所示。

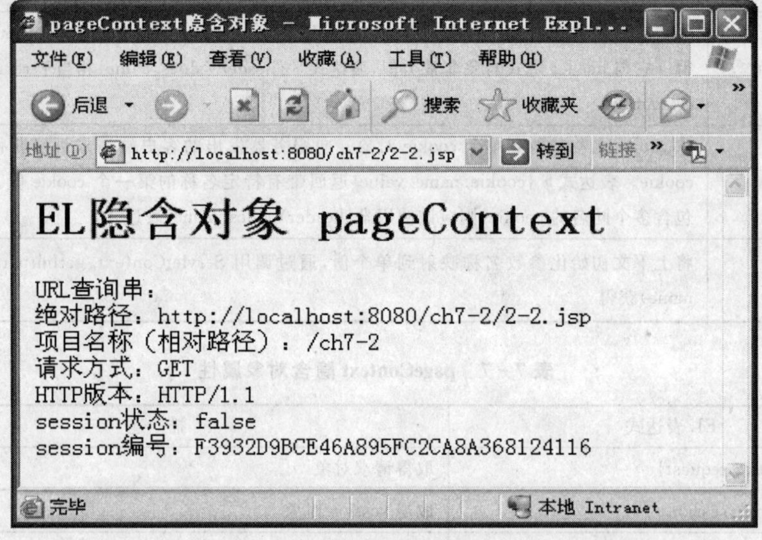

图 7-2 pageContext 隐含对象

2. param 和 paramValues 隐含对象

与输入有关的隐含对象有两个：param 和 paramValues，它们是 EL 中比较特别的隐含对象。

一般而言，我们在取得用户的请求参数时，可以利用下列方法：

```
request.getParameter(String name)
request.getParameterValues(String name)
```

在 EL 中则可以使用 param 和 paramValues 两者来取得数据。

${param.name}，可以取得请求参数的值。

${paramValues.name}，可以取得所有同名参数的值。

${paramValues.hobbies[0]}，可以通过指定下标来访问特定参数的值。

这里 param 的功能和 request.getParameter(String name)相同，而 paramValues 和 request.getParameterValues(String name)相同。

如果用户填了一个 form 表单，form 表单中包含文本框，文本框 name 属性为 username，

则可以使用 ${param. username}来取得用户填入文本框的值。

下面给出一个运用 param 和 paramValues 隐含对象获取用户输入信息的示例。

实例演示:(源代码位置:ch7\ch7－2\WebRoot\2－3. jsp)

```
<body>
  <form action="2-4.jsp">
    <input type="checkbox" name="hobbys" value="Music" /> Music
    <input type="checkbox" name="hobbys" value="Literature" /> Literature
    <input type="checkbox" name="hobbys" value="Arts" /> Arts
    <input type="checkbox" name="singleHobby" value="Football" /> Football
    <input type="submit" value="提交">
  </form>
</body>
```

运行结果如图 7－3 所示。

图 7－3　用户输入信息

在这个页面中定义了两组控件,控件名为 hobbys 的是一套控件数组,控件名为 singleHobby 的是单一控件,通过 submit 将请求参数传送到 2－4. jsp。2－4. jsp 代码如下:

实例演示:(源代码位置:ch7\ch7－2\WebRoot\2－4. jsp)

```
<body>
  ${paramValues.hobbys[0]}<br>
  ${param.singleHobby}<br>
</body>
```

运行结果如图 7－4 所示。

通过 EL 表达式的 paramValues 变量得到控件数组中第一个文本框的值,通过 EL 表达式的 param 变量得到单一控件的值。EL 表达式使用“[ ]”来指定数组下标。

3. header 和 headerValues 隐含对象

这两个隐含对象包含请求参数头部信息的集合,header 变量表示单一头部信息,headerValues 则表示数组型的头部信息。

请求参数的头部信息为客户端可以处理的媒体类型、客户端可以理解的编码机制、用户浏览器的版本、用户计算机所设定的区域等数据。例如,如果要取得用户浏览器的版本,则为 ${header["User－Agent"]}。另外,在很少机会下,有可能同一标头名称拥有不同的值,此时

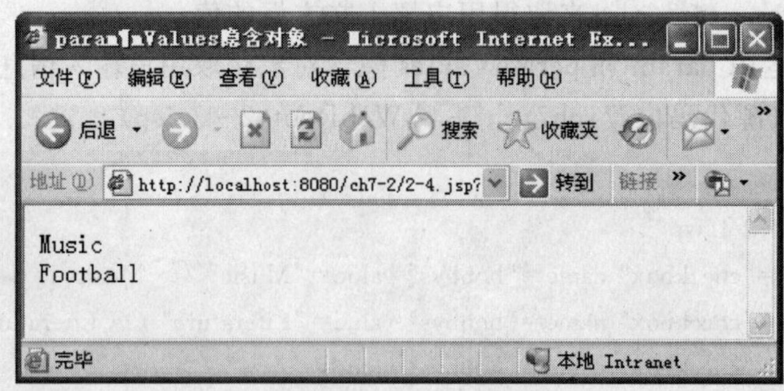

图 7 - 4　param¶mValues 隐含对象

必须改为使用 headerValues 来取得这些值。

注意:因为 User-Agent 中包含"-"这个特殊字符,所以必须使用"[]",而不能写成 ${header. User-Agent}。

下面给出一个运用 header 隐含对象获取页面头部信息的示例。

实例演示:(源代码位置:ch7\ch7 - 2\WebRoot\2 - 5. jsp)

```
<body>
  媒体类型:${header. accept}</br>
  语言:${header["accept-language"]}</br>
  主机和端口号:${header. host}
</body>
```

运行结果如图 7 - 5 所示。

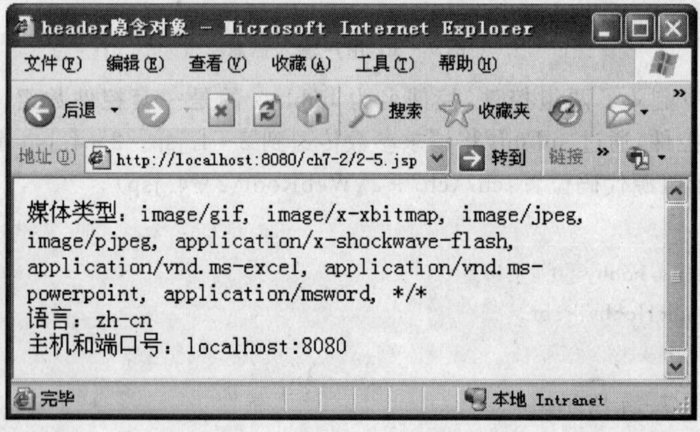

图 7 - 5　header 隐含对象

4. cookie 隐含对象

所谓的 cookie 是一个小小的文本文件,它是以 key、value 的方式将 Session Tracking 的内容记录在这个文本文件内的,这个文本文件通常存在于浏览器的暂存区内。如果我们在 cookie 中设定一个名称为 admin 的值,那么可以使用 ${cookie. admin}来取得它。

下面给出一个运用 Cookie 隐含对象的示例。

实例演示:(源代码位置:ch7\ch7 - 2\WebRoot\2 - 6. jsp)

```
<html>
  <head>
    <title>Cookie 隐含对象</title>
  </head>
  <body>
    <%
      String cookieName="admin";
      Cookie cookie=new Cookie(cookieName,"Cookie");
      cookie.setMaxAge(10);
      response.addCookie(cookie);
    %>
    ${cookie.admin.value}
  </body>
</html>
```

方法 setMaxAge(10)设置的 Cookie 存活时间为 10 s。

5. initParam 隐含对象

就像其他属性一样，可以自行设定 Web 应用的环境参数(Context)，当我们想取得这些参数时，可以使用 initParam 隐含对象去取得它。例如：若在 web.xml 中设定如下：

```
<context-param>
  <param-name>userid</param-name>
  <param-value>admin</param-value>
</context-param>
```

那么就可以直接使用 ${initParam.userid}来取得名称为 userid、其值为 admin 的参数。

7.2.5 EL 函数

JSP 页面中使用 EL 函数需要创建下面三个文件：

- 方法的类文件(*.java)，它定义了在 JSP 页面中要使用的 Java 方法。
- 标签库描述文件(*.tld)，它实现将每个 Java 方法与函数名的映射。
- JSP 文件(*.jsp)，使用标签库 URI 以及函数名调用 Java 方法。

建立 EL 自定义函数首先要创建 JSP 中要调用的 Java 方法。在创建 EL 函数时需要注意以下几点：

① 建立的 Java 类需要声明为 public，方法需要声明为 public static。这样 Web 容器不用创建新对象就可以访问类的方法。

② 生成的 class 文件要保存在/WEB-INF/classes 目录中。

③ 在 EL 中方法的参数和返回值必须合法，否则 Web 容器将不能识别方法的签名。

例如创建一个名为 upp(String s)的方法，将字符串中的小写字符转换为大写字符。

实例演示：(源代码位置：ch7\ch7－2\src\el\ELFunction.java)

```
package el;
public class ELFunction {
    public static String upp(String str){
```

```
            return str.toUpperCase();
        }
}
```

在 JSP 页面中要调用上面定义好的 Java 方法，还要创建一个标签库描述文件 TLD，主要作用是定义静态方法与方法名之间的映射。

下面的 TLD 文件示例就是建立 upp()方法映射。在/WEB-INF 目录下建立子目录 tlds，并且添加 el.tld 文件，文件内容如下：

实例演示：(源代码位置：ch7\ch7－2\WebRoot\WEB_INF\tlds\el.tld)

```
<?xml version ="1.0" encoding ="GBK"?>
<taglib>
<tlib-version>1.0</tlib-version>
<jsp-version>1.2</jsp-version>
    <short-name>fun</short-name>
    <uri>/el</uri>
    <function>
            <name>upp</name>
            <function-class>el.ELFunction</function-class>
            <function-signature>
                    java.lang.String upp(java.lang.String)
            </function-signature>
    </function>
</taglib>
```

创建了 TLD 文件后，需要在 web.xml 文件中声明 tld 标签描述文件。例如上面 upp 方法的标签描述文件声明如下：

实例演示：(源代码位置：ch7\ch7－2\WebRoot\WEB_INF\web.xml)

```
<jsp-config>
  <taglib>
    <taglib-uri>el.tld</taglib-uri>
    <taglib-location>/WEB-INF/tlds/el.tld</taglib-location>
  </taglib>
</jsp-config>
```

经过上面的标签描述文件定义和声明，在 JSP 中调用 Java 方法就非常简单了，主要包括两步：

① 通过 JSP 页面中的 taglib 指令指定方法使用的前缀(prefix)和函数的 URI，该 URI 必须与 TLD 文件中定义的<uri>元素的值匹配。

② 使用前缀名和方法名创建 EL 表达式。

例如上面 upp 方法的 EL 表达式如下：

实例演示：(源代码位置：ch7\ch7－2\WebRoot\2－7.jsp)

```
<%@taglib uri="/el" prefix="my" %>
${my:upp("el")}
```

运行结果如图 7-6 所示。

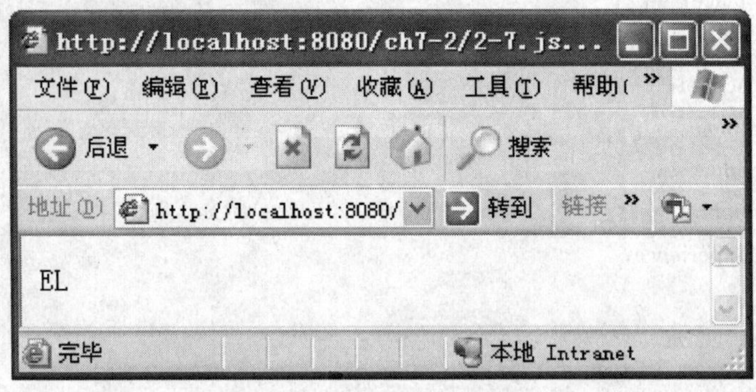

图 7-6　EL 自定义函数

7.3　EL 表达式应用举例

这一章前面主要学习了 EL 表达式的基本语法、EL 对象访问方法、EL 隐含对象以及 EL 自定义函数。本节通过开发实例具体讲解这些知识的实际应用，以达到查缺补漏与巩固知识的目的。

本实例要达到的设计目标是：在第 2.6 节的个人信息收集的基础上，将网页收集到的多个个人信息在页面中显示出来。

在第 2 章中，我们已经完整地运用了 HTML、CSS、JavaScript 技术实现了收集信息页面，本实例中个人信息显示页面布局、风格的设计与实现就不再详细叙述，本实例的主要任务是将收集到的个人信息显示到页面中，效果如图 7-7 所示。

个人信息

个人信息
你查询到的个人信息列表

姓名	性别	民族	出生日期	籍贯	学历	毕业院校	工作单位	家庭住址	个人爱好	个人经历
韩梅梅	女	汉族	1996-1-1	北京市	大学本科	北京航空航天大学	北京航空航天大学	北京市海淀区	音乐	北京航空航天大学本科
李磊	男	汉族	1996-2-1	北京市	大学本科	北京理工大学	北京理工大学	北京市海淀区	电脑游戏	北京理工大学本科
苏珊	女	汉族	1996-3-1	北京市	大学本科	北京交通大学	北京交通大学	北京市海淀区	美术	北京交通大学本科

关闭

图 7-7　个人信息列表页面

首先建立 Web 项目，项目名称为 ch7-3。

第一步：采用 JavaBean 封装个人信息数据，封装的类名为 Person。封装代码如下：

实例演示：(源代码位置：ch7\ch7-3\src\bean\Person.java)

```
public class Person {
    private String name;
    private String gender;
    private String nation;
```

```
    private String birth;
    private String place;
    private String education;
    private String school;
    private String unit;
    private String address;
    private String hobby;
    private String experience;

    public String getName(){
      return name;
    }
    public void setName(String name){
      this.name=name;
    }
    public String getGender(){
      return gender;
    }
    public void setGender(String gender){
      this.gender=gender;
    }
    public String getNation(){
      return nation;
    }
    public void setNation(String nation){
      this.nation=nation;
    }
    public String getBirth(){
      return birth;
    }
    public void setBirth(String birth){
      this.birth=birth;
    }
    public String getPlace(){
      return place;
    }
    public void setPlace(String place){
      this.place=place;
    }
    public String getEducation(){
      return education;
    }
```

```
    public void setEducation(String education){
        this.education=education;
    }
    public String getSchool(){
        return school;
    }
    public void setSchool(String school){
        this.school=school;
    }
    public String getUnit(){
        return unit;
    }
    public void setUnit(String unit){
        this.unit=unit;
    }
    public String getAddress(){
        return address;
    }
    public void setAddress(String address){
        this.address=address;
    }
    public String getHobby(){
        return hobby;
    }
    public void setHobby(String hobby){
        this.hobby=hobby;
    }
    public String getExperience(){
        return experience;
    }
    public void setExperience(String experience){
        this.experience=experience;
    }
}
```

第二步：采用 Servlet 提取多个个人信息，放入 List 中，并将这些个人信息 List 传递到 persons.jsp 页面中，在 web.xml 中设置 Servlet 的访问路径，这里的 Servlet 类文件名为 PersonInfo.java。实现代码如下：

实例演示：(源代码位置：ch7\ch7－3\src\service\PersonInfo.java)

```
public void doGet(HttpServletRequest request, HttpServletResponse response)
            throws ServletException, IOException {
    Person person=new Person();
```

```
    ArrayList personLst=new ArrayList();
    person.setName("韩梅梅");
    person.setGender("女");
    person.setNation("汉族");
    person.setBirth("1996-1-1");
    person.setPlace("北京市");
    person.setEducation("大学本科");
    person.setSchool("北京航空航天大学");
    person.setUnit("北京航空航天大学");
    person.setAddress("北京市海淀区");
    person.setHobby("音乐");
    person.setExperience("北京航空航天大学本科");
    personLst.add(person);
    Person person1=new Person();
    person1.setName("李磊");
    person1.setGender("男");
    person1.setNation("汉族");
    person1.setBirth("1996-2-1");
    person1.setPlace("北京市");
    person1.setEducation("大学本科");
    person1.setSchool("北京理工大学");
    person1.setUnit("北京理工大学");
    person1.setAddress("北京市海淀区");
    person1.setHobby("电脑游戏");
    person1.setExperience("北京理工大学本科");
    personLst.add(person1);
    Person person2=new Person();
    person2.setName("苏珊");
    person2.setGender("女");
    person2.setNation("汉族");
    person2.setBirth("1996-3-1");
    person2.setPlace("北京市");
    person2.setEducation("大学本科");
    person2.setSchool("北京交通大学");
    person2.setUnit("北京交通大学");
    person2.setAddress("北京市海淀区");
    person2.setHobby("美术");
    person2.setExperience("北京交通大学本科");
    personLst.add(person2);
    request.getSession().setAttribute("persons", personLst);
    response.sendRedirect(request.getContextPath()+"/persons.jsp");
}
```

Web. xml 文件中 PersonInfo 的访问路径设置如下：

```
<servlet>
  <servlet-name>PersonInfo</servlet-name>
  <servlet-class>service. PersonInfo</servlet-class>
</servlet>
<servlet-mapping>
  <servlet-name>PersonInfo</servlet-name>
  <url-pattern>/servlet/PersonInfo</url-pattern>
</servlet-mapping>
```

第三步：在 persons. jsp 页面中接收由 Servlet 传递来的个人信息 List，因为个人信息有中文信息、英文信息和数字信息。为了防止在显示页面中出现中文乱码现象，首先需要进行编码设置，这里设置语句为

```
request. setCharacterEncoding("GBK");
```

也可以采用 Servlet 过滤器的方式解决中文乱码问题，然后采用 EL 语句将个人信息 List 显示到页面中。代码如下：

实例演示：(源代码位置：ch7\ch7－3\WebRoot\persons. jsp)

```
<table border="0" width="100%">
  <tr height="25">
      <td width="5%" align="center" background="images/bg2a. gif"><strong>姓名</strong>
</td>
      <td width="5%" align="center" background="images/bg2a. gif"><strong>性别</strong>
</td>
      <td width="5%" align="center" background="images/bg2a. gif"><strong>民族</strong>
</td>
      <td width="9%" align="center" background="images/bg2a. gif"><strong>出生日期</
strong></td>
      <td width="7%" align="center" background="images/bg2a. gif"><strong>籍贯</strong>
</td>
      <td width="7%" align="center" background="images/bg2a. gif"><strong>学历</strong>
</td>
      <td width="13%" align="center" background="images/bg2a. gif"><strong>毕业院校</
strong></td>
      <td width="13%" align="center" background="images/bg2a. gif"><strong>工作单位</
strong></td>
      <td width="12%" align="center" background="images/bg2a. gif"><strong>家庭住址</
strong></td>
      <td width="7%" align="center" background="images/bg2a. gif"><strong>个人爱好</
strong></td>
      <td width="16%" align="center" background="images/bg2a. gif"><strong>个人经历</
strong></td>
    </tr>
```

```
<c:forEach var="persons" items="${sessionScope.persons}">
  <tr height="25">
    <td align="center">${persons['name']}</td>
    <td align="center">${persons['gender']}</td>
    <td align="center">${persons['nation']}</td>
    <td align="center">${persons['birth']}</td>
    <td align="center">${persons['place']}</td>
    <td align="center">${persons['education']}</td>
    <td align="center">${persons['school']}</td>
    <td align="center">${persons['unit']}</td>
    <td align="center">${persons['address']}</td>
    <td align="center">${persons['hobby']}</td>
    <td align="center">${persons['experience']}</td>
  </tr>
</c:forEach>
<tr>
  <td colspan="11" align="center">
      <input type="button" value="关闭" onclick="window.close()"/>
  </td>
</tr>
</table>
```

7.4 习 题

1. EL 表达式语言中支持算术运算符"+"、"-"、"*"、"/"吗？

2. EL 中隐含对象 param 的作用是什么？

3. 在 EL 中访问变量的值可以使用如下的 EL 元素：${变量名}，如果没有指定变量的有效范围，JSP 容器会依次到哪几个范围内查找该变量？

4. <% String a = "a book"; %> <% pageContext.setAttribute("b", a); %>要使用 EL 访问该字符串，怎么访问？

5. 简要叙述 EL 隐含对象 param、paramValues，并举例说明。

6. 定义一个 EL 函数，实现 1+2+3+4+…+100，并将结果输出到页面中。

第 8 章　JSTL

8.1　JSTL 简介

JSTL(JSP Standard Tag Library)JSP 标准标记库，是实现 Web 应用程序中常见的通用功能的定制标记库集，功能包括迭代和条件判断、数据管理格式化、XML 操作以及数据库访问。JSTL 标记避免了在 JSP 页面中使用脚本编制元素。

JSTL 是 JSP1.2 定制标记库集，这些标记库实现大量服务端 Java 应用程序常用的基本功能。通过为典型表示层任务提供标准实现，JSTL 使 JSP 作者可以专注于特定应用程序的开发需求。

JSTL 由许多子库组成，每个子库提供了一组实现特定功能的标签，具体来说，这些子库包括：

- core 库：包含通用处理的标签。
- fmt 库：包括为国际化目的的格式化数据的标签。
- sql 库：包括访问关系数据库的标签。
- xml 库：包含解析、查询和转换 XML 数据的标签。
- functions 库：包括管理 String 和集合的标签。

在使用 JSTL 前，首先应该获得 JSTL 包，可以到 Jakarta 网站下载 JSTL 包，地址为 http://jakarta.apache.org。

在 Tomcat 服务器中就有这两个文件，它存放在＜CATALINA_HOME＞\webapps \examples\WEB-INF\lib 中。

从该目录中将 jstl.jar 和 standard.jar 文件复制到应用程序的 WEB-INF/lib 目录中即可。

在 JSP 中使用 taglib 指令来引用库，需要使用 taglib 指令元素，用来指明标签库的 URI 和前缀。例如：

```
<%@ taglib prefix="c" uri="http://java.sun.com/jsp/jstl/core" %>
```

在页面中就可以使用前缀 c 引用核心库(core)中的 JSTL。

8.2　JSTL 核心标签

8.2.1　一般用途的标签

JSTL 核心标签库中一般用途的标签有 4 个：＜c:out＞、＜c:set＞、＜c:remove＞和＜c:catch＞。

1. <c:out>标签

<c:out>标签主要用于在 JSP 中显示数据的内容，如同 JSP 中表达式<%＝expression%>。例如，在页面中输出 username 的值：

```
<c:out value="${username}" />
```

实现显示 username 的值，默认是从 page 范围中获取 username 的值，如果 page 范围中没有，则从 request 范围中查找；如果 requset 范围中也没有，则依次从 session 和 application 中查找。

<c:out>标签的属性如表 8－1 所列。

表 8－1　<c:out >标签属性

属　性	描　述
value	输出的信息，可以是 EL 表达式或常量
default	value 为空时显示的信息
escapeXml	为 true 时，避开特殊的 XML 字符集

例如从 session 中获取 username 的值，在页面中显示，如为空，则显示 guest。

```
<c:out value="sessionScope.username" default="guest" />
```

2. <c:set>标签

<c:set>标签用于将变量保存到 JSP 范围或 JavaBean 属性中。例如：

```
<c:set value="李磊" var="username" />
```

将字符串“李磊”保存到 page 范围中的 username 变量中。

该标签的属性如表 8－2 所列。

表 8－2　<c:set >标签属性

属　性	描　述
value	变量中要保存的值，可以是 EL 表达式或常量
var	需要保存的值的变量
scope	变量的作用范围
target	需要修改属性的变量名称，一般为 JavaBean 的实例。若指定了 target 属性，则必须指定 property 属性
property	需要修改的 JavaBean 属性

例如<c:set>标签中运用 EL 表达式：

```
<c:set value="${user.username}" var="user1" scope="session" />
```

将 user.username 的值保存到 session 范围的 user1 变量中，其中 user 是 JavaBean 的实例，username 是 user 的一个属性。

3. <c:remove>标签

<c:remove>标签用于删除变量的值，该标签的属性如表 8－3 所列。

例如：

```
<c:remove var="username" scope="session" />
```

从 session 中删除 username 变量。如果不指定 scope，则依次从 page、request、session、application 范围中查找名称为 username 的变量，如果找到了，就将其删除；如果没有找到，则不会做任何事情。

4. <c:catch>标签

<c:catch>标签主要用来处理产生错误的异常状况，并且将错误信息存储起来。它的作用是捕捉由嵌套在它里面的标签所抛出来的异常，类似于 Java 中的 try-catch 语句。该标签属性如表 8－4 所列。

表 8－3　<c:remove >标签属性

属　性	描　述
var	要删除的变量名称
scope	被删除变量的作用范围

表 8－4　<c:catch >标签属性

属　性	描　述
var	变量用来存储错误信息

例如下面的示例。

实例演示：(源代码位置：ch8\ch8－2\WebRoot\2－1.jsp)

```
<c:catch var="err">
  <%
    String str="JSTL";
    int i=Integer.parseInt(str);
  %>
</c:catch>
${err}
```

运行结果如图 8－1 所示。

图 8－1　<c:catch >标签

8.2.2　条件标签

条件标签属于 JSTL 中的核心标签库，主要包括两个标签<c:if>和<c:choose>，它们的功能如同 Java 程序中的 if 条件判断、switch 多分支语句，主要用于流控制。其中，<c:choose>标签包括<c:when>和<c:otherwise>两个标签。

1. <c:if>标签

<c:if>标签用来处理简单的条件语句，测试表达式以标签的 test 属性值出现。如果测试条件为真，则执行<c:if></c:if>体内的内容。<c:if>标签的属性如表 8-5 所列。

表 8-5　<c:if>标签属性

属　性	描　述
test	属性值为条件判断表达式
var	保存条件结果的变量名
scope	保存条件结果变量的作用范围

例如下面的<c:if>应用示例。

```
<c:if test="${sessionScope.username='admin' var='cond'}" />
  超级用户登录!
</c:if>
${cond}
```

2. <c:choose>标签

<c:choose>标签不接受任何属性，只能用于<c:when>和<c:otherwise>的父标签。<c:choose>和</c:choose>之间可以空白，也可以包含一个或多个<c:when>标签，以及 0 个或 1 个<c:otherwise>标签；当所有的<c:when>条件不成立时，执行<c:otherwise>标签中的内容。<c:otherwise>标签同样没有任何属性。

<c:when>标签只有一个属性，如表 8-6 所列。

表 8-6　<c:when>标签属性

属　性	描　述
test	属性值为条件判断表达式

例如<c:choose>标签应用示例。

实例演示：(源代码位置：ch8\ch8-2\WebRoot\2-2.jsp)

```
<c:choose>
  <c:when test="${sessionScope.usentype= =1}">
    您好，系统管理员!
  </c:when>
  <c:when test="${sessionScope.usentype= =2}">
    您好，业务管理员!
  </c:when>
  <c:when test="${sessionScope.usentype= =3}">
    您好，操作员!
  </c:when>
  <c:otherwise>
    您好，游客!
  </c:otherwise>
</c:choose>
```

运行结果如图 8-2 所示。

图 8-2　<c:choose>标签

8.2.3　迭代标签

迭代标签属于 JSTL 核心标签,主要包括两个标签<c:forEach>和<c:forTokens>。

1. <c:forEach>标签

<c:forEach>标签用于循环控制,它可以将集合(Collection)中的元素循环遍历一遍,其功能如同 Java 中的 while 循环语句。语法格式如下:

语法 1:基于集合元素进行迭代。

```
<c:forEach items="collection" [var="var"] [varStatus="varStatus"] [begin="startIndex"] [end="stopIndex"] [step="increment"]>元素</c:forEach>
```

语法 2:迭代固定次数。

```
<c:forEach [var="var"] [varStatus="varStatus"]  begin="startIndex" end="stopIndex" [step="increment"]>元素</c:forEach>
```

该标签的属性如表 8-7 所列。其中,属性 items 的类型可以为 Arrays、Collection、Iterator、Enumeration、Map 和 String 等。

表 8-7　<c:forEach>标签属性

属　性	描　述
items	被遍历的集合对象
begin	开始条件
end	结束条件
step	迭代步长
var	迭代变量名称
varStatus	显示循环状态的变量

<c:forEach>标签应用示例如下:

```
<c:forEach var="i" begin="1" end="10">
  ${i}<br />
<c:forEach>
```

应用<c:forEach>标签遍历 Map 示例如下:

实例演示:(源代码位置:ch8\ch8-2\WebRoot\2-3.jsp)

```
<%
  Map<String, String> hobby=new HashMap<String, String>();
  hobby.put("1","足球");
  hobby.put("2","篮球");
  hobby.put("3","音乐");
  session.setAttribute("hobby",hobby);
%>
<c:forEach items="${hobby}" var="hobby">
  ${hobby.value}<br />
</c:forEach>
```

运行结果如图 8-3 所示。

图 8-3 <c:forEach>标签

2. <c:forTokens>标签

<c:forTokens>标签用来浏览一个字符串中所有的成员,其成员是由定界符所分割的。语法格式如下:

```
<c:forTokens items="stringFoTokens" delims="delimmmmiters" [var="varName"] [varStatus="
varStatusName"] [begin="begin"] [end="end"] [step="step"]>内容</c:forTokens>
```

该标签的属性如表 8-8 所列。

表 8-8 <c:forTokens>属性

属 性	描 述	属 性	描 述
items	被迭代的字符串	step	迭代步长
delims	分隔符	var	迭代的变量名称
begin	开始条件	varStatus	循环状态变量
end	结束条件		

<c:forTokens>应用示例如下:

```
<c:forTokens i="a-b-c-d|e|f" delims="-|" var="t">
  ${t}<br />
</c:forTokens>
```

8.2.4　与 URL 相关的标签

JSTL 核心标签库包括了 4 个与 URL 操作相关的标签：<c:import>、<c:param>、<c:url>和<c:redirect>，这 4 个标签都可以包含<c:param>子标签。

1. <c:import>标签

<c:import>标签可以把其他静态或动态文件包含到当前的 JSP 页面。JSP 有两种机制将不同的 URL 内容合并到一个 JSP 页面中：include 伪指令和<jsp:include>标签。include 伪指令在页面编译期间合并被包含的内容，而<jsp:include>标签在请求处理 JSP 页面时进行。

<c:import>标签和<jsp:include>标签一样，将其他 Web 资源插入 JSP 页面中。语法如下：

语法 1：资源内容使用 String 对象。

```
<c:import url="url" [context="context"]  [var="varName"] [scope="{page|request|session| application}"] [charEncoding="charEncoding"]>内容</c:import>
```

语法 2：资源内容使用 Reader 对象。

```
<c:import url="url" [context="context"]  varReader="varReaderName" [charEncoding= "charEncoding"]>内容</c:import>
```

其属性如表 8-9 所列。

表 8-9　<c:import>标签属性

属　性	描　述
url	导入页面的 URL
context	分隔符
charEncoding	文件内容的编码格式
var	存储文件内容变量名
scope	var 变量的 JSP 范围
varReader	接收文本的 java.io.Reader 变量名

url 属性用来指定被包含页面的地址，可以是绝对地址，也可以是相对地址。

例如将页面 http://localhost:8080/ch8-2/index.jsp 包含到当前页面的当前位置，并将 URL 保存到 p 变量中。

```
<c:import url=" http://localhost:8080/ch8-2/index.jsp"  var="p">
    <c:param name="pri" value="1" />
</c:import>
```

上面的示例包含页面 URL 为：http://localhost:8080/ch8-2/index.jsp? pri=1。

例如：

```
<c:import url="/index.html" var="page" />
<c:import url="/index.html" context="/test" var="page"/>
<c:import url=" http://localhost:8080/ch8-2/index.jsp" var="thisPage"/>
```

第一种是在同一 Context 下的导入，第二种是在不同 Context 下的导入，第三种是导入任意一个 URL。

2. <c:param>标签

<c:param>标签主要用于传递参数，它有两个属性 name 和 value，如表 8－10 所列。

表 8－10　<c:param>标签属性

属　性	描　述
name	Request 中设置的参数名称
value	Request 中设置的参数的值

例如下面的代码。

```
<c:import url="next.jsp" charEncoding="gbk">
    <c:param name="username" value="admin">
</c:import>
```

上面示例将为请求页面 next.jsp 传递指定参数"username=admin"。

3. <c:url>标签

<c:url>标签输出一个 URL 地址，语法格式如下：

语法 1：用于没有本体内容。

```
<c:url value="value" [context="context"] [var="varName"]  [scope="{page|request|session| application}"] />
```

语法 2：本体内容代表查询字符串参数。

```
<c:url value="value" [context="context"] [var="varName"]  [scope="{page|request|session| application}"] > <c:param> 标签 </c:url>
```

<c:url>标签属性如表 8－11 所列。

表 8－11　<c:url>标签属性

属　性	描　述
value	URL 地址
context	Web 环境设置
var	URL 变量名，用于存储 URL
scope	var 变量作用范围

例如：

```
<c:url value=" http://localhost:8080/ch8-2/index.jsp" >
    <c:param name="param" value="value"/>
</c:url>
```

上面执行结果将会产生页面请求 URL：http://localhost:8080/ch8-2/ index.jsp? param=value。在 JSP 页面中可以搭配<a>标签使用。例如：

```
<a href="<c:url value=" http://localhost:8080/ch8-2 " >
    <c:param name="param" value="value"/> </c:url>">网页 URL 查询串</a>
```

4. <c:redirect>标签

<c:redirect>标签用于把客户的请求发送到另一个资源，相当于 JSP 页面中的<% request. sendRedirect("index. jsp")%>或者 servlet 中的 RequestDispatch. forward("index. jsp")的功能。

语法 1:用于没有本体内容。

```
<c:redirect url="value" [context="context"]/>
```

语法 2:本体内容代表查询字符串参数。

```
<c:redirect url="value" [context="context"]>
<c:param name="param" value="value"/></c:redirect>
```

<c:redirect>标签属性如表 8-12 所列。

表 8-12　<c:redirect>标签属性

属　性	描　述
url	统一资源定位器，请求的目标 URL
context	Web 环境设置

例如：

```
<c:if test="${1<2}">
    <c:redirect url="index. jsp"/>
</c:if>
```

8.3　格式化标签

i18n Formatting 标签库就是用于在 JSP 页面中做国际化的动作。在该标签库中一共有 12 个标签，分为 2 大类:格式化标签和国际化标签。

在 JSP 中使用 fmt 格式化标签库时，需要使用 taglib 指令元素，用来指明标签库的 URI 和前缀。

```
<%@ taglib prefix="fmt" uri="http://java. sun. com/jsp/jstl/fmt" %>
```

8.3.1　JSTL 格式化标签

JSTL 格式化标签包含<fmt:formatNumber>、<fmt:parseNumber>、<fmt:formatDate>、<fmt:parseDate>、<fmt:setTimeZone>和<fmt:timeZone>。

1. <fmt:formatNumber>标签

<fmt:formatNumber>标签用于格式化数字。它的属性如表 8-13 所列。

例如，保留两位显示数值。

```
<fmt:formatNumber value="123. 4567" pattern="0. 00" />
```

例如，按照百分比显示数值。

```
<fmt:formatNumber type="percent" value="0.50" />
```

表 8-13 <fmt:formatNumber>标签属性

属 性	描 述
value	格式化的数字。该值可以是 String 类型、java.lang.Number 类型
type	格式化类型。可能的值包括 currency(货币)、number(数字)和 percent(百分比)
pattern	格式化模式
var	结果保存变量
scope	变量作用范围
maxIntegerDigits	指定格式化结果的最大值
minIntegerDigits	指定格式化结果的最小值
maxFractionDigits	指定格式化的最大值,带小数
minFractionDigits	指定格式化的最小值,带小数

2. <fmt:parseNumber>标签

<fmt:parseNumber>标签用于解析数字,并将结果作为 java.lang.number 类型返回。<fmt:parseNumber>标签和<fmt:formatNumber>标签的作用正好相反。属性如表 8-14 所列。

例如:

```
<fmt:parseNumber value="15%" type="percent" var="num" />
```

解析之后结果为 0.15。

表 8-14 <fmt:parseNumber>标签属性

属 性	描 述
value	被解析的字符串
type	解析格式化的类型
pattern	解析格式化模式
var	结果保存变量
scope	变量的作用范围
parseLocale	以本地化的形式来解析字符串,内容为 String 类型或 java.util.Local 类型

3. <fmt:formatDate>标签

<fmt:formatDate>标签用于格式化日期。它的属性如表 8-15 所列。

表 8-15 <fmt:formatDate>标签属性

属 性	描 述
value	格式化的日期值
type	格式化类型
pattern	格式化模式
var	结果保存变量
scope	变量的作用范围
timeZone	指定格式化日期的时区

例如，按照某种格式显示系统时间。

```
<fmt:formatDate value="<%=new Date()%>"> pattern="yyyy 年 MM 月 dd 日 HH 点 mm 分 ss
秒" />
```

4. <fmt:parseDate>标签

<fmt:parseDate>标签用于解析日期，并将结果作为 java.lang.Date 类型返回。<fmt:parseDate>标签与<fmt:formatDate>标签的作用正好相反。属性如表 8-16 所列。

表 8-16 <fmt:parseDate>标签属性

属 性	描 述
value	被解析的字符串
type	解析格式化类型
pattern	解析格式化模式
var	结果保存变量，类型为 java.lang.Date
scope	变量的作用范围
parseLocal	以本地化的形式来解析字符串
timeZone	指定格式化日期的时区

例如：

```
<fmt: parseDate value="2011-1-1" type="date" var="d" />
<c:out value="${d}" />
```

5. <fmt:setTimeZone>标签

<fmt:setTimeZone>标签用来设置其他 fmt 定制标签所使用的缺省时区。语法格式如下：

```
<fmt:setTimeZone value="expression" var="name" scope="scope" />
```

6. <fmt:timeZone>标签

<fmt:timeZone>标签用来显示设置的时区名或者是 java.util.TimeZone 对象。语法格式如下：

```
<fmt:timeZone value="expression">内容</fmt:timeZone>
```

8.3.2 JSTL 国际化标签

JSTL 国际化标签包含<fmt:setLocale>、<fmt:bundle>、<fmt:setBundle>、<fmt:message>、<fmt:param>和<fmt:requestEncoding>。

1. <fmt:setLocale>标签

<fmt:setLocale>标签用于设置 Locale 环境。它的属性如表 8-17 所列。

表 8-17 <fmt:setLocale>标签属性

属 性	描 述
value	指定 Local 环境，可以是 java.util.Local 或 String 类型
scope	变量的作用范围

例如：

```
<fmt:setLocale value="zh_CN"/>
```

上面示例设置本地环境为中文。

2. <fmt:bundle>和<fmt:setBundle>标签

<fmt:bundle>、<fmt:setBundle>这两组标签用于资源配置文件的绑定，唯一不同的是：<fmt:bundle>标签将资源配置文件绑定于其标签体中的显示，<fmt:setBundle>标签则允许将资源配置文件保存为一个变量。它们的属性如表 8－18 所列。

表 8－18　<fmt:setBundle >、<fmt:bundle >标签属性

属　性	描　述
basename	指定资源配置文件，只需要指定文件名而无需扩展名，为两组标签共有的属性
var	<fmt:setBundle>独有的属性，用于保存资源配置文件的变量
scope	变量的作用范围

例如：

```
<fmt:setLocale value="zh_CN"/>
<fmt:setBundle basename="applicationMessage" var="applicationBundle"/>
```

该示例将会查找一个名为 applicationMessage_zh_CN. properties 的资源配置文件，作为 Resource 绑定。

3. <fmt:message>标签

<fmt:message>标签用于显示资源配置文件中定义的信息。属性如表 8－19 所列。

表 8－19　<fmt:message >标签属性

属　性	描　述
key	资源配置文件的键值
bundle	若使用<fmt:setBundle>保存了资源配置文件，该属性就可以从保存的资源配置文件中进行查找
var	保存显示信息变量
scope	变量作用范围

例如：

```
<fmt:setBundle basename="applicationMessage" var="applicationBundle"/>
<fmt:bundle basename="applicationAllMessage"
    <fmt:message key="userName" />
    <fmt:message key="passWord" bundle="${applicationBundle}" />
</fmt:bundle>
```

该示例使用了两种资源配置文件的绑定做法，applicationMessage 资源配置文件利用<fmt:setBundle>标签被赋予了变量 applicationBundle，而作为<fmt:bundle>标签定义的 applicationAllMessage 资源配置文件作用于其标签体内的显示。

第一个<fmt:message>标签将使用 applicationAllMessage 资源配置文件中“键”为 userName 的信息显示。

第二个<fmt:message>标签虽然被定义在<fmt:bundle>标签体内，但是它使用了bundle属性，因此将指定之前由<fmt:setBundle>标签保存的applicationMessage资源配置文件，该“键”为passWord的信息显示。

4. <fmt:param>标签

<fmt:param>标签用于参数传递。<fmt:param>标签一般情况下位于<fmt:message>标签内，为消息标签提供参数值。<fmt:param>有一个属性value。

<fmt:param>标签有两种使用方法，一种是直接将参数值写在value属性中，另一种是将参数值写在标签体内。

例如：

```
<fmt:bundle basename="MyResource">
    <fmt:message key="str">
        <fmt:param value="Hello JSTL" />
    </fmt:message>
</fmt:bundle>
```

5. <fmt:requestEncoding>标签

<fmt:requestEncoding>标签用于为请求设置字符编码。它只有一个属性value，在该属性中可以定义字符编码。

例如：

```
<fmt:requestEncoding value="GBK" />
```

8.4 XML标签

XML标签提供对XML文件的处理功能，适合于在松散耦合系统之间进行信息交互。JSP中使用XML文件首先要对XML文件进行解析，将XML文件中的数据提取出来，形成结构化的数据，然后才能在JSP中使用其中的数据。使用XML标签之前必须在JSP文件头部采用taglib指令：

```
<%@ taglab prefix="x" uri="http://java.sun.com/jsp/jstl/xml" %>
```

1. <x:parse>标签

<x:parse>标签用于解析XML文件，XML文件可以是内嵌于标签内的XML数据，也可以和<c:import>配合使用，操作外部独立的XML文档。<x:parse>标签属性如表8-20所列。

表 8-20　<x:parse>标签属性

属　性	描　述
xml	指定解析的XML文件
var	存储分解后的文件的变量
filter	分解文件的过滤器
systemId	被分解的文件的URI
scope	变量的作用范围

例如，内嵌式 XML 数据。

```
<x:parse xml="${xml}" var="testXML">
  <student>
    <name>user</user>
    <sex>male</sex>
    <age>21</age>
  </student>
</x:parse>
```

例如，操作外部 XML 文件。

```
<c:import url="http://localhost:8080/JSTL/test.xml" var="test" />
<x:parse xml="${test}" var="testXML" />
```

2. <x:out>标签

<x:out>标签用于取出 XML 文件中的文件元素值。<x:out>标签属性如表 8-21 所列。

表 8-21 <x:out>标签属性

属　性	描　述
select	指定提取数据的 XPath 表达式
escapeXml	为 true 时，避开特殊的 XML 字符集

例如：提取上面的解析结果。

```
<x:out select="$testXML/student/name" />
```

3. <x:set>标签

<x:set>标签用于从 XML 文件中取出数据并将其存储到变量中。<x:set>标签属性如表 8-22 所列。

表 8-22 <x:set>标签属性

属　性	描　述
select	指定提取数据的 XPath 表达式
var	提取数据存储变量
scope	变量的作用范围

例如，提取上面示例中的 student 数据。

```
<x:set var="uname" select="$testXML/student/name" />
```

8.5 SQL 标签

对于 Web 应用来说，获取动态数据往往需要访问关系数据库。尽管对于 Web 应用的设计，要求数据库操作的处理应该在业务逻辑层内，但是在某些情况下，需要在 JSP 页面直接访问数据库，例如，原型设计、测试、小规模或简单的应用等。

JSTL 提供的 SQL 标签库具有与关系数据库交互的能力。SQL 标签库是 JSTL 中功能最强的标签库之一，使用 SQL 标签库中简单的标签就可以执行数据库查询、更新等操作。

SQL 标签库支持如下数据库操作：数据库查询（Select）、访问查询结果、执行数据库插入（Insert）、更新（Update）、删除（Delete）和访问数据库等。

1. 设置数据源

在对数据库进行操作前，需先确定要操作的数据库。SQL 标签使用数据源（类型为 java. sql. DataSource）来指定操作的数据库。数据源对象提供物理数据源的链接。

数据源的设置方法有两种：

方法一：使用 JNDI 的数据源。

如果 JSP 容器支持 JNDI，则可以使用 JNDI 相对路径来指定。例如，假设 JNDI 资源的绝对路径为 java:comp/env/jdbc/myData，如果 Web 应用的标准 JNDI 路径为 java:comp/env，则数据源的 JNDI 相对路径可以简化为 jdbc/myData。例如：

```
<sql:setDataSource var="test" dataSource="java:comp/env" />
```

方法二：使用 JDBC 指定的数据源。

通过指定 JDBC 的 DriverManager 类的相关属性参数来设置数据源。格式为

```
url[,driver][,[user][,password]]]
```

例如如果数据库为本地安装的 MySQL，数据库名为 mysql，用户名为 test，密码为 test，则相关属性设置为

```
<sql:setDataSource var="datasource" driver="com. mysql. jdbc. Driver"
url="jdbc:mys ql://localhost:3306/mysql"
user="test" password="test" scope="request" />
```

2. <sql:query>标签

<sql:query>标签用于数据库查询操作，查询条件中的参数值可以使用<sql:param>或<sql:dateParam>来指定。<sql:query>标签属性如表 8-23 所列。

表 8-23 <sql:query>标签属性

属　性	描　述
var	保存查询结果变量
dataSource	查询数据源
sql	查询 SQL 语句
scope	变量作用范围

例如，查询 userInfo 表中指定权限的用户信息。

```
<sql:query var="userResults" dataSource="${datasource}">
    select * from userInfo when userpri=? <sql:param value="${pri}"/>
</sql:query>
```

3. <sql:update>标签

<sql:update>标签用于数据库更新操作，也可以对数据库中的数据进行添加、删除操

作。更新条件中的参数值可以使用<sql:param>或<sql:dateParam>来指定。<sql:update>标签属性如表 8－24 所列。

表 8－24　<sql:update>标签属性

属　性	描　述
var	更新操作变量
dataSource	更新的数据源
sql	更新操作的 SQL 语句
scope	变量作用范围

例如:更新 user 表中的记录。

```
<sql:update var="updatetest" dataSource="${datasource}">
    update user set userid=? and username=?
    <sql:param value="100"/>
    <sql:param>jstl</sql:param>
</sql:update>
```

8.6　JSTL 应用举例

这一章前面主要学习了 JSTL 核心标签、格式化标签、XML 标签和 SQL 标签等知识。本节通过开发实例具体讲解这些知识的实际应用,以达到查缺补漏与巩固知识的目的。

本实例要达到的设计目标是:在第 7.3 节的个人信息显示的基础上,将网页收集到的多个个人信息在页面中显示出来。个人信息显示页面布局、风格的设计与实现就不再详细叙述,本实例的主要任务是在显示个人信息列表时,奇数行和偶数行的显示不同,运行结果如图 8－4 所示。

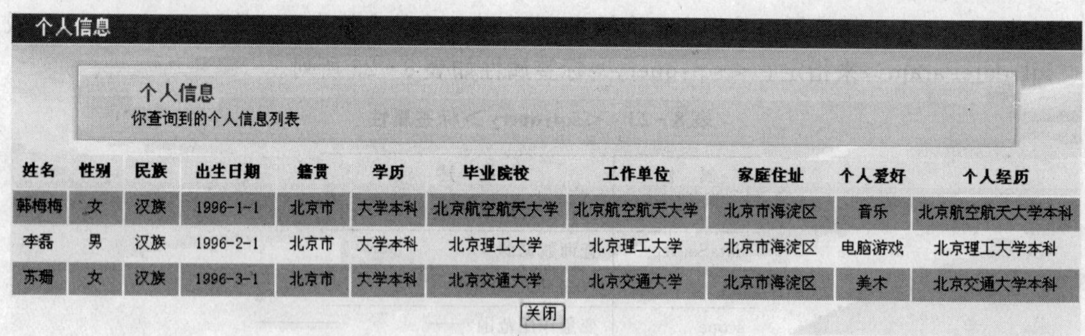

姓名	性别	民族	出生日期	籍贯	学历	毕业院校	工作单位	家庭住址	个人爱好	个人经历
郭梅梅	女	汉族	1996-1-1	北京市	大学本科	北京航空航天大学	北京航空航天大学	北京市海淀区	音乐	北京航空航天大学本科
李磊	男	汉族	1996-2-1	北京市	大学本科	北京理工大学	北京理工大学	北京市海淀区	电脑游戏	北京理工大学本科
苏珊	女	汉族	1996-3-1	北京市	大学本科	北京交通大学	北京交通大学	北京市海淀区	美术	北京交通大学本科

图 8－4　个人信息列表页面

建立 Web 项目,项目名称为 ch8－6。

第一步:采用 JavaBean 封装个人信息数据,封装的类名为 Person,封装代码如第 7.3 节所示,这里源代码位于 ch8\ch8－6\src\bean\Person.java,不再赘述。

第二步:采用 Servlet 提取多个个人信息,放入 List 中,并将这些个人信息 List 传递到 persons.jsp 页面中。在 web.xml 中设置 Servlet 的访问路径,PersonInfo.java 代码如第 7.3 节所示，这里源代码位于 ch8\ch8－6\src\service\PersonInfo.java，不再赘述。

第三步：在 persons.jsp 页面中接收由 Servlet 传递来的个人信息 List，并且采用 JSTL 中的<c:forEach>和<c:if>标签控制信息显示的方式，中文乱码的解决方式如第 7.3 节所述。代码如下：

实例演示：（源代码位置：ch8\ch8－6\WebRoot\persons.jsp）

```
<table border="0" width="100%">
  <tr height="25">
    <td width="5%" align="center" background="images/bg2a.gif">
    <strong>姓名</strong></td>
    <td width="5%" align="center" background="images/bg2a.gif">
    <strong>性别</strong></td>
    <td width="5%" align="center" background="images/bg2a.gif">
    <strong>民族</strong></td>
    <td width="9%" align="center" background="images/bg2a.gif">
    <strong>出生日期</strong></td>
    <td width="7%" align="center" background="images/bg2a.gif">
    <strong>籍贯</strong></td>
    <td width="7%" align="center" background="images/bg2a.gif">
    <strong>学历</strong></td>
    <td width="13%" align="center" background="images/bg2a.gif">
    <strong>毕业院校</strong></td>
    <td width="13%" align="center" background="images/bg2a.gif">
    <strong>工作单位</strong></td>
    <td width="12%" align="center" background="images/bg2a.gif">
    <strong>家庭住址</strong></td>
    <td width="7%" align="center" background="images/bg2a.gif">
    <strong>个人爱好</strong></td>
    <td width="16%" align="center" background="images/bg2a.gif">
    <strong>个人经历</strong></td></tr>
  <c:forEach var="persons" items="${sessionScope.persons}" varStatus="person_s">
    <c:if test="${person_s.index % 2 == 0}">
      <tr height="25"  bgcolor="#999999">
        <td align="center">${persons['name']}</td>
        <td align="center">${persons['gender']}</td>
        <td align="center">${persons['nation']}</td>
        <td align="center">${persons['birth']}</td>
        <td align="center">${persons['place']}</td>
        <td align="center">${persons['education']}</td>
        <td align="center">${persons['school']}</td>
        <td align="center">${persons['unit']}</td>
        <td align="center">${persons['address']}</td>
        <td align="center">${persons['hobby']}</td>
```

```
          <td align="center">${persons['experience']}</td></tr>
      </c:if>
      <c:if test="${person_s.index % 2 ! = 0}">
        <tr height="25">
          <td align="center">${persons['name']}</td>
          <td align="center">${persons['gender']}</td>
          <td align="center">${persons['nation']}</td>
          <td align="center">${persons['birth']}</td>
          <td align="center">${persons['place']}</td>
          <td align="center">${persons['education']}</td>
          <td align="center">${persons['school']}</td>
          <td align="center">${persons['unit']}</td>
          <td align="center">${persons['address']}</td>
          <td align="center">${persons['hobby']}</td>
          <td align="center">${persons['experience']}</td></tr>
      </c:if>
    </c:forEach>
    <tr>
      <td colspan="11" align="center">
      <input type="button" value="关闭" onclick="window.close()"/></td></tr>
  </table>
```

8.7　习　题

1. 简述 JSP 中引入 JSTL 技术的意义。

2. 在自己的计算机上下载、安装和配置 JSTL，如何在 Eclipse 环境下开发支持 JSTL 的代码。

3. 如何使用 JSTL 进行输出，如何进行条件处理以及实现循环？用程序说明。

4. 如何使用 JSTL 链接到数据库，并进行数据库的查询与操作？

5. 请列出 JSTL 标记库的 5 类标准标记库的名称。

6. 分别介绍<c:foreach>和<c:fortokens>标签的作用，以及它们之间的区别。

7. 请列出<c:if>标签的常用属性，并举例说明<c:if>标签的用法。

第 9 章　Struts2 应用

9.1　Struts2 基础

Apache Struts2 是一个可扩展的 Java EE Web 框架，是 Apache 的开源项目，开发者能够更深入地了解其内部实现机制。它以 WebWork 设计思想为核心，结合 Struts1 的优点形成。Struts2 是一个基于 MVC 的框架，在 Web 应用系统的设计开发中被广泛采用。下面简单介绍 MVC 的含义及优点。

9.1.1　MVC 介绍

MVC 是 Model - View - Controller 的简称，即模型-视图-控制器。MVC 包含三个基本部分：模型、视图和控制器。使用 MVC 的目的是将模型和视图的实现代码分离，从而可以使同一个模型有不同的表现形式。

视图是用户能够看到并与之交互的界面，对于 J2EE Web 应用程序来说，视图就是 HTML 元素和 JSP 代码组成的网页界面。

模型表示业务数据和业务规则，通过 JavaBean 或 EJB 实现系统中的业务逻辑。在 MVC 的三部分中，模型拥有最多的业务逻辑处理。模型与数据的显示格式没有关系，它能为多个视图提供数据。

控制器接受用户的输入并调用模型和视图去完成用户的需求，通过 Servlet 或 Struts 来实现。控制器可以理解为一个分发器，选择什么样的模型，选择什么样的视图，可以完成什么样的用户请求，控制器并不做任何数据处理。MVC 框架具有以下优点：

- 一个模型可以对应多个视图。这样可以减少代码的复制，一旦模型发生改变，也易于维护。
- 数据与显示分离。模型数据可以采用多种显示格式。由于模型返回的数据不带任何格式，因而模型可以直接应用于接口的使用。
- MVC 应用框架被分为三层，因此有时改变其中的一层就能满足应用的改变，降低了各层之间的耦合，提高了应用系统的可扩展性。
- 控制层的概念也很有效，由于它把不同的模型和不同的视图组合在一起完成不同的请求，因此，控制层可以说包含了用户请求权限的概念。
- MVC 有效地利用软件工程化管理，不同的层各司其职，每一层不同的应用具有某些相同的特征，有利于通过工程化、工具化产生管理程序代码。

9.1.2　Struts2 体系结构

Struts2 是一个为开发基于 MVC 模式的应用框架，它只有一个中心控制器，采用 XML 定制转向，使用 Action 调用业务逻辑。Struts2 由 Servlet、标签库、实用库类等组成，在 MVC 模式的模型层很容易与数据库访问技术结合，在视图层 Struts2 能够与 JSP、JSF 等表示层组件结合。在 Struts2 中使用了大量的拦截器来处理用户请求。Struts2 体系结构如图 9－1 所示。

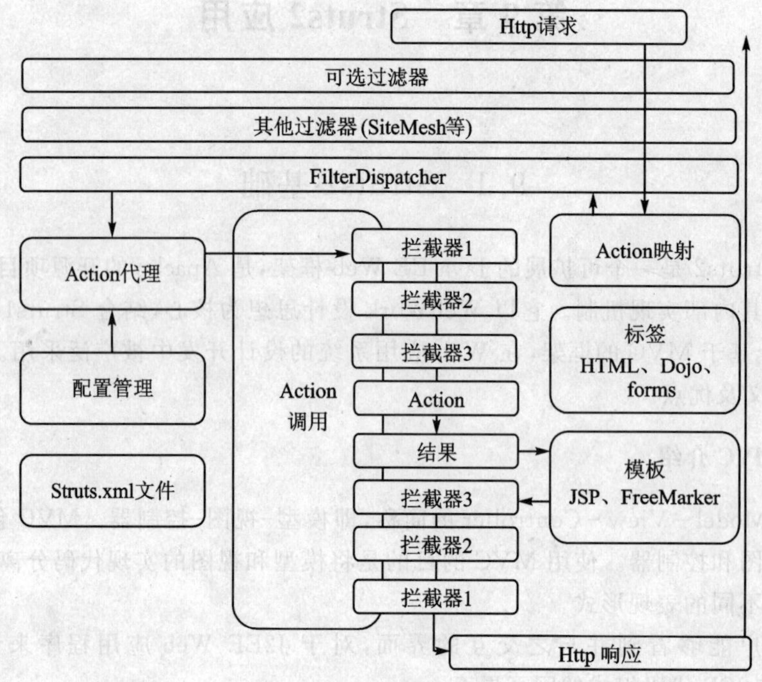

图 9－1　Struts2 体系结构

Struts2 框架的处理流程如下：

① 客户端浏览器初始化一个指向 Servlet 容器(如 Tomcat)的 HTTP 请求。

② HTTP 请求经过一系列的过滤器(Filter)(ActionContext CleanUp 为其中的可选过滤器，用于和其他框架集成)。

③ 服务器调用 FilterDispatcher，FilterDispatcher 询问 Action 映射来决定这个请求是否需要调用某个 Action。

④ 如果 Action 映射决定需要调用某个 Action，则 FilterDispatcher 把请求的处理交给 Action 代理。

⑤ Action 代理通过配置管理询问 Struts2 配置文件找到需要的 Action 类。

⑥ Action 代理创建一个 Action 调用实例。

⑦ Action 调用实例使用命名模式来调用，在调用 Action 的过程前后，涉及相关拦截器(Intercapter)的调用；一旦 Action 执行完，则 Action 调用负责根据 struts. xml 中的配置找到对应的返回结果。

9.1.3　Struts2 配置文件

当运用 Struts2 创建应用系统的 Action 时，需要使用 Struts2 配置文件。Struts2 相关的配置文件有 web. xml、struts. xml、struts. properties 等。其中 web. xml、struts. xml 是最基本的配置文件，其他的配置文件可以按照实际情况进行选择。

1. web. xml 文件

web. xml 文件是用来初始化工程配置信息的，比如 welcome 页面、filter、listener、servlet、servlet-mapping 等。在 Struts2 中 web. xml 文件主要完成对 FilterDispatcher 的配置，其实质是一个过滤器，负责初始化整个 Struts2 框架，并且处理所有的请求。例如下面用 Struts2 设置代码：

实例演示：(源代码位置：ch9\ch9－1\WebRoot\WEB-INF\web. xml)

```
<filter>
  <filter-name>struts2</filter-name>
  <filter-class>
    org.apache.struts2.dispatcher.ng.filter.StrutsPrepareAndExecuteFilter
  </filter-class>
</filter>
<filter-mapping>
  <filter-name>struts2</filter-name>
  <url-pattern>/*</url-pattern>
</filter-mapping>
```

<filter></filter>用于定义 FilterDispatcher，<filter-class></filter-class>用于指定实现 FilterDispatcher 的 Java 类 org. apache. struts2. dispatcher. ng. filter. StrutsPrepareAndExecuteFilter，<filter-mapping></filter-mapping>用于指定将 FilterDispatcher 应用于同一目录下的所有资源。

2. struts. xml 文件

struts. xml 文件是 Struts2 框架的核心配置文件，主要用于定义 Struts2 的系列 Action，指定 Action 的实现类，并定义该 Action 处理结果与视图资源之间的映射关系。struts. xml 文件由多个元素构成，其中 package 元素、action 元素和 result 元素是基本元素。

package 元素用来设置 Action 的执行环境，有以下几个常用的属性，如表 9－1 所列。

表 9－1　package 元素属性

属　性	描　述
name	package 元素的唯一标识，作为引用该 package 的键，不可以重复。在一个 struts. xml 文件中不能出现两个同名的 package
namespace	指定名称空间，该名称空间影响到 url 的地址。该属性可选
extends	指定要继承的 package，允许一个 package 继承一个或多个先前定义的 package。该属性可选
abstract	将其设置为 true，可以把一个 package 定义为抽象的。抽象的 package 不能包含 action 定义，只能作为父 package，被其他 package 所继承。该选项可选

下面是一个简单的 struts. xml 配置文件示例。

实例演示：(源代码位置：ch9\ch9－1\src\org. action\struts. xml)

```
<struts>
  <package name="default" namespace="/" extends="struts-default">
    <action name="test" class="org.action.StrutsAction">
```

```
        <result name="success">/index.jsp</result>
        <result name="error">/hello.jsp</result>
      </action>
   </package>
</struts>
```

namespace="/"表示 index. jsp 的 URL 为"http://localhost:8080/工程名/index. jsp", extends="struts-default"表示 package 继承 struts-default. xml 一些内容。

action 元素负责将一个请求对应到一个 Action 处理上,当一个 Action 类匹配一个请求时,这个 Action 类就会被 Struts2 框架调用。action 元素的属性如表 9-2 所列。

表 9-2　action 元素属性

属　性	描　述
name	action 元素名称,用来指定 Action 处理的 URL
calss	指定该 Action 对应的实现类

例如:

<action name="test" class="org. action. StrutsAction">指定 Action 处理的 URL 为 test,对应的实现类为 org. action. StrutsAction。

上面 struts. xml 文件中定义的 action 的请求地址为

<form action="test. action" method="post">

其中 test. action 中的 test 与 action 元素属性 name 取值 test 一致。完整的源代码位于 ch9\ch9-1\WebRootc\hello. jsp。

result 元素表示可能的输出。当 Action 类中方法执行完成时,返回一个字符串类型的结果,Struts2 框架根据返回的结果代码选择对应的 result 返回给用户。result 元素的属性如表 9-3 所列。

表 9-3　result 元素属性

属　性	描　述
name	result 名称属性,唯一属性。常用的有如下属性值: success 表示请求处理成功; error 表示请求处理失败; chain 用来处理 Action 链; dispatcher 用来转向页面; chart 用来整合 JFreeChart 的结果类型; redirect 重定向到一个 URL; stream 向浏览器发送 InputStream 对象,通常用来处理文件,还可以返回 Ajax 数据等

例如上面的 struts. xml 文件中 result 定义:

```
<result name="success">/index.jsp</result>
<result name="error">/hello.jsp</result >
```

相对应的在 StrutsAction. java 文件定义 result 元素 name 属性取值 success 或 error 的处理。

实例演示：(源代码位置：ch9\ch9－1\src\org. action\StrutsAction. java)

```
public String execute() throws Exception{
  if (! name. equals("Admin")){
    Map request=(Map)ActionContext. getContext(). get("request");
    request. put("name", getName());
    return "success";
  }else{
    return "error";
  }
}
```

9.1.4　Struts2 简单应用示例

Struts2 简单应用示例实现的功能是：通过用户名和密码实现登录，如果输入正确的用户名和密码，则打开另一个页面，否则停留在登录页面。

1. 建立一个 Struts2 Web 项目

以 Myeclipse8 作为 Java Web 开发环境，支持 Struts2，因此不需要下载 Struts2 框架。在不支持 Struts2 框架的开发环境中，需要将 Struts2 基本库加载到项目中。例如 MyEclipse6 中需要手工加载 Struts2 基本库。

打开 MyEclipse8 开发环境，建立一个 Web 项目，项目名称为 ch9－2，然后为项目添加 Struts2 支持。具体操作如下：选中项目名称 ch9－2，右击，弹出下拉菜单，选择 MyEclipse→Add Struts Capabilities…菜单命令，弹出 Add Struts Capabilities 对话框，选择 Struts specification 为 Struts2. 1，如图 9－2 所示。

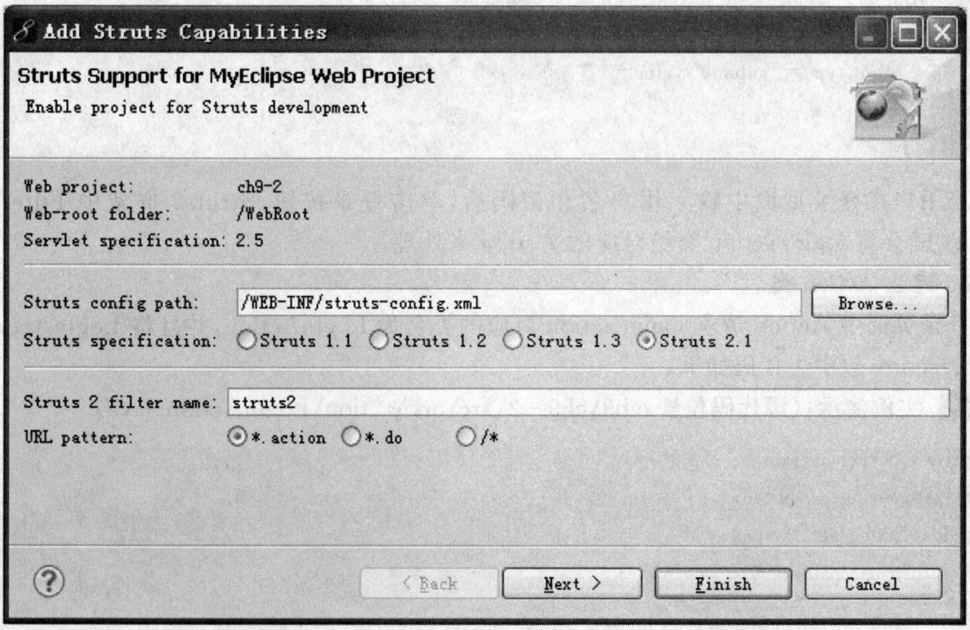

图 9－2　添加 Struts2 Capabilities 对话框

单击 Finish 按钮，完成添加 Struts2 Capabilities。

2. 修改 web. xml 文件

在 MyEclipse8 开发环境中，当为项目添加 Struts 支持功能时，开发环境会自动修改 web. xml 文件，完成对 Filter Dispatcher 初始设置，不需要手工修改。如果需要手工修改 web. xml 文件，则修改的内容如下：

实例演示：(源代码位置：ch9\ch9 - 2\WebRoot\WEB-INF\web. xml)

```
<filter>
  <filter-name>struts2</filter-name>
  <filter-class>
    org. apache. struts2. dispatcher. ng. filter. StrutsPrepareAndExecuteFilter
  </filter-class>
</filter>
<filter-mapping>
  <filter-name>struts2</filter-name>
  <url-pattern>/ * </url-pattern>
</filter-mapping>
```

3. 创建登录页面

在项目 ch9 - 2 的 WebRoot 目录下建立 login. jsp 登录页面，在登录页面中添加用户名和密码输入框，并且设置 Action 名称。登录页面中用户名和密码输入代码如下：

实例演示：(源代码位置：ch9\ch9 - 2\WebRoot\login. jsp)

```
<body>
  <form action="login. action" method="post">
    用户名：<input type="text" name="username">
    密　码：<input type="password" name="password">
    <input type="submit" value="登录">
  </form>
</body>
```

当用户在登录页面中输入用户名和密码后，单击登录按钮，Struts2 框架中 Filter Dispatcher 就会将 login. action 交给对应的 Action 来处理。

4. 建立 Action 类

登录页面中 Action 请求 login. action 对应的类名为 LoginAction，并且将 LoginAction 放入 org. action 包中。代码如下：

实例演示：(源代码位置：ch9\ch9 - 2\src\org\action\LoginAction. java)

```
private String username;
private String password;
public String getUsername(){
  return username;
}
public void setUsername(String username){
  this. username = username;
```

```
    }
    public String getPassword(){
      return password;
    }
    public void setPassword(String password){
      this.password = password;
    }
    // 处理请求的 execute 方法
    public String execute(){
      try{
        if (username.equals("admin") && password.equals("admin")){
            Map request=(Map)ActionContext.getContext().get("request");
                request.put("username", getUsername());
            return "success";
        }else{
            return "error";
        }
      }catch(Exception e){
        e.printStackTrace();
        return "error";
      }
    }
```

5. 配置 struts.xml 文件

与 web.xml 一样，在 MyEclipse8 开发环境中，当为项目添加 Struts 支持功能时，开发环境会自动建立 struts.xml 文件。如果需要手工建立 struts.xml 文件，则应在 ch9 - 2\src\目录下建立，并在 struts.xml 文件中配置 LoginAction 与 login.action 的映射关系。配置的内容如下：

实例演示：(源代码位置：ch9\ch9 - 2\src\struts.xml)

```
<package name="default" namespace="/" extends="struts-default">
  <action name="login" class="org.action.LoginAction">
    <result name="success">/welcome.jsp</result>
    <result name="error">/login.jsp</result>
  </action>
</package>
```

若 result 元素的 name 属性值为 success，表示登录成功，则跳转到 welcome.jsp 页面；若 result 元素的 name 属性值为 error，表示登录不成功，则停留在 login.jsp 页面。

6. 创建 welcome.jsp 文件

在 welcome.jsp 页面中显示登录的用户名。代码如下：

实例演示：(源代码位置：ch9\ch9 - 2\WebRoot\welcome.jsp)

```
<body>
  Welcome:<s:property value="#request.username" /><br>
</body>
```

7. 部署与运行

为了测试方便，可以将 web. xml 中的<welcome-file>index. jsp</welcome-file>修改为<welcome-file>login. jsp</welcome-file>，运行项目后可以在浏览器中看到登录页面。

9.2 Struts2 核心组件

9.2.1 Struts2 工作原理

Struts2 主要是通过 Action 和拦截器来实现，Action 是 Struts2 的核心组件，拦截器在 Struts2 框架中也起到了至关重要的作用，通过掌握拦截器，就可以理解在 Action 处理过程中的每一个步骤。

Struts2 的拦截器和 Servlet 过滤器类似，在执行 Action 的 execute()方法之前，Struts2 会首先执行在 struts. xml 中引用的拦截器，在执行完所有引用的拦截器的 intercept()方法后，会执行 Action 的 execute()方法。Struts2 工作原理如图 9-3 所示。

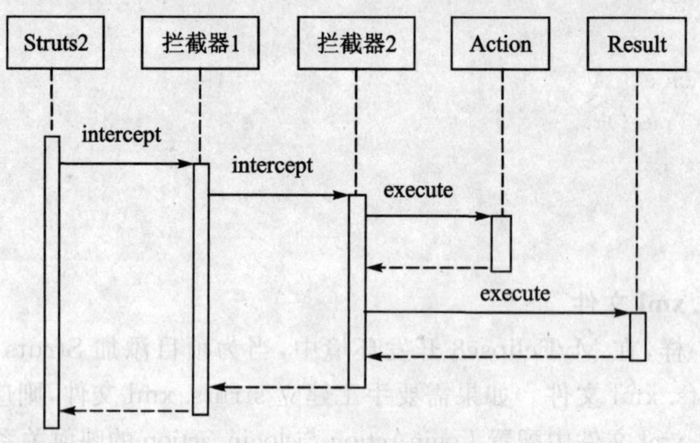

图 9-3 Struts2 工作原理

由 Struts2 工作原理图可以看出，Struts2 框架首先获取页面提交的 *. action 请求，根据 *. action 请求的前面部分决定调用哪个业务逻辑，例如前面提到的 login. action 请求。Struts2 查找 struts. xml 文件，文件中定义了此 Action，Action 的 name 属性决定了该 Action 处理哪个用户请求，而 class 属性决定了该 Action 的实现类。然后 Struts2 查找 package 包中对应于此 Action 的拦截器定义，由拦截器负责将 HttpServletRequest 请求中的参数解析出来，传入 Action 中。最后 Action 调用 execute 方法来处理用户的请求，并返回结果。下面完成 Struts2 核心组件 Action 的设计。

9.2.2 实现 Action

Action 是 Struts2 的核心组件，开发者在 Action 实现业务逻辑控制。Struts2 中的 Action 非常类似于 JavaBean，只不过多了一个 execute 方法。

在 Struts2 中，Action 类继承 ActionSupport 类，ActionSupport 类位于 com. opensymphony. xwork2 中。ActionSupport 类为 Action 提供了一些默认实现，主要包括预定义常量、从资源文件中读取文本资源、接收验证错误信息和验证的默认实现。

在 Action 实现中首先定义用于封装用户请求的参数，封装参数定义要与请求页面中提交的表单元素一致。例如在 9.1.4 小节中用户登录请求页面 login.jsp 中定义了用户名和密码输入文本框，代码如下：

```
<form action="login.action" method="post">
  用户名:<input type="text" name="username">
  密　码:<input type="password" name="password">
  <input type="submit" value="登录">
</form>
```

因为在 login.jsp 页面中定义了用户名和密码的输入文本框，且 name 属性值分别为 username 和 password，那么在 login.action 对应的实现类中首先要封装 username 和 password 两个属性，封装方法与 JavaBean 一样，并且封装的属性名称要与 login.jsp 的表单元素一致。例如：

```
private String username;
private String password;
```

然后定义 username 和 password 属性的 get 和 set 方法。例如：

```
public String getUsername(){
  return username;
}
public void setUsername(String username){
  this.username = username;
}
public String getPassword(){
  return password;
}
public void setPassword(String password){
  this.password = password;
}
```

接下来实现 Action 中的 execute 方法。

Action 中的 execute 方法继承了 ActionSupport 的 execute 方法，但是需要修改 Action 中的 execute 方法，将业务逻辑控制添加到 execute 方法中。例如：

```
public String execute(){
  try{
    if (username.equals("admin") && password.equals("admin")){
        Map request=(Map)ActionContext.getContext().get("request");
            request.put("username", getUsername());
        return "success";
    }else{
        return "error";
    }
```

```
    }catch(Exception e){
        e.printStackTrace();
        return "error";
    }
```

execute 方法需要有返回值,返回值为字符串类型。例如上面的返回值是 success 和 error 字符串,success 表示登录成功跳转的页面视图,error 表示登录失败或出错跳转的页面视图。返回值对应的跳转页面需要在 struts. xml 文件中定义。Action 类中的 exectue 方法返回值在 Action 接口类中已经有了定义,定义如下:

```
public static final String SUCCESS="success";
public static final String NONE="none";
public static final String ERROR="error";
public static final String INPUT="input";
public static final String LOGIN="login";
```

可以按照上面 Action 接口中的定义将 execute 方法改为

```
public String execute(){
  try{
    if (username.equals("admin") && password.equals("admin")){
      Map request=(Map)ActionContext.getContext().get("request");
        request.put("username", getUsername());
      return SUCCESS;
    }else{
      return ERROR;
    }
  }catch(Exception e){
    e.printStackTrace();
    return ERROR;
  }
}
```

9.2.3 配置 Action

实现上面的 Action 后,需要在应用中配置该 Action。Struts2 使用 struts. xml 文件来配置 Action,有关 struts. xml 配置文件在 9.1.3 小节中介绍过,这里不再叙述。

在配置 Struts2 的 Action 之前,需要先在 Web 应用中加载 Struts2 框架,因为 Web 应用默认加载 web. xml 文件,因此为了加载 Struts2 框架,必须在 web. xml 文件中配置 Struts2 的核心控制器 FilterDispatcher。加载 Struts 核心控件已经在 9.1.4 小节中介绍过,这里不再叙述。

在 web. xml 文件加载 Struts2 核心控件后,Web 应用会自动加载 Struts2 框架,并加载 Web 应用中 src 路径下的 struts. xml 文件。struts. xml 文件就是 Struts2 的配置文件,该文件主要配置 Action 以及 Action 对应的 URL。例如 9.1.4 小节中提到的配置代码:

```
<package name="default" namespace="/" extends="struts-default">
  <action name="login" class="org.action.LoginAction">
    <result name="success">/welcome.jsp</result>
    <result name="error">/login.jsp</result>
  </action>
</package>
```

在 struts.xml 文件中，所有的 Action 放在 package 元素下管理，所有的 action 元素作为 package 元素的子元素存在。

配置 action 元素时，必须指定两个主要属性：name 属性和 class 属性。其中 name 属性指定了该 Action 负责处理的 URL。例如上面示例中的 login 访问 URL，表示 login.action 请求，在 JSP 页面中对应名称为 login.action。而 class 属性指定了该 Action 对应的实现类。例如上面的 org.action.LoginAction，则表示负责处理 login.action 请求的 Java 类为 org.action.LoginAction。

在上面的 struts.xml 配置中，指定了 Action 处理后逻辑视图名和物理视图之间的对应关系，逻辑视图 success 对应物理视图/welcome.jsp 页面，error 逻辑视图对应/login.jsp 物理视图页面。结合 Action 类 execute 方法的实现，就会清楚当 execute 方法返回 success 字符串时，请求返回到 welcome.jsp 页面；当 execute 方法返回 error 字符串时，请求返回到 login.jsp 页面。

9.2.4　Struts2 拦截器

从 Struts2 的体系结构中可以看出，当 FilterDispatcher 拦截到用户请求后，大量拦截器将会对用户请求进行处理，然后才调用 Action 类处理业务逻辑控制。

拦截器的设置比较简单，主要是在 struts.xml 文件中来定义的。定义拦截器使用<interceptor>元素，格式为

```
<interceptor name="interceptorName" class="interceptorClass"></interceptor>
```

<interceptor>元素属性如表 9-4 所列。

表 9-4　<interceptor>元素属性

属　性	描　述
name	拦截器名称
class	拦截器实现的 Java 类

有时候，在拦截器实现类中会需要一些参数，那么在配置拦截器时就需要为其传入参数。运用<param>子元素可以为拦截器传入参数。例如：

```
<interceptor name="interceptorParam" class="org.action.interceptorParam">
  <param name="test">test</param>
</interceptor>
```

通常情况下，一个 Action 需要配置多个拦截器，就需要把几个拦截器组成一个拦截器栈。定义拦截器栈用<interceptor-stack>元素，由于拦截器栈是由多个拦截器组成的，所以需要在拦截器栈中配置<interceptor-ref>子元素来引用各个拦截器。格式如下：

```
<interceptor-stack name="interceptorStackName" >
    <interceptor-ref name="interceptor1"></ interceptor-ref >
    <interceptor-ref name="interceptor2"></ interceptor-ref >
    ...
</ interceptor-stack >
```

Struts2 中内建了大量拦截器,大多数情况下的应用系统不必再增加自己的拦截器。Struts2 在 struts-default. xml 中预定义了这些内建的拦截器。开发者需要用到这些拦截器时,只要在 struts. xml 中配置即可。配置内建拦截器用<default-inerceptor-ref>元素来定义。例如:<default-inerceptor-ref name="logger"></default-inerceptor-ref >。如果需要多个内建拦截器,则将拦截器放到拦截器栈中即可。

例如 Struts2 内建拦截器应用示例。仍以用户登录为例,在其中设置实现简单的日志功能,拦截器设置如下:

实例演示:(源代码位置:ch9\ch9 - 3\src\struts. xml)

```
<package name="default" namespace="/" extends="struts-default">
    <action name="login" class="org. action. LoginAction">
        <interceptor-ref name="logger"></interceptor-ref>
        <result>/welcome. jsp</result>
    </action>
</package>
```

运行项目后,控制台显示"Starting execution stack for action //login",说明拦截器已工作。

Struts2 内建拦截器如表 9 - 5 所列。

表 9 - 5　Struts 2 内建拦截器

拦截器	描　述
alias	允许参数在跨越多个请求时使用不同的别名,此拦截器可将多个 Action 使用不同名字链接起来,然后用于处理统一信息
autowiring	信息自动装配的拦截器,主要用于当 Struts2 和 Spring 整合时。Struts 可以使用自动装配的方式来访问 Spring 中的 Bean
chain	允许当前 Action 能够使用上一个被执行 Action 的属性,此拦截器通常和 chain 结果类型一起使用
checkbox	为没有被选定的多选框增加一个值为 false 的参数,协助管理多选框
conversionError	将转换错误的信息存放到 Action 的字段错误集中
cookie	使用配置的 name、value 来指定 cookies
clearSession	负责销毁 HttpSession
createSession	自动创建一个 HttpSession 会话,用来为需要使用到 HttpSession 的拦截器服务
debugging	当使用 Struts2 的开发模式时,此拦截器会提供更多的调试信息,为开发者提供几种不同调试界面
execAndWait	当 Action 在后台执行时,给用户显示一个过渡性的等待页面
exception	将 Action 抛出的异常映射到结果,这样就通过重定向来自动处理异常

续表 9－5

拦截器	描　述
fileUpload	用于文件上传，负责解析表单中文件域的内容
i18n	支持国际化的拦截器，负责把所选的语言、区域放入用户 Session 中
logger	通过输出被执行 Action 的名字，提供简单的日志功能，记录用于追踪的信息
store	在会话中为 Action 存储和检索消息、字段错误以及 Action 错误，该拦截器要求 Action 实现 ValidationAware 接口
modelDriven	用于模型驱动的拦截器，当某个 Action 类实现了 ModelDriven 接口时，它负责把 getModel 方法的结果放入栈中
params	负责解析 HTTP 请求中的参数，并将参数值设置成 Actin 对应的属性值
prepare	如果 Action 实现了 Preparable 接口，将会调用该拦截器的 prepare 方法
profiling	允许 Action 记录简单的概要信息日志
scope	可以将 Action 状态信息保存到 HttpSession 范围，或者保存到 ServletContext 范围
servletConfig	如果某个 Action 需要直接访问 ServletAPI，则通过侧拦截器
staticParams	这是 Action 中的静态值，拦截器负责将 struts. xml 中<action>下的<param>标签参数传入 Action
token	负责检查 Action 的合法令牌，防止重复提交表单；当多次提交表单时，跳转到一个错误页面
validation	通过执行在 xxxAction-validation. xml 中定义的校验器，来完成数据校验
workflow	为 Action 定义默认的工作流，一般跟在 validation 等拦截器后；当验证失败时，不执行 Action，重定向到 Input 视图

9.2.5　Struts2 自定义拦截器

虽然在 Strtus2 框架中提供了很多拦截器，但是有些拦截功能需要开发者自行定义，如访问权限控制等。Struts2 提供了一些接口供开发者自定义拦截器，com. opensymphony. xwork2. interceptor. Interceptor 接口就是其中一种，开发者只要实现该接口就可以完成拦截器。该接口中有三个方法：

- init()方法：用于初始化拦截器，该方法在拦截器被实例化之后、拦截器执行之前调用，且只被调用一次。
- intercept(ActionInvocation invocation) throws Exception 方法：用于实现拦截。参数 invocation 调用 invoke 方法，并将控制权交给拦截器或 Action 类方法。Intercpet 方法是拦截器的核心方法，所有拦截器都会调用此方法。
- destroy()方法：此方法用于拦截器被销毁时调用，用于销毁在 init()方法中打开的资源，与 init()方法对应。

下面将使用自定义拦截器改写 9.1.4 小节中的实例。当用户访问 login. jsp 页面登录时，若输入用户名和密码都为 admin，则登录成功跳转到 welcome. jsp 页面；当输入用户名和密码都为 test 时，被拦截器拦截跳转到 intercept. jsp 页面。除此之外，用户名和密码输入其他信息时，表示登录失败，停留到 login. jsp 页面。修改后的工程名为 ch9-4，自定义拦截器实现类为 TestInterceptor。流程图如图 9－4 所示。

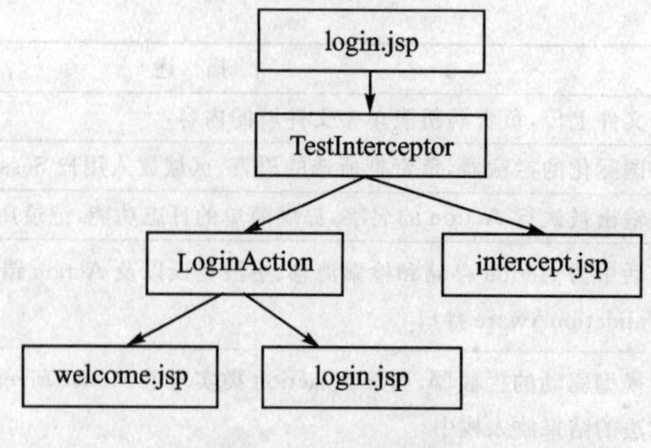

图 9-4 流程图

首先为 ch9-4 添加 Struts2 框架功能，与 9.1.4 小节中建立一个 Struts2 Web 项目一样，这里不再叙述。如果 web.xml 中没有自动添加 Struts2 框架功能，则需要手工添加。

项目中 LoginAction 类、login.jsp 页面和 welcome.jsp 页面与 ch9-2 中一样没有改动。接下来需要创建自定义拦截器的实现类。类名为 TestInterceptor。代码如下：

实例演示：(源代码位置：ch9\ch9-4\src\org\action\TestInterceptor.java)

```
import org.action.LoginAction;
import com.opensymphony.xwork2.Action;
import com.opensymphony.xwork2.ActionInvocation;
import com.opensymphony.xwork2.interceptor.AbstractInterceptor;
public String intercept(ActionInvocation arg0) throws Exception{
  LoginAction act=(LoginAction)arg0.getAction();
  if(act.getUsername().equals("test") && act.getPassword().equals("test")){
    return Action.INPUT;
  }
  return arg0.invoke();
}
```

Intercept 方法判断输入的用户名和密码是否为 test，如果是，则返回逻辑视图 input，也就是 intercept.jsp 页面；如果不是，则返回 arg0.invoke()，表示继续执行其他拦截器或 Action 类中的方法，这里是执行 LoginAction 类中的 execute 方法。

自定义好拦截器实现类后，下一步需要在 struts.xml 中配置侧拦截器。配置方法如 9.2.3 小节中所示。这里修改的代码如下：

实例演示：(源代码位置：ch9\ch9-4\src\struts.xml)

```
<package name="default" namespace="/" extends="struts-default">
  <interceptors>
    <interceptor name="testInterceptor" class="org.action.TestInterceptor"></interceptor>
  </interceptors>
  <default-interceptor-ref name=""></default-interceptor-ref>
  <action name="login" class="org.action.LoginAction">
    <result name="success">/welcome.jsp</result>
```

```
        <result name="error">/login.jsp</result>
        <result name="input">/intercept.jsp</result>
        <interceptor-ref name="defaultStack"></interceptor-ref>
        <interceptor-ref name="testInterceptor"></interceptor-ref>
    </action>
</package>
```

自定义拦截器名称为 testInterceptor，实现类为 org.action.TestInterceptor，并将此拦截器通过<interceptor-ref>元素放到 login 的 action 元素中。

这样，简单的自定义拦截器就定义好了；然后实现 intercept.jsp 页面（源代码位置：ch9\ch9-4\WebRoot\intercept.jsp）；最后部署、运行该项目即可。

9.3　Struts2 标签

前面的 Struts2 示例中已经用到了 Struts2 的标签库，Struts2 标签库大大简化了页面视图的逻辑实现。借助于 Struts2 标签库，可以避免在 JSP 页面中使用大量的 Java 代码。Struts2 可以将所有的标签分为 3 类：UI 标签、非 UI 标签和 Ajax 标签。

要使用 Struts2 标签，首先要在 JSP 页面顶部运用 taglib 指令引入：

```
<%@ taglib prefix="s" uri="/struts-tags" %>
```

下面逐一介绍 Struts2 常用标签。

9.3.1　UI 标签

UI 主要用于生成 HTML 元素的标签，可分为表单标签和非表单标签。大部分表单标签和 HTML 表单元素一一对应。

1. <s:textfield>标签

<s:textfield>标签用于输出一个 HTML 单行文本输入控件，等价于<input type="text">。<s:textfield>标签属性如表 9-6 所列。

表 9-6　<s:textfield>标签属性

属　性	描　述
id	用来标识标签的 ID
size	指定文本输入控件的大小
readonly	当该属性为 true 时，文本输入控件不能输入
maxlength	定义文本输入控件可以输入字符的最大长度

例如：

```
<s:form action="login" method="post">
    <s:textfield name="username" label="用户名"></s:textfield>
</s:form>
```

2. <s:textarea>标签

<s:textarea>标签用于输出一个 HTML 多行文本输入控件，等价于<textarea></

textarea>。<s:textarea>标签属性如表 9－7 所列。

表 9－7　<s:textarea>标签属性

属　性	描　述
id	用来标识标签的 ID
cols	指定多行文本输入控件列数
rows	指定多行文本输入控件行数
readonly	当该属性为 true 时,多行文本输入控件不能输入
wrap	指定多行文本输入控件是否可以换行

例如:

```
<s:textarea name="remark" cols="10" rows="5" label="备注"></s:textarea>
```

3. <s:select>标签

<s:select>标签用于输出一个下拉列表,等价于<select />。<s:select>标签属性如表 9－8 所列。

表 9－8　<s:select>标签属性

属　性	描　述
list	下拉列表中输出的列表项集合。如果 list 的属性值为 Map,则 Map 的 key 成为列表项的 value,Map 的 value 成为列表项的显示内容
listKey	指定列表项集合中的哪个属性作为列表项的 value
listValue	指定列表项集合中的哪个属性作为列表项显示的内容
headerValue	设置当用户选择了 header 选项时提交的 vlaue,如果使用该属性,则不能为该属性设置空值
emptyOption	是否在 header 选项后面添加一个空选项
multiple	是否为多选列表
size	显示的选项个数

例如:

```
<s:select label="个人爱好" name="hobby" list="#{1:'足球',2:'音乐',3:'游戏'}" headerKey=
"-1" headValue="请选择" />
```

4. <s: checkboxlist>标签

<s:checkboxlist>标签用于输出复选框,等价于<input type='checkbox'>。<s:checkboxlist>标签属性如表 9－9 所列。

表 9－9　<s:checkboxlist>标签属性

属　性	描　述
list	复选框中输出的选项集合。如果 list 属性值为 Map,则 Map 的 key 成为选项的 value,Map 的 value 成为选项的显示内容
listKey	指定选项集合中的哪个属性作为选项的 value
listValue	指定选项集合中的哪个属性作为选项显示的内容
fieldValue	指定在复选框选中时,实际提交的值

例如：

```
<s:checkboxlist name="hooby" list="{'足球','篮球','排球'}" label="兴趣爱好" />
```

5. <s:radio>标签

<s:radio>标签用于输出单选按钮，等价于<input type="radio">。<s:radio>标签属性如表 9-10 所列。

表 9-10　<s:radio>标签属性

属　性	描　述
list	单选按钮中输出的选项集合。如果 list 属性值为 Map，则 Map 的 key 成为选项的 value，Map 的 value 成为选项的显示内容
name	单选按钮标签名称
label	显示单选名称

例如：

```
<s:radio name="sex" list="#{'male':'男','female':'女'}"  label="性别" />
```

非表单标签主要用于页面中生成一些非表单的可视化元素。例如输出 HTML 页面中的树形结构。这些标签不经常用到。下面简单介绍这些标签，如表 9-11 所列。

表 9-11　非表单标签

标　签	描　述
<s:a href>	生成超链接。如<s:a href="index.jsp">超链接</s:a>
<s:div>	生成 div 片段。如<s:div>dir 片段<s:div>
<s:tablePanel>	生成 HTML 页面的 Tab
<s:tree>	生成一个树形结构
<s:treenode>	生成树形结构的节点

9.3.2　非 UI 标签

非 UI 标签主要用于数据访问和逻辑控制等，可分为控制标签和数据标签。

1. <s:set>标签

<s:set>标签用于对表达式进行求值，并将结果赋给作用域中指定的变量。对于 JSP 页面中的临时变量比较有作用。<s:set>标签属性如表 9-12 所列。

表 9-12　<s:set>标签属性

属　性	描　述
name	输出的变量名称
scope	变量作用域范围
value	指定输出的属性值
id	用来标识标签的 ID

例如：

```
<s:set name="x" value=" 'test' " scope="request" />
```

2. <s:property>标签

<s:property>标签用于输出指定的值。该标签的属性如表 9-13 所列。

表 9-13　<s:property >标签属性

属　性	描　述
value	指定输出属性或变量的值
default	如果输出属性值为 null，则显示 default 属性的值。该属性是可选的
escape	指定是否为 escape HTML 代码

例如：在页面中输出变量"x"的值。

```
<s:property value="request.x" />
```

3. <s:date>标签

<s:date>标签用于格式化输出一个日期。<s:date>标签属性如表 9-14 所列。

表 9-14　<s:date >标签属性

属　性	描　述
name	指定要格式化的日期值
format	指定日期值的输出格式
nice	该属性取值是 true 或 false，指定是否输出指定日期和当前日期的时差
id	用来标识标签的 ID

例如：

```
<s:date name="currentDate" format="dd/MM/yyyy" />
```

4. <s:param>标签

<s:param>标签用于为其他标签提供参数，通常用做 Bean 标签或 URL 标签的子标签。<s:param>标签属性如表 9-15 所列。

表 9-15　<s:param >标签属性

属　性	描　述
name	输出的参数名称
value	指定参数的参数值表达式
id	标签的唯一标识

例如：

```
<s:url action="index.jsp">
    <s:param name="hobby" value=" 'music' " />
</s:url>
```

5. <s:bean>标签

<s:bean>标签用于创建一个 JavaBean 实例，创建 JavaBean 实例时可以在该标签内使用<s:param>标签为 JavaBean 实例设置属性。<s:bean>标签属性如表 9-16 所列。

表 9-16　<s:bean>标签属性

属　性	描　述
name	指定实例化 JavaBean 的实现类名
id	用来标识标签的 ID

例如，首先需要在项目中建立一个 Student 类，该类中有 name 属性，并且有 getName()和 setName()方法，然后在 JSP 页面中加入以下代码，运用<s:bean>创建 Student 类实例。

```
<s:bean name="Student">
    <s"param name="name" value="李磊" />
</s:bean>
```

6. <s:url>标签

<s:url>标签用于创建 URL，可以通过<s:param>子标签向 URL 地址发送请求参数。<s:url>标签属性如表 9-17 所列。

表 9-17　<s:url>标签属性

属　性	描　述
var	保存 URL 的变量名称
action	指定 URL 请求地址
includeParams	设置请求参数方式。可以取 none、get、all，默认值为 get
includeContext	设置 URL 中是否包含上下文，取值为 true 或 false
namespace	指定 URL 方位的名称空间

例如：

```
<s:url var="myurl" action="LoginAction">
    <s:param name="id" name="admin" />
</s:url>
```

7. <s:include>标签

<s:include>标签用于将一个 JSP 或 Servlet 包含到本页面中。<s:include>标签属性如表 9-18 所列。

表 9-18　<s:include>标签属性

属　性	描　述
value	被包含的 JSP 或 Servlet
id	用来标识标签的 ID

例如：

```
<s:include value="index.jsp" id="ind" />
```

控制标签主要用于完成页面流程的控制以及对值表达式的控制。

8. <s:if>、<s:elseif>、<s:else>标签

这三个标签都是用于分支结构控制，根据对条件表达式的判断，来决定输出标签体的内容。这三个标签的属性如表 9-19 所列。

表 9-19　<s:if>、<s:elseif>、<s:else>标签属性

属　性	描　述
test	条件表达式，<s:else>标签中没有这个属性
id	用来标识标签的 ID

例如：

```
<s:set name="score" value="95" />
<s:if test="#score >= 90">优秀</s:if>
<s:elseif test="#score >= 80">良好</s:elseif>
<s:elseif test="#score >= 70">中等</s:elseif>
<s:elseif test="#score >= 60">及格</s:elseif>
<s:else>不及格</s:else>
```

9. <s:iterator>标签

<s:iterator>标签用于对集合进行迭代，这里的集合包含 List、Map 或 Set。<s:iterator>标签属性如表 9-20 所列。

表 9-20　<s:iterator>标签属性

属　性	描　述
value	指定被迭代的集合
id	用来标识标签的 ID
status	指定迭代时的 IteratorStatus 实例，可以判断当前迭代元素的属性

例如：

```
<s:iterator value="{'music','football','basketball'}" id="number">
  <s:property value="number" /> <br/>
</s:iterator>
```

9.3.3　Ajax 标签

Ajax 标签主要用于支持 Ajax 功能的标签，通过一种更加简单的方式来使用 Ajax 技术。运用 Ajax 标签首先要在 JSP 页面使用 taglib 指令，添加 Ajax 标签支持的功能。例如：

```
<%@ taglib prefix="ds" uri="/struts-dojo-tags" %>
```

同时，必须添加<ds:head>语句。

1. <ds:div>标签

<ds:div>标签通过 Ajax 显示从服务器获取到的数据内容。<ds:div>标签属性如表 9-21 所列。

例如：

```
<s:url var="url" value="index.jsp"></s:url>
<ds: div href="%{url}" updateFreq="100" executeScripts="true" loadingText="正在加载内容…" errorText="加载错误"></ds:div>
```

表 9-21　<ds:div>标签属性

属　性	描　述
href	处理 Ajax 请求的 URL 地址
updateFreq	重新加载的频率
executeScripts	为 true 时，表示执行 href 中的脚本
loadingText	加载内容时的提示信息
ErrorText	加载失败时的提示信息

2. <ds:a>标签

<ds:a>标签用于输出 Ajax 超链接。<ds:a>标签属性如表 9-22 所列。

表 9-22　<ds:a>标签属性

属　性	描　述
target	显示内容的标签，可以有多个
href	目标地址
formid	表单 ID，表单中的表单域会传递到 href
loadingText	加载内容时的提示信息
ErrorText	加载失败时的提示信息

例如：

```
<s:url var="url" value="index.jsp"></s:url>
<ds:a formid="x" target="a,b" href="%{url}" loadingText="正在加载内容…" errorText="加载错误">加载</ds:a>
```

3. <ds:submit>标签

<ds:submit>标签用于输出 Ajax 按钮。<ds:submit>标签属性如表 9-23 所列。

表 9-23　<ds:submit>标签属性

属　性	描　述
name	按钮名称
value	按钮显示名称
target	显示内容的标签，可以有多个
href	目标地址
formid	表单 ID，表单中的表单域会传递到 href
loadingText	加载内容时的提示信息
ErrorText	加载失败时的提示信息

例如：

```
<s:url var="url" value="index.jsp"></s:url>
<ds:submit formid="x" target="a,b" href="%{url}" loadingText="正在加载内容…" errorText="加载错误" name="okBtn" value="加载"> </ds:submit>
```

9.4 Struts2 表单验证

在 9.1.4 小节的实例中，即使用户输入空的用户名和密码，服务器也会处理用户的请求。但如果在实际应用系统中，需要向数据库中添加数据，则在后面访问数据库时，这些空记录就可能会引起系统异常。为了解决由于数据输入错误而引起的系统异常，可以在系统实现中运用表单验证方式来避免这些错误。

9.4.1 表单数据校验

使用 Struts2 进行表单数据验证，使表单验证过程变得非常方便。开发者可以将验证过程写到 Action 类的 execute 方法中，但这样使 execute 代码增多，维护起来不方便。在前面章节中我们知道 Struts2 中的 Action 类继承了 ActionSupport 类，而 ActionSupport 类实现了 Action、Validateable、ValidationAware、TextProvider、LocaleProvider 和 Serializable 接口。

Validateable 接口中包含 validate 方法，此方法可以实现数据的验证功能，但必须由开发者重新写该方法。Struts2 在调用 execute 方法时，会先执行 validate 方法，如果没有通过validate，则会抛出 fieldError，并返回 input 定义的视图，否则会继续执行 execute 方法。

例如以用户登录为例。首先建立 Struts2 Web 工程 ch9－6，并添加 Struts2 框架，然后建立登录页面 login.jsp。登录代码如下：

实例演示：(源代码位置：ch9\ch9－6\WebRoot\login.jsp)

```
<body>
  <s:form action="login.action" method="post">
    <s:textfield name="username" id="username" label="用户名"></s:textfield>
    <s:password name="password" id="password" label="密 码"></s:password>
    <s:fielderror>
        <s:param>message.info</s:param>
    </s:fielderror>
    <s:submit value="登录"></s:submit>
    <s:reset value="重置"></s:reset>
  </s:form>
</body>
```

然后建立登录控制的 Action 类。类名为 LoginAction。代码如下：

实例演示：(源代码位置：ch9\ch9－6\src\org\action\LoginAction.Java)

```
public class LoginAction extends ActionSupport{
  private String username;
  private String password;
  private String message;
  public String getUsername(){
    return username;
  }
```

```
    public void setUsername(String username){
        this.username = username;
    }
    public String getPassword(){
        return password;
    }
    public void setPassword(String password){
        this.password = password;
    }
    public String getMessage(){
        return message;
    }
    public void setMessage(String message){
        this.message=message;
    }
    // 处理请求的 execute 方法
    public String execute(){
        try{
            if (username.equals("admin") && password.equals("admin")){
                Map request=(Map)ActionContext.getContext().get("request");
                request.put("username", getUsername());
                return "success";
            }else{
                this.addFieldError("message.info","请输入正确的用户名或密码");
                return "error";
            }
        }catch(Exception e){
            e.printStackTrace();
            return "error";
        }
    }
    public void validate(){
        if(getUsername().equals("")||getPassword().equals("")){
            System.out.println(INPUT);
            this.addFieldError("message.info","用户名或密码为空!");
        }else{
                this.addActionMessage("登录成功!");
        }
    }
}
```

LoginAction 类中，message 属性为验证消息输出属性。addFieldError 方法为发送验证消息方法，通过此方法，将 message.info 验证消息发送到 login.jsp 页面的<s:param>message. info</s:param>中，并在<s:fielderror>元素中显示该验证消息。validate 方法用于验证输入的用户名或密码是否为空，System. out. println(INPUT)语句返回 input 视图。

然后修改 struts. xml 配置文件，配置文件中需要设置 input 逻辑视图。修改代码如下：

实例演示：(源代码位置：ch9\ch9－6\src\struts. xml)

```
<package name="default" namespace="/" extends="struts-default">
    <action name="login" class="org. action. LoginAction">
        <result name="success">/welcome. jsp</result>
        <result name="error">/login. jsp</result>
        <result name="input">/login. jsp</result>
    </action>
</package>
```

运行结果如图 9－5 所示。

图 9－5　Struts2 手工验证

9. 4. 2　Struts2 验证框架

上面介绍的表单数据验证是通过重写 validate 方法实现的，这种方法可以实现预期效果；但是如果不是一个提交的表单元，则要在 validate 方法中写入更多的判断语句，并且这些判断语句基本相同。

Struts2 提供了验证框架，只需要增加一个验证配置文件，就可以完成对数据的验证工作。下面介绍 Struts2 的多种验证器。

Struts2 中每一个验证器都可以是一个独立的文件，文件的命名规则为 ActionName- validation. xml，其中 ActionName 是需要验证的用户自定义的 Action 类名。例如上面的 LoginAction-validation. xml，且该文件应该与 Action 类文件位于同一路径下。如果一个 Action 类中有多个方法，则对应在 struts. xml 中有多个 Action 的配置；如果相对其中一个方法进行验证，则文件名应该是 ActionName-name-validation. xml，这里的 name 是在 struts. xml 配置中 Action 属性里的 name。下面具体介绍几种常用验证器。

1. 整数验证器

整数验证器的名称为 int，该验证器要求页面中的表单元素的整数值在指定范围内，故有

min 和 max 属性。例如要求表单元素 score 输入 1～100 的整数。代码如下：

```
<validators>
  <field name="score">
    <field-validator type="int">
      <param name="min">1</param>
      <param name="max">100</param>
      <message>Score 必须在 1 到 100 之间</message>
    </field-validator>
  </field>
</validators>
```

2. 字符串长度验证器

字符串长度验证器的名称为 stringlength，该验证器要求表单中字符串元素的长度必须在指定的范围内，属性 minLength 为字符串最小长度，属性 maxLength 为字符串最大长度。例如要求输入密码在 5～15 位之间。代码如下：

```
<validators>
  <field name="password">
    <field-validator type="stringlength">
      <param name="minLength">5</param>
      <param name="maxLength">15</param>
      <message>密码长度必须在 5～15 位之间</message>
    </field-validator>
  </field>
</validators>
```

3. 日期验证器

日期验证器的名称为 date，该验证器要求表单中日期元素必须在指定范围内，min 属性为日期的下限，max 属性为日期的上限。例如要求输入日期的下限是 2011-01-01，日期的上限是 2020-12-31。代码如下：

```
<validators>
  <field name="mydate">
    <field-validator type="date">
      <param name="min">2011-01-01</param>
      <param name="max">2020-12-31</param>
      <message>日期必须在 2011-01-01 到 2020-12-31 之间</message>
    </field-validator>
  </field>
</validators>
```

4. 邮件地址验证器

邮件地址验证器的名称为 email，该验证器要求邮件地址对应的表单元素必须符合合法的邮件地址。例如下面的邮件地址验证器。代码如下：

```
<validators>
  <field name="myemail">
    <field-validator type="email">
      <message>请输入有效的邮件地址</message>
    </field-validator>
  </field>
</validators>
```

5．必填验证器

必填验证器的名称为 required，该验证要求指定表单元素必须填写。例如下面的地址必填验证器。代码如下：

```
<validators>
  <field name="address">
    <field-validator type="required">
      <message>请输入有效地址</message>
    </field-validator>
  </field>
</validators>
```

下面以具体的实现示例，介绍 Struts2 验证框架在 Web 项目中的应用。以 9.4.1 小节中的 ch9-6 项目为例，要求用户在登录时输入 5～15 位密码。建立验证器文件的文件名为 LoginAction-validation.xml。代码如下：

实例演示：(源代码位置：ch9\ch9－6\src\org\action\LoginAction-validation.xml)

```
<? xml version="1.0" encoding="UTF-8" ? >
<! DOCTYPE validators PUBLIC "-//OpenSymphony Group//XWork Validator 1.0//EN"
"http://www.opensymphony.com/xwork/xwork-validator-1.0.2.dtd">
<validators>
  <field name="password">
    <field-validator type="stringlength">
      <param name="minLength">5</param>
      <param name="maxLength">15</param>
      <message>密码长度必须在 5 到 15 位之间</message>
    </field-validator>
  </field>
</validators>
```

其他文件不需要改变，运行项目可以看到验证结果。由此也可以看到 Struts2 框架的可扩展性非常好。

9.5　Struts2 应用举例

这一章前面主要学习了 Struts2 核心组件、Struts2 的 UI 标签和非 UI 标签，并且详细介绍了 Struts2 表单的手工验证和验证框架等知识。本节通过开发实例具体讲解这些知识的实际应用，以达到查缺补漏与巩固知识的目的。

本实例要达到的设计目标是：采用 Struts2 标签设计个人信息收集页面，并且对收集的表单信息采用 Struts2 验证框架进行有效性验证。

本实例采用 Struts2 标签设计的个人信息收集页面如图 9-6 所示。

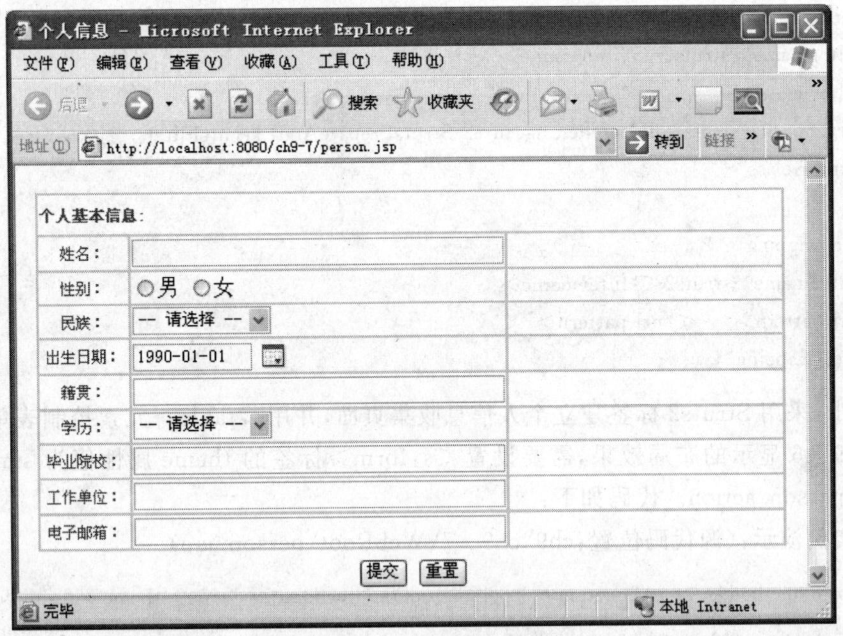

图 9-6　Struts2 手工验证

首先建立 Web 项目，项目名称为 ch9-7。然后为项目添加 Struts2 支持，如图 9-7 所示。

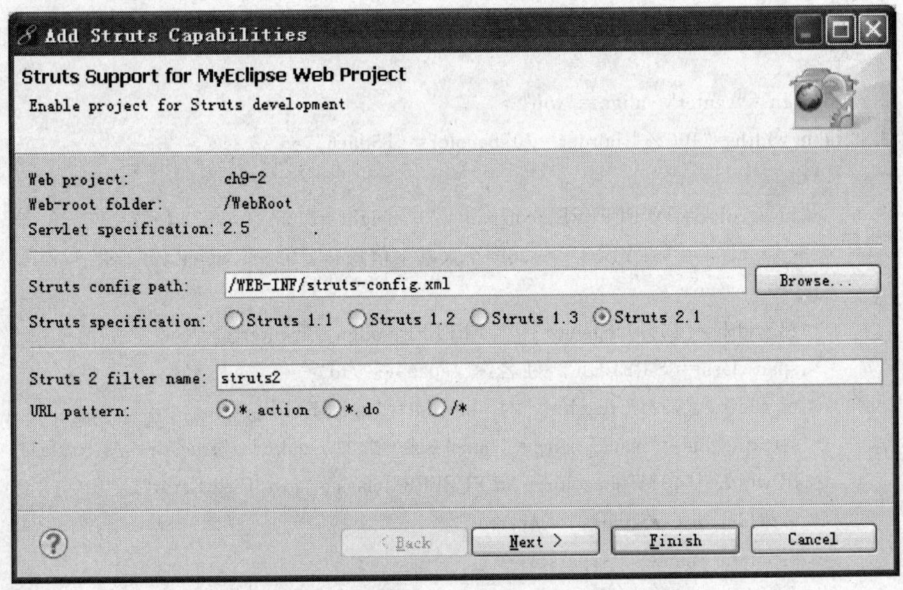

图 9-7　添加 Struts2 Capabilities 对话框

单击 Finish 按钮，完成添加 Struts2 Capabilities。

第一步：修改 web. xml 文件支持 Struts2 功能时，完成对 Filter Dispatcher 初始设置，修改的内容如下：

实例演示：(源代码位置：ch9\ch9－7\ WebRoot\WEB-INF\web. xml)

```
<filter>
  <filter-name>struts2</filter-name>
  <filter-class>
    org. apache. struts2. dispatcher. ng. filter. StrutsPrepareAndExecuteFilter
  </filter-class>
</filter>
<filter-mapping>
  <filter-name>struts2</filter-name>
  <url-pattern>/ * </url-pattern>
</filter-mapping>
```

第二步：采用 Struts2 标签建立个人信息收集页面，并用<table>元素控制表单布局。为了达到图 9－6 显示的布局效果，需要设置<s:form>标签的 theme 属性值为 simple，action 属性值为 person. action。代码如下：

实例演示：(源代码位置：ch9\ch9－7\WebRoot\person. jsp)

```
<s:form method="post" action="person. action" validate="true" theme="simple" name="
person">
    <table width="100%">
    <tr>
      <td>
      <table width="100%" height=100% border="0">
        <tr>
        <td align="center" valign="top">
        <table width="100%" border="0"bgcolor="b5d6e6">
          <tr>
            <td bgcolor="#FFFFFF" colspan="3" height="30">
            <span class="STYLE1"><b>个人基本信息:</b></span></td></tr>
          <tr>
            <td width="15%" bgcolor="#FFFFFF" align="center">
            <span class="STYLE1">姓名:</span></td>
            <td width="45%" height="24" bgcolor="#FFFFFF">
            <s:textfield id="name" name="name" size="40" required="true"></s:textfield></td>
            <td width="40%" bgcolor="#FFFFFF" class="formFieldError">
            <s:fielderror cssStyle="color:red">
            <s:param>name</s:param>
            </s:fielderror></td></tr>
          <tr>
            <td width="15%" bgcolor="#FFFFFF" align="center">
```

```
<span class="STYLE1">性别:</span></td>
<td width="45%" height="24" bgcolor="#FFFFFF">
<s:radio id="gender" name="gender" list="{'男','女'}"></s:radio></td>
<td width="40%" bgcolor="#FFFFFF">
<span class="STYLE1">
<s:fielderror><s:param>message</s:param></s:fielderror>
</span></td></tr>
<tr>
<td width="15%" bgcolor="#FFFFFF" align="center">
<span class="STYLE1">民族:</span></td>
<td width="45%" height="24" bgcolor="#FFFFFF">
<s:select id="nation" name="nation" list="{'汉族','回族','蒙古族'}" headerKey="
1" headerValue="-- 请选择 --"/></td>
<td width="40%" bgcolor="#FFFFFF">
<span class="STYLE1">
<s:fielderror>
<s:param>message.info</s:param>
</s:fielderror></span></td></tr>
<tr>
<td width="15%" bgcolor="#FFFFFF" align="center">
<span class="STYLE1">出生日期:</span></td>
<td width="45%" height="24" bgcolor="#FFFFFF">
<ds:datetimepicker name="birth" value="'1990-01-01'" displayFormat="yyyy-MM-dd"/
></td>
<td width="40%" bgcolor="#FFFFFF">
<span class="STYLE1"></span></td></tr>
<tr>
<td width="15%" bgcolor="#FFFFFF" align="center">
<span class="STYLE1">籍贯:</span></td>
<td width="45%" height="24" bgcolor="#FFFFFF">
<s:textfield id="place" name="place" size="40" required="true"></s:textfield></td>
<td width="40%" bgcolor="#FFFFFF" class="formFieldError">
<s:fielderror cssStyle="color:red;">
<s:param>place</s:param>
</s:fielderror></td></tr>
<tr>
<td width="15%" bgcolor="#FFFFFF" align="center">
<span class="STYLE1">学历:</span></td>
<td width="45%" height="24" bgcolor="#FFFFFF">
<s:select id="education" name="education" list="{'博士研究生','硕士研究生','大学
本科','专科毕业'}" headerKey="1" headerValue="-- 请选择 --"/></td>
<td width="40%" bgcolor="#FFFFFF">
<span class="STYLE1">
```

```
            <s:fielderror>
            <s:param>message.info</s:param>
            </s:fielderror>
            </span></td></tr>
          <tr>
            <td width="15%" bgcolor="#FFFFFF" align="center">
            <span class="STYLE1">毕业院校:</span></td>
            <td width="45%" height="24" bgcolor="#FFFFFF">
            <s:textfield id="school" name="school" size="40" required="true"></s:textfield>
            </td>
            <td width="40%" bgcolor="#FFFFFF" class="formFieldError">
            <s:fielderror cssStyle="color:red;">
            <s:param>school</s:param>
            </s:fielderror></td></tr>
          <tr>
            <td width="15%" bgcolor="#FFFFFF" align="center">
            <span class="STYLE1">工作单位:</span></td>
            <td width="45%" height="24" bgcolor="#FFFFFF">
            <s:textfield id="unit" name="unit" size="40" required="true"></s:textfield></td>
            <td width="40%" bgcolor="#FFFFFF" class="formFieldError">
            <s:fielderror cssStyle="color:red;">
            <s:param>unit</s:param>
            </s:fielderror></td></tr>
          <tr>
            <td width="15%" bgcolor="#FFFFFF" align="center">
            <span class="STYLE1">电子邮箱:</span></td>
            <td width="45%" height="24" bgcolor="#FFFFFF">
            <s:textfield id="email" name="email" size="40" required="true"></s:textfield></td>
            <td width="40%" bgcolor="#FFFFFF" class="formFieldError">
            <s:fielderror cssStyle="color:red;">
            <s:param>email</s:param>
            </s:fielderror>
            </td></tr></table></td></tr></table></td></tr>
    <tr>
      <td width=100% align="center" >
        <table width="100%" height=100% border="0" cellpadding="0" cellspacing="0" bgcolor
        ="b5d6e6">
          <tr>
          <td height="24"   colspan="3" bgcolor="#FFFFFF" align="center">
          <s:submit value="提交"></s:submit><s:reset value="重置"></s:reset></td>
          </tr></table></td></tr></table>
  </s:form>
```

第三步：定义个人信息表单样式，包括表单信息样式，验证输出信息样式。代码如下：

```
<style type="text/css">
  .STYLE1 {
    font-size: 12px;
    color: #03515d;
  }
  .formFieldError {
    font-family: verdana, arial, helvetica, 黑体;
    font-size: 12px;
    color: #FF3300;
    vertical-align: bottom;
  }
  .formFieldError ul{
    margin: 0px;
    padding: 3px;
    vertical-align: middle;
  }
</style>
```

第四步：建立 Action 控制器，收集页面中的个人信息，并且将个人信息转发到 result.jsp 页面中。Action 类文件名为 Person.java。代码如下：

实例演示：(源代码位置：ch9\ch9 - 7\src\com.struts2\Person.java)

```
public class Person extends ActionSupport {
  private static final long serialVersionUID = 1L;
  private String name;
  private String gender;
  private String nation;
  private String birth;
  private String place;
  private String education;
  private String school;
  private String unit;
  private String email;
  public String getName(){
    return name;
  }
  public void setName(String name){
    this.name=name;
  }
  public String getGender(){
    return gender;
  }
```

```
public void setGender(String gender){
    this.gender=gender;
}
public String getNation(){
    return nation;
}
public void setNation(String nation){
    this.nation=nation;
}
public String getBirth(){
    return birth;
}
public void setBirth(String birth){
    this.birth=birth;
}
public String getPlace(){
    return place;
}
public void setPlace(String place){
    this.place=place;
}
public String getEducation(){
    return education;
}
public void setEducation(String education){
    this.education=education;
}
public String getSchool(){
    return school;
}
public void setSchool(String school){
    this.school=school;
}
public String getUnit(){
    return unit;
}
public void setUnit(String unit){
    this.unit=unit;
}
public String getEmail(){
    return email;
}
```

```
    public void setEmail(String email){
        this.email=email;
    }
    public String execute() throws Exception{
        return SUCCESS;
    }
}
```

第五步：配置 struts.xml 文件，并在 struts.xml 文件中配置 Person 控制器与 person.jsp 页面中<s:form>的 action 属性值 person.action 的对应关系，以及页面提交成功与失败的跳转路径。配置内容如下：

实例演示：(源代码位置：ch9\ch9－7\src\struts.xml)

```
<struts>
  <package name="default" namespace="/" extends="struts-default">
    <action name="person" class="com.struts2.Person">
      <result name="success">/result.jsp</result>
      <result name="input">/person.jsp</result>
    </action>
  </package>
</struts>
```

第六步：建立 person.jsp 表单的 struts2 验证器。首先定义表单验证的验证器文件，文件的名字要与 Person 控制器统一起来，也就是验证器文件名为 Person-validation.xml，并将此文件放在 Person.java 同一目录下。实现的验证功能为：姓名不能为空，籍贯不能为空，毕业院校不能为空，工作单位不能为空，邮件地址不能为空，并且邮件地址不能有误。实现代码如下：

实例演示：(源代码位置：ch9\ch9－7\src\com.struts2\Person-validation.xml)

```
<validators>
  <field name="name">
    <field-validator type="requiredstring">
      <param name="trim">true</param>
      <message key="nameMess">姓名不能为空！</message>
    </field-validator>
  </field>
  <field name="place">
    <field-validator type="requiredstring">
      <param name="trim">true</param>
      <message key="placeMess">籍贯不能为空！</message>
    </field-validator>
  </field>
  <field name="school">
    <field-validator type="requiredstring">
```

```
            <param name="trim">true</param>
            <message key="schoolMess">毕业院校不能为空！</message>
        </field-validator>
    </field>
    <field name="unit">
        <field-validator type="requiredstring">
            <param name="trim">true</param>
            <message key="unitMess">工作单位不能为空！</message>
        </field-validator>
    </field>
    <field name="email">
        <field-validator type="requiredstring">
            <param name="trim">true</param>
            <message key="emailMess">邮件地址不能为空！</message>
        </field-validator>
        <field-validator type="email">
            <param name="fieldName">email</param>
            <message key="emailMess">邮件地址不能有误！</message>
        </field-validator>
    </field>
</validators>
```

并且在页面 person.jsp 中具有验证错误信息输出代码。如姓名的验证错误信息输出：

```
<s:fielderror cssStyle="color:red">
    <s:param>name</s:param>
</s:fielderror>
```

运行项目后，针对验证器的测试结果如图 9-8 所示。

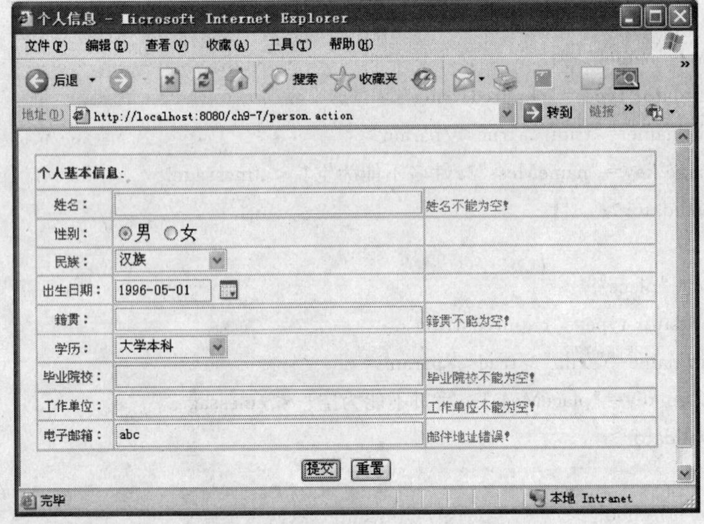

图 9-8　验证测试结果

第七步：建立个人信息提交成功后的输出页面 result.jsp，这里比较简单。代码如下：

实例演示：(源代码位置：ch9\ch9－7\WebRoot\result.jsp)

```
<body>
  <center><h7><b>提交的个人信息如下：</b></h7></center>
  <br>
  <center>
    姓名：<s:property value="name"/> <br>
    性别：<s:property value="gender"/> <br>
    民族：<s:property value="nation"/> <br>
    出生日期：<s:property value="birth"/> <br>
    籍贯：<s:property value="place"/> <br>
    学历：<s:property value="education"/> <br>
    毕业院校：<s:property value="school"/> <br>
    工作单位：<s:property value="unit"/> <br>
    Email：<s:property value="email"/> <br>
  </center>
</body>
```

第八步：解决中文乱码问题。这里 result.jsp 中输出的信息，是由 person.jsp 页面提交的，并且由 Action 控制收集，然后转发到 result.jsp 页面中，因此首先要保证 person.jsp 和 result.jsp 页面的编码类型一致。这里都采用 UTF－8 编码方式，然后定义 Struts 的编码方式，并且保存到 struts.properties 文件中。

提交个人信息成功后，result.jsp 页面运行结果如图 9－9 所示。

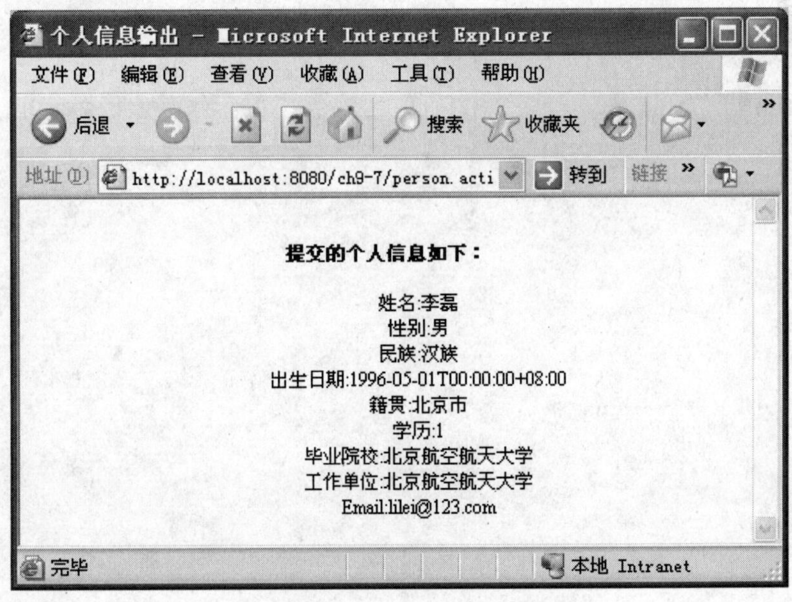

图 9－9 result.jsp 运行结果

具体代码如下：

实例演示：(源代码位置：ch9\ch9－7\src\struts. properties)

```
struts. devMode=false
struts. enable. DynamicMethodInvocation=true
struts. i18n. reload=true
struts. ui. theme=simple
struts. local=zh_CN
struts. i18n. encoding=utf-8
struts. serve. static. browserCache=false
struts. url. includeParams=none
```

9.6 习　题

1. 简述 Struts2 的体系结构。
2. 简述 Struts2 的工作原理。
3. 在 struts. xml 中配置一个简单的拦截器。
4. 查找资料，了解常用 Web 开发框架的优缺点。
5. 简述 Struts 框架的组成及相互之间的关系。
6. 了解配置文件和 JSP 页面、Action、ActionForm 之间的关系。
7. 使用 Struts 框架，实现用户登录页面，利用数据库实现验证。

第 10 章　综合应用实例

10.1　需求分析

10.1.1　系统功能分析

网上投稿管理系统可以实现网上论文投递、管理，专家审阅论文和编辑部对稿件的管理。作为一个完整的应用系统，它提供以下功能：

- 作者管理：为了保障系统的应用安全，系统提供安全的用户认证机制，包括作者注册、登录、修改个人信息和注销等功能。登录系统以后，作者可以投稿、查询稿件处理状态，以及专家给予的稿件评审意见。匿名用户没有权限使用系统的任何功能。提供访问用户注册到网上书店的功能，只有注册用户才能在网上投稿。
- 论文管理：能够实现论文文件上传、管理，将作者提交的论文信息发送给专家进行评审，并将评审结果反馈给作者。
- 专家管理：包括专家注册、登录、修改个人信息和注销等功能，登录系统以后，专家可以审阅论文稿件，并将对稿件的评审意见反馈给作者。

10.1.2　系统数据流描述

整个系统由作者、编辑部、专家三个部分组成，包含下面几个处理过程：

- 作者注册：提供投稿作者注册到论文管理的功能，只有注册作者才能在网上投稿。
- 作者登录：作者根据已注册的用户名、密码信息登录网上论文管理系统，登录后可以进行新投稿、稿件查询、稿件处理状态查询。
- 新投稿件：作者可以通过系统在网上投递论文稿件。
- 已投稿件查询：作者可以查看已经投递的稿件。
- 已投稿件状态查询：作者可以查询已投稿件的处理状态和专家的评审意见。
- 编辑部处理：将论文稿件提交给专家进行审阅，并把审阅后的论文稿件返回给作者。
- 专家注册：专家可以注册到论文管理系统，只有注册的专家才可以审阅论文稿件。
- 专家审稿：对作者投递的论文稿件进行审阅，并给出论文评审意见。

系统数据流图(DFD)如图 10－1 所示。

将系统数据流图转换为系统模块结构图，如图 10－2 所示。

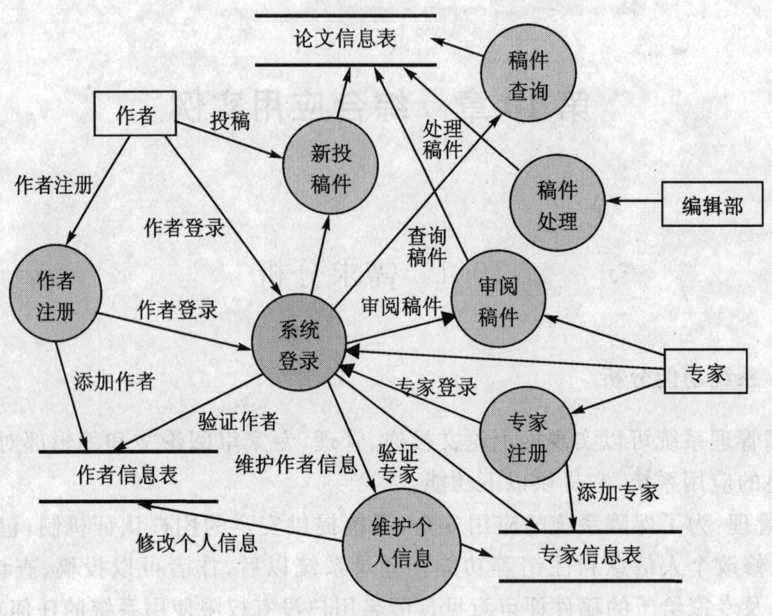

图 10－1　系统数据流图

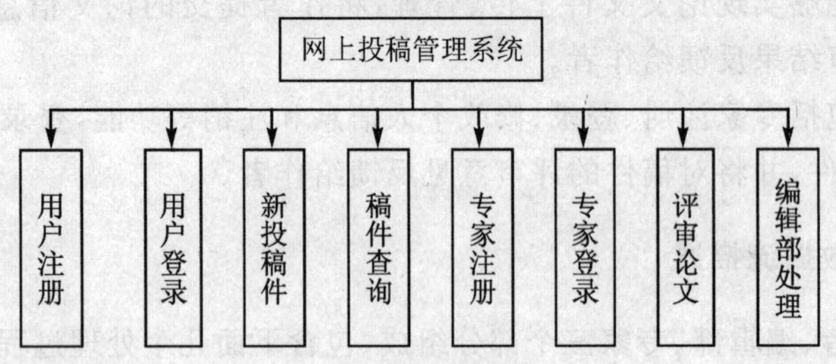

图 10－2　系统模块结构图

10.2　数据库设计

网上投稿管理系统的数据库设计至关重要，需要保存作者信息、论文稿件信息、专家信息等，采用 MySQL 数据库实现。系统中设计了如下数据表：

① 作者信息表，记录投稿作者的注册信息，包括：作者登录名、登录密码、性别、身份证号、真实姓名、学历、工作单位、邮编、联系电话、电子邮箱、研究方向、职称，如表 10－1 所列。

表 10－1　作者信息表

字段名称	数据类型	长　度	中文注释	是否为空
username	varchar	20	作者登录名	否
passwd	varchar	20	登录密码	否
sex	varchar	2	性别	否
personid	varchar	18	身份证号	否
realname	varchar	20	真实姓名	否

续表 10-1

字段名称	数据类型	长　度	中文注释	是否为空
degree	varchar	20	学历	否
unit	varchar	30	工作单位	否
zip	varchar	20	邮编	否
tel	varchar	20	联系电话	否
email	varchar	20	电子邮箱	否
research	varchar	20	研究方向	否
title	varchar	20	职称	否

实现 SQL 语句如下：

```
CREATE TABLE `author` (
  `username` varchar(20) NOT NULL,
  `passwd` varchar(20) NOT NULL,
  `sex` varchar(2) NOT NULL,
  `personid` varchar(18) NOT NULL,
  `realname` varchar(20) NOT NULL,
  `degree` varchar(20) NOT NULL,
  `unit` varchar(30) NOT NULL,
  `zip` varchar(20) NOT NULL,
  `tel` varchar(20) NOT NULL,
  `email` varchar(20) NOT NULL,
  `research` varchar(20) NOT NULL,
  `title` varchar(20) NOT NULL,
  PRIMARY KEY  (`username`)
) DEFAULT CHARSET=gbk;
```

② 论文信息表，记录稿件信息，包括：论文 ID、作者、中文题目、英文题目、中文摘要、英文摘要、关键词、所属学科、投稿栏目、论文稿件、稿件状态、评审意见，如表 10-2 所列。

表 10-2　论文信息表

字段名称	数据类型	长　度	中文注释	是否为空
paperid	varchar	4	论文 ID	否
author	varchar	20	作者	否
titleCN	varchar	50	中文题目	否
titleEN	varchar	50	英文题目	否
summaryCN	varchar	500	中文摘要	否
summaryEN	varchar	500	英文摘要	否
keyword	varchar	100	关键词	否
subject	varchar	100	所属学科	否
publish	varchar	100	投稿栏目	否
file	varchar	100	论文稿件	否
status	varchar	100	稿件状态	否
suggestion	varchar	300	评审意见	是

实现 SQL 语句如下：

```
CREATE TABLE `paper` (
  `paperid` tinyint(4) NOT NULL auto_increment,
  `author` varchar(20) NOT NULL,
  `titleCN` varchar(50) NOT NULL,
  `titleEN` varchar(50) NOT NULL,
  `summaryCN` varchar(500) NOT NULL,
  `summaryEN` varchar(500) NOT NULL,
  `keyword` varchar(100) NOT NULL,
  `subject` varchar(100) NOT NULL,
  `publish` varchar(100) NOT NULL,
  `file` varchar(100) NOT NULL,
  `status` varchar(100) NOT NULL,
  `suggestion` varchar(100) default NULL,
  PRIMARY KEY  (`paperid`)
) AUTO_INCREMENT=11 DEFAULT CHARSET=gbk;
```

③ 专家信息表，记录评审专家的注册信息，包括：作者登录名、登录密码、性别、身份证号、真实姓名、学历、工作单位、邮编、联系电话、电子邮箱、研究方向、职称，如表 10－3 所列。

表 10－3　论文信息表

字段名称	数据类型	长　度	中文注释	是否为空
username	varchar	20	专家登录名	否
passwd	varchar	20	登录密码	否
sex	varchar	2	性别	否
personid	varchar	18	身份证号	否
realname	varchar	20	真实姓名	否
degree	varchar	20	学历	否
unit	varchar	30	工作单位	否
zip	varchar	20	邮编	否
tel	varchar	20	联系电话	否
email	varchar	20	电子邮箱	否
research	varchar	20	研究方向	否
title	varchar	20	职称	否

实现 SQL 语句如下：

```
CREATE TABLE ` professor` (
  `username` varchar(20) NOT NULL,
  `passwd` varchar(20) NOT NULL,
  `sex` varchar(2) NOT NULL,
  `personid` varchar(18) NOT NULL,
  `realname` varchar(20) NOT NULL,
  `degree` varchar(20) NOT NULL,
```

```
    `unit` varchar(30) NOT NULL,
    `zip` varchar(20) NOT NULL,
    `tel` varchar(20) NOT NULL,
    `email` varchar(20) NOT NULL,
    `research` varchar(20) NOT NULL,
    `title` varchar(20) NOT NULL,
    PRIMARY KEY   (`username`)
) DEFAULT CHARSET=gbk;
```

10.3　建立项目

为了实现此综合示例项目，首先在 MyEclipse8 开发环境下建立此项目，项目名称为 ch10－1，并且为项目添加 Struts2 功能支持。具体操作是：选中项目名称 ch10－1，右击，弹出下拉菜单，选择 MyEclipse→Add Struts Capabilities…菜单命令，弹出 Add Struts Capabilities 对话框，选择 Struts specification 为 Struts 2.1，如图 10－3 所示。

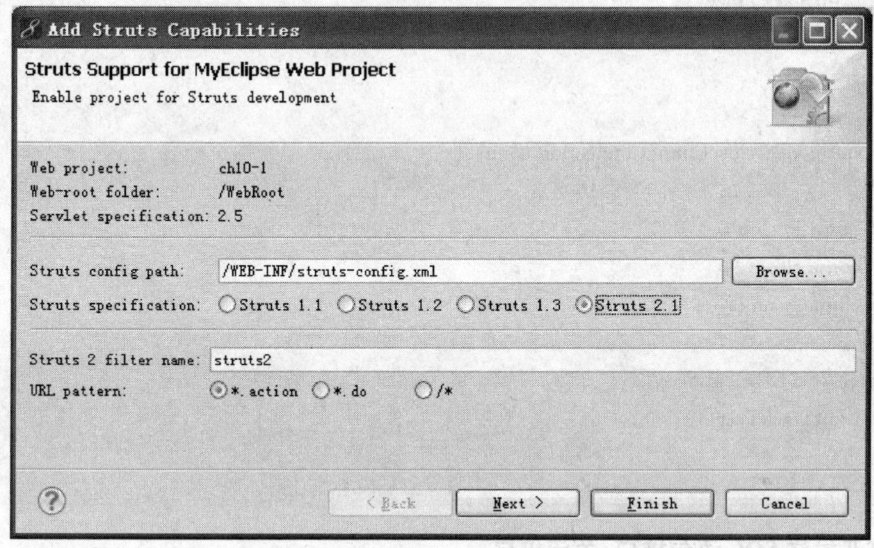

图 10－3　添加 Struts2 Capabilities 对话框

添加 Struts 功能支持后，需要在 web.xml 文件中添加 Filter Dispatcher 初始设置，在 MyEclipse8 开发环境中，不需要手工修改，添加 Struts2 功能时就会自动修改此文件。

将 MySQL 数据库的 JDBC 包添加到项目中，这里选择 mysql-connector-java-5.1.6-bin.jar 作为 JDBC 包，并将此文件复制到/WebRoot/WEB-INF/lib/目录下。

到这一步，已经建立了支持 Struts2 的 Web 项目，接下来就可以进行具体设计了。

10.4　数据库访问设计

数据库访问设计是大多数 Java Web 系统中的关键部分，也是数据存储的主要手段，本实例采用 MySQL 作为数据库,用 JDBC 链接数据库。数据库访问时通常先建立链接,然后向数据库发送 SQL 语句,最后获取所需要的数据集。在访问数据库结束后需要关闭数据集,关闭查询接口和关闭数据库链接。这里数据库名称为 paper,root 用户密码为 admin,链接类定义为 DB,具体实现如下。源代码位置:ch10\ch10-1\src\util\DB.java)。

1. 链接数据库、关闭链接

```
public static Connection getConn() {
    Connection conn = null;
    DataSource ds = null;
    try {
        Class.forName("com.mysql.jdbc.Driver");
        conn = DriverManager.getConnection ( " jdbc: mysql://localhost: 3306/paper? user = root
&password=admin");
    } catch (ClassNotFoundException e) {
        e.printStackTrace();
    } catch (SQLException e) {
        e.printStackTrace();
    }
    return conn;
}
public static void closeConn(Connection conn) {
    try {
        if(conn != null) {
            conn.close();
            conn = null;
        }
    } catch (SQLException e) {
        e.printStackTrace();
    }
}
```

2. 打开发送 SQL 语句接口、关闭接口

```
public static Statement getStatement(Connection conn) {
    Statement stmt = null;
    try {
        if(conn != null) {
            stmt = conn.createStatement();
        }
    } catch (SQLException e) {
        e.printStackTrace();
    }
    return stmt;
}
```

```
public static void closeStmt(Statement stmt) {
  try {
    if(stmt != null) {
      stmt.close();
      stmt = null;
    }
  } catch (SQLException e) {
    e.printStackTrace();
  }
}
```

3. 获取数据集、关闭数据集

```
public static ResultSet getResultSet(Statement stmt, String sql) {
  ResultSet rs = null;
  try {
    if(stmt != null) {
        rs = stmt.executeQuery(sql);
    }
  } catch (SQLException e) {
    e.printStackTrace();
  }
  return rs;
}
public static void closeRs(ResultSet rs) {
  try {
    if(rs != null) {
      rs.close();
      rs = null;
    }
  } catch (SQLException e) {
    e.printStackTrace();
  }
}
```

10.5 数据封装

MySQL 数据库中存储的数据是典型的二维关系数据，而 Java Web 系统中的数据都是以对象形式存在的。要想在 Java Web 系统中使用二维关系数据，需要将查询得到的二维关系数据以对象的形式进行封装；同样，要想将 Java Web 中的对象数据存储到数据库中，也需要将对象数据转换为二维关系数据。本实例中涉及到 author、professor 和 paper 三个数据表，相应的数据封装类定义如下。

1. author、professor 对象封装

由于 author 作者信息表和 professor 专家信息表中的字段一样，因此封装过程一样，这里以 author 为例，参考 10.2 节中 author 作者数据表的定义，将 author 信息封装为 JavaBean 形式。代码如下：

实例演示：(源代码位置：ch10\ch10－1\src\bean\Author.java)

```
public class Author {
    private String username;
    private String passwd;
    private String sex;
    private String personid;
    private String realname;
    private String degree;
    private String unit;
    private String zip;
    private String tel;
    private String email;
    private String research;
    private String title;
    public String getUsername(){
        return this.username;
    }
    public void setUsername(String username){
        this.username=username;
    }
    public String getPasswd(){
        return this.passwd;
    }
    public void setPasswd(String passwd){
        this.passwd=passwd;
    }
    public String getSex(){
        return this.sex;
    }
    public void setSex(String sex){
        this.sex=sex;
    }
    public String getPersonid(){
        return this.personid;
    }
    public void setPersonid(String personid){
        this.personid=personid;
    }
```

```
public String getRealname(){
  return this.realname;
}
public void setRealname(String realname){
  this.realname=realname;
}
public String getDegree(){
  return this.degree;
}
public void setDegree(String degree){
  this.degree=degree;
}
public String getUnit(){
  return this.unit;
}
public void setUnit(String unit){
  this.unit=unit;
}
public String getZip(){
  return this.zip;
}
public void setZip(String zip){
  this.zip=zip;
}
public String getTel(){
  return this.tel;
}
public void setTel(String tel){
  this.tel=tel;
}
public String getEmail(){
  return this.email;
}
public void setEmail(String email){
  this.email=email;
}
public String getResearch(){
  return this.research;
}
public void setResearch(String research){
  this.research=research;
}
public String getTitle(){
```

```
        return this.title;
    }
    public void setTitle(String title){
        this.title=title;
    }
}
```

2. paper 对象封装

paper 论文信息的封装方法与 author 的封装方法一样，参考 10.2 节中 paper 论文数据表的定义，将 paper 信息封装为 JavaBean 形式。代码如下：

实例演示：(源代码位置：ch10\ch10－1\src\bean\Paper.java)

```
public class Paper {
    private int paperID;
    private String author;
    private String titleCN;
    private String titleEN;
    private String summaryCN;
    private String summaryEN;
    private String keyword;
    private String subject;
    private String publish;
    private String file;
    private String status;
    public int getPaperID(){
        return this.paperID;
    }
    public void setPaperID(int paperID){
        this.paperID=paperID;
    }
    public String getAuthor(){
        return this.author;
    }
    public void setAuthor(String author){
        this.author=author;
    }
    public String getTitleCN(){
        return this.titleCN;
    }
    public void setTitleCN(String titleCN){
        this.titleCN=titleCN;
    }
    public String getTitleEN(){
        return this.titleEN;
    }
```

```
public void setTitleEN(String titleEN){
    this.titleEN=titleEN;
}
public String getSummaryCN(){
    return this.summaryCN;
}
public void setSummaryCN(String summaryCN){
    this.summaryCN=summaryCN;
}
public String getSummaryEN(){
    return this.summaryEN;
}
public void setSummaryEN(String summaryEN){
    this.summaryEN=summaryEN;
}
public String getKeyword(){
    return this.keyword;
}
public void setKeyword(String keyword){
    this.keyword=keyword;
}
public String getSubject(){
    return this.subject;
}
public void setSubject(String subject){
    this.subject=subject;
}
public String getPublish(){
    return this.publish;
}
public void setPublish(String publish){
    this.publish=publish;
}
public String getFile(){
    return this.file;
}
public void setFile(String file){
    this.file=file;
}
public String getStatus(){
    return this.status;
}
public void setStatus(String status){
```

```
        this.status=status;
    }
}
```

10.6　作者注册

10.6.1　作者注册视图

首先采用 Struts2 UI 标签实现作者注册视图。Struts2 form 表单有三种模板形式，运用 theme 属性来定义，theme 属性取值可以为 xhtml、ajax、simple。这三种模板都会自动生成一些 HTML 代码，要想自己定义视图布局，则要设置 theme 属性值为 simple，并在页面中运用 HTML 表单元素 Table 控制视图的布局。作者注册视图效果如图 10－4 所示。

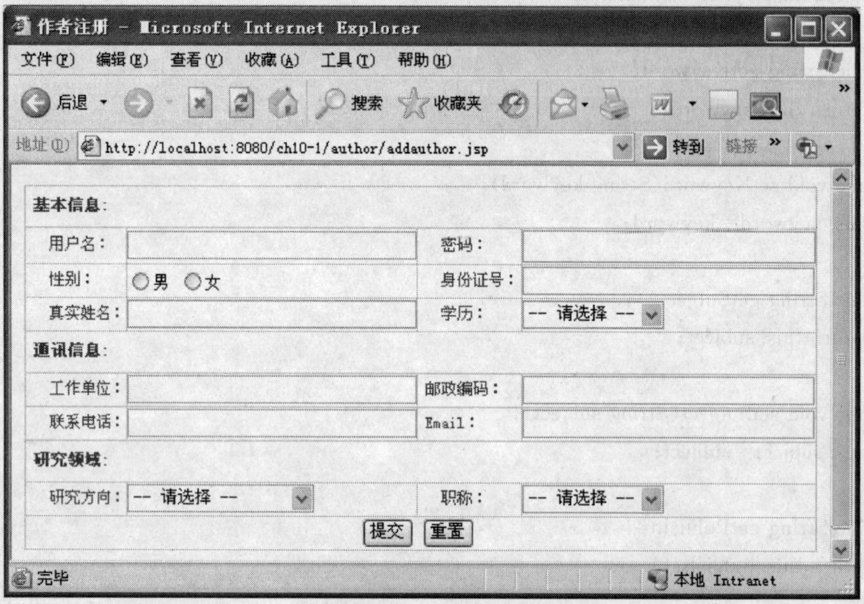

图 10－4　作者注册视图

为了保持 author 数据表字段、author 封装类属性与相应 author 注册 UI 标签元素一致，应将 author 数据字段名称、属性名称和 UI 标签元素的 name 属性一一对应。具体作者信息表单实现代码如下：

实例演示：(源代码位置：ch10\ch10－1\WebRoot\author\addauthor.jsp)

```
<s:form name="addauthor" method="post" action="addauthor.action" validate="true" theme="
simple">
    <table width="100%" border="0" cellpadding="0" cellspacing="1" bgcolor="b5d6e6">
      <tr>
        <td bgcolor="#FFFFFF" colspan="4" height="30">
        <span class="STYLE1"> <b>基本信息:</b></span></tr>
      <tr>
```

```
        <td width="5%" bgcolor="#FFFFFF">
        <span class="STYLE1">   用户名:</span></td>
        <td width="10%" height="24" bgcolor="#FFFFFF">
        <s:textfield id="username" name="username" size="30" required="true"></s:textfield>
</td>
        <td width="5%" bgcolor="#FFFFFF">
        <span class="STYLE1">   密码:</span></td>
        <td width="10%" height="24" bgcolor="#FFFFFF">
        <s:password id="passwd" name="passwd" size="33" required="true"></s:password>
        </td></tr>
      <tr>
        <td width="5%" bgcolor="#FFFFFF">
        <span class="STYLE1">   性别:</span></td>
        <td width="10%" height="24" bgcolor="#FFFFFF">
        <s:radio id="sex" name="sex" list="{'男','女'}"></s:radio></td>
        <td width="5%" height="24"  bgcolor="#FFFFFF" align="left">
        <span class="STYLE1">   身份证号:</span></td>
        <td width="10%" bgcolor="#FFFFFF">
        <s:textfield id="personid" name="personid" size="30" required="true"></s:textfield>
        </td></tr>
      <tr>
        <td width="5%" height="24"  bgcolor="#FFFFFF" align="left">
        <span class="STYLE1">   真实姓名:</span></td>
        <td width="10%" bgcolor="#FFFFFF">
        <s:textfield id="realname" name="realname" size="30" required="true"></s:textfield>
</td>
        <td width="5%" height="24"  bgcolor="#FFFFFF" align="left">
        <span class="STYLE1">   学历:</span></td>
        <td width="10%" bgcolor="#FFFFFF">
        <s:select id="degree" name="degree" list="{'博士研究生','硕士研究生','大学本科','专
科毕业'}" headerKey="1" headerValue="-- 请选择 --"/>
        </td></tr>
      <tr>
        <td bgcolor="#FFFFFF" colspan="4" height="30">
        <span class="STYLE1"> <b>通信信息:</b></span></td></tr>
      <tr>
        <td width="5%" height="24"  bgcolor="#FFFFFF">
        <span class="STYLE1">   工作单位:</span></td>
        <td width="10%" height="24" bgcolor="#FFFFFF">
        <s:textfield id="unit" name="unit" size="30" required="true"></s:textfield></td>
        <td width="5%" height="24"  bgcolor="#FFFFFF" align="left">
        <span class="STYLE1"> 邮政编码:</span></td>
        <td width="10%" bgcolor="#FFFFFF" id="check1">
```

```
        <s:textfield id="zip" name="zip" size="30" required="true"></s:textfield>
        </td></tr>
      <tr>
        <td width="5%" height="24"   bgcolor="#FFFFFF">
        <span class="STYLE1">   联系电话:</span></td>
        <td width="10%" height="24" bgcolor="#FFFFFF">
        <s:textfield id="tel" name="tel" size="30" required="true"></s:textfield></td>
        <td width="5%" height="24"   bgcolor="#FFFFFF" align="left">
        <span class="STYLE1"> Email:</span></td>
        <td width="10%" bgcolor="#FFFFFF" id="check1">
        <s:textfield id="email" name="email" size="30" required="true"></s:textfield>
        </td></tr>
      <tr>
        <td bgcolor="#FFFFFF" colspan="4"   height="30">
        <span class="STYLE1"> <b>研究领域:</b></span></td></tr>
      <tr>
        <td width="5%" height="24"   bgcolor="#FFFFFF" align="left">
        <span class="STYLE1">   研究方向:</span></td>
        <td width="10%" height="24" bgcolor="#FFFFFF">
        <s:select id="research" name="research" list="{'计算机科学基础理论','算法及其复杂性',
'计算机软件','嵌入式系统','信息系统技术'}" headerKey="1" headerValue="-- 请选择 --"/></td>
        <td width="5%" height="24"   bgcolor="#FFFFFF" align="left">
        <span class="STYLE1">   职称:</span></td>
        <td width="10%" bgcolor="#FFFFFF">
        <s:select id="title" name="title" list="{'高级职称','中级职称','初级职称','工程师'}"
headerKey="1" headerValue="-- 请选择 --"/></td></tr>
      <tr>
        <td height="24"   bgcolor="#FFFFFF" align="center" colspan="4">
        <s:submit value="提交"></s:submit><s:reset value="重置"></s:reset></td></
tr>
    </table>
  </s:form>
```

10.6.2　作者注册 Struts2 控制

当接收到作者注册表单提交的作者信息时，需要将这些信息保存到数据库中。这里采用 Struts2 Action 实现数据库链接，发送插入作者信息数据 SQL 语句，并把表单中作者信息数据存放到数据库中。作者注册 Action 类名为 AddAuthor，在 AddAuthor 中首先将表单中的信息数据一一封装到相当于 JavaBean 的属性中，然后将数据提交到数据库中，实际存储数据的过程在 Action 中的 execute 方法中实现。具体代码如下：

实例演示：(源代码位置：ch10\ch10－1\src\struts\AddAuthor.java)

```
public class AddAuthor extends ActionSupport{
  private static final long serialVersionUID = 1L;
  private String username;
  private String passwd;
  private String sex;
  private String personid;
  private String realname;
  private String degree;
  private String unit;
  private String zip;
  private String tel;
  private String email;
  private String research;
  private String title;
  public String getUsername(){
    return this.username;
  }
  public void setUsername(String username){
    this.username=username;
  }
  public String getPasswd(){
    return this.passwd;
  }
  public void setPasswd(String passwd){
    this.passwd=passwd;
  }
  public String getSex(){
    return this.sex;
  }
  public void setSex(String sex){
    this.sex=sex;
  }
  public String getPersonid(){
    return this.personid;
  }
  public void setPersonid(String personid){
    this.personid=personid;
  }
  public String getRealname(){
    return this.realname;
  }
  public void setRealname(String realname){
    this.realname=realname;
```

```
}
public String getDegree(){
   return this.degree;
}
public void setDegree(String degree){
   this.degree=degree;
}
public String getUnit(){
   return this.unit;
}
public void setUnit(String unit){
   this.unit=unit;
}
public String getZip(){
   return this.zip;
}
public void setZip(String zip){
   this.zip=zip;
}
public String getTel(){
   return this.tel;
}
public void setTel(String tel){
   this.tel=tel;
}
public String getEmail(){
   return this.email;
}
public void setEmail(String email){
   this.email=email;
}
public String getResearch(){
   return this.research;
}
public void setResearch(String research){
   this.research=research;
}
public String getTitle(){
   return this.title;
}
public void setTitle(String title){
   this.title=title;
}
```

```
    public String execute() throws Exception{
        Connection conn=null;
        PreparedStatement pstmt = null;
        String sql="insert into author(username,passwd,sex,personid,realname,degree,unit,zip, tel,
email,research,title) values(?,?,?,?,?,?,?,?,?,?,?,?)";
        try{
            conn=DB.getConn();
            pstmt = conn.prepareStatement(sql);
            pstmt.setString(1,getUsername());
            pstmt.setString(2,getPasswd());
            pstmt.setString(3,getSex());
            pstmt.setString(4,getPersonid());
            pstmt.setString(5,getRealname());
            pstmt.setString(6,getDegree());
            pstmt.setString(7,getUnit());
            pstmt.setString(8,getZip());
            pstmt.setString(9,getTel());
            pstmt.setString(10,getEmail());
            pstmt.setString(11,getResearch());
            pstmt.setString(12,getTitle());

            pstmt.executeUpdate();
        }catch(SQLException e){
            e.printStackTrace();
            return INPUT;
        }
        return SUCCESS;
    }
}
```

建立 AddAuthor 控制类后，需要在 struts.xml 文件中进行配置。代码如下：

```
<action name="addauthor" class="struts.AddAuthor">
  <result name="success">/author/index.jsp</result>
  <result name="input">/author/addauthor.jsp</result>
</action>
```

action 的 name 属性值为 addauthor，作者注册表单<s:form>的 action 属性值为 addauthor.action，并且指定实现类为 AddAuthor。这样表单、控制器以及实现类就对应一致了。

10.6.3　作者注册表单验证

由前面所学知识可知，Struts2 下面的表单验证有两种方式：手工表单验证和 Struts2 表单验证框架。为了进一步加深对所学的 Struts2 技术的理解，这里采用表单验证框架实现作者注册的表单验证功能。

首先按照前面所学内容，定义一个作者注册表单验证的验证器文件，文件的名字要与 AddAuthor 控制器统一起来，也就是验证器文件名为 AddAuthor-validation. xml，并将此文件放在 AddAuthor 同一目录下。实现的验证功能为：用户名不能为空；密码不能为空，并且长度在 6～15 位字符之间；身份证号码不能为空，并且长度为 18 位；真实姓名、工作单位、邮政编码、联系电话不能为空；邮件地址不能为空，且邮件地址不能有误。实现代码如下：

实例演示：(源代码位置：ch10\ch10－1\src\struts\AddAuthor-validation. xml)

```
<validators>
  <field name="username">
    <field-validator type="requiredstring">
      <param name="trim">true</param>
      <message key="nameMess">用户名不能为空！</message>
    </field-validator>
  </field>
  <field name="passwd">
    <field-validator type="requiredstring">
      <param name="trim">true</param>
      <message key="passwdMess">密码不能为空！</message>
    </field-validator>
    <field-validator type="stringlength">
      <param name="minLength">6</param>
      <param name="maxLength">15</param>
      <message key="passwdMess">密码长度必须在 6～15 位字符之间！</message>
    </field-validator>
  </field>
  <field name="personid">
    <field-validator type="requiredstring">
      <param name="trim">true</param>
      <message key="personidMess">身份证号码不能为空！</message>
    </field-validator>
    <field-validator type="stringlength">
      <param name="minLength">18</param>
      <param name="maxLength">18</param>
      <message key="personidMess">身份证号码必须 18 位！</message>
    </field-validator>
  </field>
  <field name="realname">
    <field-validator type="requiredstring">
      <param name="trim">true</param>
      <message key="realnameMess">真实姓名不能为空！</message>
    </field-validator>
  </field>
  <field name="unit">
```

```
    <field-validator type="requiredstring">
        <param name="trim">true</param>
        <message key="unitMess">工作单位不能为空！</message>
    </field-validator>
  </field>
  <field name="zip">
    <field-validator type="requiredstring">
        <param name="trim">true</param>
        <message key="zipMess">邮政编码不能为空！</message>
    </field-validator>
  </field>
  <field name="tel">
    <field-validator type="requiredstring">
        <param name="trim">true</param>
        <message key="telMess">联系电话不能为空！</message>
    </field-validator>
  </field>
  <field name="email">
    <field-validator type="requiredstring">
        <param name="trim">true</param>
        <message key="emailMess">邮件地址不能为空！</message>
    </field-validator>
    <field-validator type="email">
        <param name="fieldName">email</param>
        <message key="emailMess">邮件地址不能有误！</message>
    </field-validator>
  </field>
</validators>
```

建立作者注册验证器文件后，接下来需要在作者注册视图中，添加输出验证信息的 Struts2 标签元素，在标签元素中运用<s:param>子元素输出验证信息。实现代码如下：

实例演示：(源代码位置：ch10\ch10-1\WebRoot\author\addauthor.jsp)

```
<s:fielderror cssStyle="color:red">
    <s:param>username</s:param>
</s:fielderror>
<s:fielderror cssStyle="color:red">
    <s:param>passwd</s:param>
</s:fielderror>
<s:fielderror cssStyle="color:red">
    <s:param>personid</s:param>
</s:fielderror>
<s:fielderror cssStyle="color:red">
    <s:param>realname</s:param>
```

```
</s:fielderror>
<s:fielderror cssStyle="color:red">
    <s:param>unit</s:param>
</s:fielderror>
<s:fielderror cssStyle="color:red">
    <s:param>zip</s:param>
</s:fielderror>
<s:fielderror cssStyle="color:red">
    <s:param>tel</s:param>
</s:fielderror>
<s:fielderror cssStyle="color:red">
    <s:param>email</s:param>
</s:fielderror>
```

10.7 作者登录

10.7.1 作者登录视图

首先采用 Struts2 UI 标签实现作者登录视图，并在页面中运用 HTML 表单元素 Table 控制视图的布局。作者登录视图效果如图 10-5 所示。

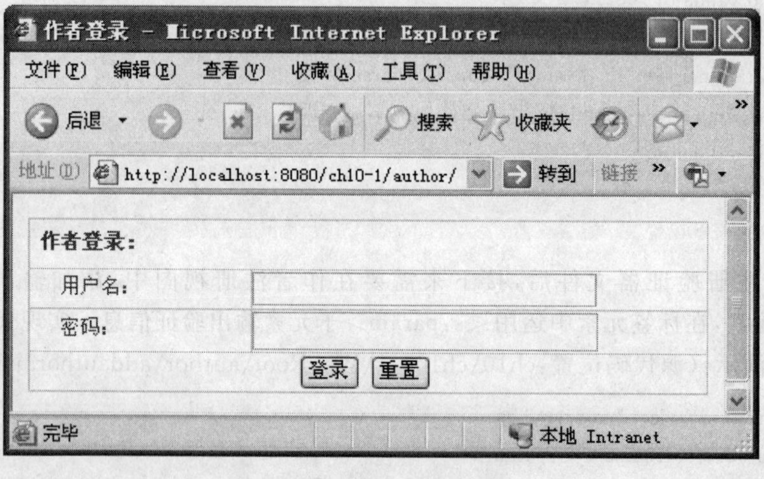

图 10-5 作者登录视图

具体作者登录表单实现代码如下：

实例演示：(源代码位置：ch10\ch10-1\WebRoot\author\index.jsp)

```
<s:form name="authorlogin" method="post" action="authorlogin.action" validate="true" theme="simple">
    <table border="0" cellpadding="0" cellspacing="1" bgcolor="b5d6e6">
      <tr>
        <td bgcolor="#FFFFFF" colspan="2" height="30">
```

```
    <span class="STYLE1"> <b>作者登录:</b></span></td></tr>
  <tr>
  <td width="5%" bgcolor="#FFFFFF">
    <span class="STYLE1">   用户名:</span></td>
    <td width="10%" height="24" bgcolor="#FFFFFF">
  <s:textfield id="username" name="username" size="30" required="true"></s:textfield>
  </td></tr>
  <tr>
    <td width="5%" bgcolor="#FFFFFF">
    <span class="STYLE1">   密码:</span></td>
    <td width="10%" height="24" bgcolor="#FFFFFF">
    <s:password id="passwd" name="passwd" size="33" required="true"></s:password>
    </td></tr>
  <tr>
    <td height="24"  bgcolor="#FFFFFF" align="center" colspan="2">
    <s:submit value="登录"></s:submit><s:reset value="重置"></s:reset>
    </td></tr>
 </table>
</s:form>
```

10.7.2　作者登录 Struts2 控制

当作者输入用户名和密码后,Action 需要按照用户名查询数据库,如果存在,则返回这里的作者信息;如果不存在,则要求作者重新输入。当作者输入正确的用户名和密码后,将用户名存入此次会话,进入新投稿视图。作者登录的 Action 类名为 AuthorLogin。具体实现代码如下:

实例演示:(源代码位置:ch10\ch10-1\src\struts\AuthorLogin.java)

```
public class AuthorLogin extends ActionSupport implements ServletRequestAware, ServletResponseA-
ware{
  private static final long serialVersionUID = 1L;
  private HttpServletRequest request;
  private HttpServletResponse response;
  private String username;
  private String passwd;
  public void setServletRequest(HttpServletRequest request){
    this.request=request;
  }
  public void setServletResponse(HttpServletResponse response){
    this.response=response;
  }
  public String getUsername(){
    return username;
```

```
    }
    public void setUsername(String username){
        this.username = username;
    }
    public String getPasswd(){
        return passwd;
    }
    public void setPasswd(String passwd){
        this.passwd = passwd;
    }
    public String execute(){
        Connection conn=null;
        PreparedStatement pstmt = null;
        ResultSet rs = null;
        String sql="select * from author where username=? and passwd=?";
        try{
            HttpSession session=request.getSession();
            conn=DB.getConn();
            pstmt = conn.prepareStatement(sql);
            pstmt.setString(1,getUsername());
            pstmt.setString(2,getPasswd());
            rs=pstmt.executeQuery();
            if(rs.next()){
                session.setAttribute("username", getUsername());
                return SUCCESS;
            }else{
                return INPUT;
            }
        }catch(SQLException e){
            e.printStackTrace();
            return INPUT;
        }
    }
}
```

建立 AuthorLogin 控制类后，需要在 struts.xml 文件中进行配置。代码如下：

```
<action name="authorlogin" class="struts.AuthorLogin">
    <result name="success">/author/newpaper.jsp</result>
    <result name="input">/author/index.jsp</result>
</action>
```

action 的 name 属性值为 authorlogin，作者登录表单<s:form>的 action 属性值为 authorlogin.action，并且指定实现类为 AuthorLogin，登录表单、控制器以及实现类对应一致。

10.7.3 作者登录表单验证

首先定义一个作者登录表单验证的验证器文件，文件的名字要与 AuthorLogin 控制器统一起来，也就是验证器文件名为 AuthorLogin-validation. xml，并将此文件放在 AuthorLogin 同一目录下。实现的验证功能为：用户名不能为空；密码不能为空，并且长度在 6～15 位字符之间。实现代码如下：

实例演示：(源代码位置：ch10\ch10－1\src\struts\AuthorLogin-validation. xml)

```
<validators>
  <field name="username">
    <field-validator type="requiredstring">
      <param name="trim">true</param>
      <message key="nameMess">用户名不能为空！</message>
    </field-validator>
  </field>
  <field name="passwd">
    <field-validator type="requiredstring">
      <param name="trim">true</param>
      <message key="passwdMess">密码不能为空！</message>
    </field-validator>
    <field-validator type="stringlength">
      <param name="minLength">6</param>
      <param name="maxLength">15</param>
      <message key="passwdMess">密码长度必须在 6～15 位字符之间！</message>
    </field-validator>
  </field>
</validators>
```

建立作者登录验证器文件后，接下来需要在作者登录视图中，添加输出验证信息的 Struts2 标签元素，在标签元素中运用<s:param>子元素输出验证信息。实现代码如下：

```
<s:fielderror cssStyle="color:red">
    <s:param>username</s:param>
</s:fielderror>
<s:fielderror cssStyle="color:red">
    <s:param>passwd</s:param>
</s:fielderror>
```

10.8 作者投稿管理

10.8.1 新投稿件视图

首先采用 Struts2 UI 标签实现新投稿件视图，并在页面中运用 HTML 表单元素 Table

控制视图的布局。视图中包含表单验证信息输出标签。新投稿件视图效果如图 10 - 6 所示。

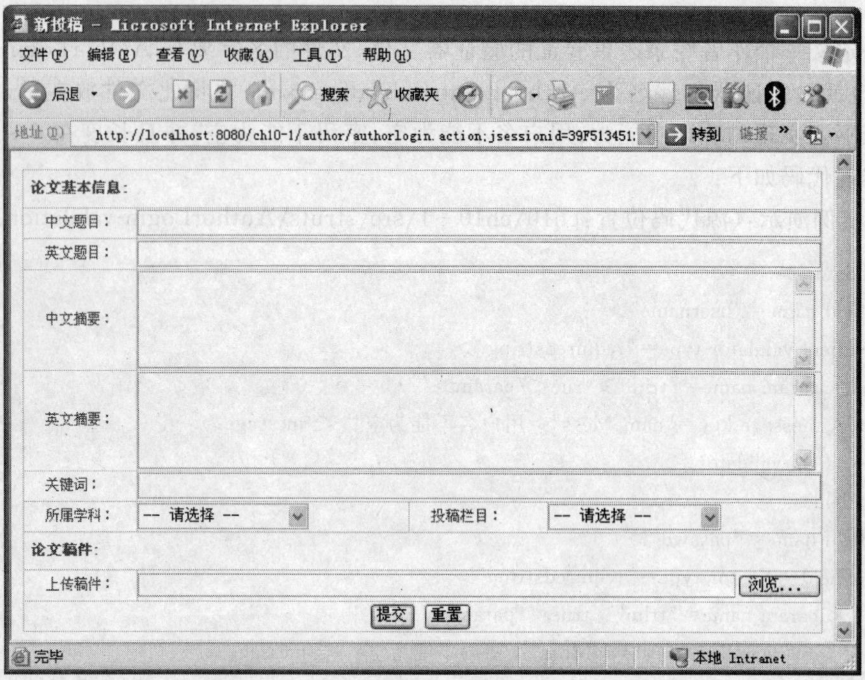

图 10 - 6　新投稿视图

具体新投稿件表单实现代码如下：

实例演示：(源代码位置：ch10\ch10 - 1\WebRoot\author\newpaper. jsp)

```
<s:form name="newpaper" method="post" action="newpaper.action" validate="true" theme="simple">
    <table width="100%" border="0" cellpadding="0" cellspacing="1" bgcolor="b5d6e6">
    <tr>
      <td bgcolor="#FFFFFF" colspan="4" height="30">
      <span class="STYLE1"> <b>论文基本信息：</b></span>
      </td></tr>
    <tr>
      <td width="5%" bgcolor="#FFFFFF">
      <span class="STYLE1">   中文题目：</span></td>
      <td width="10%" height="24" bgcolor="#FFFFFF" colspan="3">
      <s:textfield id="titleCN" name="titleCN" size="80" required="true"></s:textfield>
      <s:fielderror cssStyle="color:red;">
      <s:param>titleCN</s:param>
      </s:fielderror>
      </td></tr>
    <tr>
      <td width="5%" bgcolor="#FFFFFF">
      <span class="STYLE1">   英文题目：</span></td>
```

```
        <td width="10%" height="24" bgcolor="#FFFFFF" colspan="3">
        <s:textfield id="titleEN" name="titleEN" size="80" required="true"></s:textfield>
        <s:fielderror cssStyle="color:red;">
        <s:param>titleEN</s:param>
        </s:fielderror>
        </td></tr>
      <tr>
        <td width="5%" bgcolor="#FFFFFF">
        <span class="STYLE1">   中文摘要:</span></td>
        <td width="10%" height="24" bgcolor="#FFFFFF" colspan="3">
        <s:textarea id="summaryCN" name="summaryCN" cols="78" rows="5" required="true">
</s:textarea>
        <s:fielderror cssStyle="color:red;">
        <s:param>summaryCN</s:param>
        </s:fielderror>
        </td></tr>
      <tr>
        <td width="5%" bgcolor="#FFFFFF">
        <span class="STYLE1">   英文摘要:</span></td>
        <td width="10%" height="24" bgcolor="#FFFFFF" colspan="3">
        <s:textarea id="summaryEN" name="summaryEN" cols="78" rows="5" required="true">
</s:textarea>
        <s:fielderror cssStyle="color:red;">
        <s:param>summaryEN</s:param>
        </s:fielderror>
        </td></tr>
      <tr>
        <td width="5%" bgcolor="#FFFFFF">
        <span class="STYLE1">   关键词:</span></td>
        <td width="10%" height="24" bgcolor="#FFFFFF" colspan="3">
        <s:textfield id="keyword" name="keyword" size="80" required="true"></s:textfield>
        <s:fielderror cssStyle="color:red;">
        <s:param>keyword</s:param>
        </s:fielderror>
        </td></tr>
      <tr>
        <td width="5%" height="24"  bgcolor="#FFFFFF" align="left">
        <span class="STYLE1">   所属学科:</span></td>
        <td width="10%" height="24" bgcolor="#FFFFFF">
        <s:select id="subject" name="subject" list="{'计算机科学基础理论','算法及其复杂性','计
算机软件','嵌入式系统','信息系统技术'}" headerKey="1" headerValue="-- 请选择 --"/></td>
        <td width="5%" height="24"  bgcolor="#FFFFFF" align="left">
        <span class="STYLE1">   投稿栏目:</span></td>
```

```
<td width="10%" height="24" bgcolor="#FFFFFF">
<s:select id="publish" name="publish" list="{'计算机科学基础理论','算法及其复杂性','计算机软件','嵌入式系统','信息系统技术'}" headerKey="1" headerValue="-- 请选择 --"/>
</td></tr>
<tr>
<td bgcolor="#FFFFFF" colspan="4" height="30">
<span class="STYLE1"> <b>论文稿件:</b></span>
</td></tr>
<tr>
<td width="5%" height="24"  bgcolor="#FFFFFF">
<span class="STYLE1">   上传稿件:</span></td>
<td width="10%" height="24" bgcolor="#FFFFFF" colspan="3">
<s:file id="file" name="file" size="70" required="true"></s:file>
<s:fielderror cssStyle="color:red;">
<s:param>file</s:param>
</s:fielderror>
</td></tr>
<tr>
<td height="24"  bgcolor="#FFFFFF" align="center" colspan="4">
<s:submit value="提交"></s:submit><s:reset value="重置"></s:reset>
</td></tr>
</table>
</s:form>
```

10.8.2　新投稿件 Struts2 控制

当作者输入新投稿件信息后，Action 获取会话中的用户名，然后将新投稿件信息存储到数据库中，显示已投稿件列表，新投稿件的 Action 类名为 NewPaper。具体实现代码如下：

实例演示：(源代码位置：ch10\ch10－1\src\struts\NewPaper.java)

```
public class NewPaper extends ActionSupport implements ServletRequestAware, ServletResponseAware{
  private static final long serialVersionUID = 1L;
  private HttpServletRequest request;
  private HttpServletResponse response;
  private String paperID;
  private String author;
  private String titleCN;
  private String titleEN;
  private String summaryCN;
  private String summaryEN;
  private String keyword;
  private String subject;
  private String publish;
  private String file;
```

```
private String status;
public void setServletRequest(HttpServletRequest request){
  this.request=request;
}
public void setServletResponse(HttpServletResponse response){
  this.response=response;
}
public String getPaperID(){
  return this.paperID;
}
public void setPaperID(String paperID){
  this.paperID=paperID;
}
public String getAuthor(){
  return this.author;
}
public void setAuthor(String author){
  this.author=author;
}
public String getTitleCN(){
  return this.titleCN;
}
public void setTitleCN(String titleCN){
  this.titleCN=titleCN;
}
public String getTitleEN(){
  return this.titleEN;
}
public void setTitleEN(String titleEN){
  this.titleEN=titleEN;
}
public String getSummaryCN(){
  return this.summaryCN;
}
public void setSummaryCN(String summaryCN){
  this.summaryCN=summaryCN;
}
public String getSummaryEN(){
  return this.summaryEN;
}
public void setSummaryEN(String summaryEN){
  this.summaryEN=summaryEN;
}
```

```
    public String getKeyword(){
        return this.keyword;
    }
    public void setKeyword(String keyword){
        this.keyword=keyword;
    }
    public String getSubject(){
        return this.subject;
    }
    public void setSubject(String subject){
        this.subject=subject;
    }
    public String getPublish(){
        return this.publish;
    }
    public void setPublish(String publish){
        this.publish=publish;
    }
    public String getFile(){
        return this.file;
    }
    public void setFile(String file){
        this.file=file;
    }
    public String getStatus(){
        return this.status;
    }
    public void setStatus(String status){
        this.status=status;
    }
    public String execute() throws Exception{
        Connection conn=null;
        PreparedStatement pstmt = null;
        String sql = "insert into paper(paperid,author,titleCN,titleEN,summaryCN,summaryEN,key-
word,subject,publish,file,status) values(?,?,?,?,?,?,?,?,?,?,?)";
        try{
            HttpSession session=request.getSession();
            String username=(String)session.getAttribute("username");
            setAuthor(username);
            setStatus("新投稿");
            conn=DB.getConn();
            pstmt = conn.prepareStatement(sql);
            pstmt.setString(1,getPaperID());
```

```
            pstmt.setString(2,getAuthor());
            pstmt.setString(3,getTitleCN());
            pstmt.setString(4,getTitleEN());
            pstmt.setString(5,getSummaryCN());
            pstmt.setString(6,getSummaryEN());
            pstmt.setString(7,getKeyword());
            pstmt.setString(8,getSubject());
            pstmt.setString(9,getPublish());
            pstmt.setString(10,getFile());
            pstmt.setString(11,getStatus());
            pstmt.executeUpdate();
        }catch(SQLException e){
            e.printStackTrace();
            return INPUT;
        }
        return SUCCESS;
    }
}
```

建立 NewPaper 控制类后，需要在 struts.xml 文件中进行配置。代码如下：

```
<action name="newpaper" class="struts.NewPaper">
  <result name="success" type="redirectAction">paperlist.action</result>
  <result name="input">/author/newpaper.jsp</result>
</action>
```

action 的 name 属性值为 newpaper，新投稿件表单<s:form>的 action 属性值为 newpaper.action，并且指定实现类为 NewPaper，新投稿件表单、控制器以及实现类要对应一致。新投稿件处理成功后跳转到已投稿件列表 Action。

10.8.3　新投稿件表单验证

首先定义一个新投稿件表单验证的验证器文件，文件的名字要与 NewPaper 控制器统一起来，也就是验证器文件名为 NewPaper-validation.xml，并将此文件放在 NewPaper 同一目录下。实现的验证功能为：论文中文标题不能为空；论文英文标题不能为空；中文摘要不能为空；英文摘要不能为空；工作单位不能为空；上传稿件不能为空。实现代码如下：

实例演示：(源代码位置：ch10\ch10－1\src\struts\NewPaper-validation.xml)

```
<validators>
  <field name="titleCN">
    <field-validator type="requiredstring">
      <param name="trim">true</param>
      <message key="titleCNMess">论文中文标题不能为空！</message>
    </field-validator>
  </field>
```

```
<field name="titleEN">
  <field-validator type="requiredstring">
    <param name="trim">true</param>
    <message key="titleENMess">论文英文标题不能为空！</message>
  </field-validator>
</field>
<field name="summaryCN">
  <field-validator type="requiredstring">
    <param name="trim">true</param>
    <message key="summaryCNMess">中文摘要不能为空！</message>
  </field-validator>
</field>
<field name="summaryEN">
  <field-validator type="requiredstring">
    <param name="trim">true</param>
    <message key="summaryENMess">英文摘要不能为空！</message>
  </field-validator>
</field>
<field name="keyword">
  <field-validator type="requiredstring">
    <param name="trim">true</param>
    <message key="keywordMess">工作单位不能为空！</message>
  </field-validator>
</field>
<field name="file">
  <field-validator type="requiredstring">
    <param name="trim">true</param>
    <message key="fileMess">上传稿件不能为空！</message>
  </field-validator>
</field>
</validators>
```

10.8.4　已投稿件列表 Struts2 控制

当作者输入新投稿件信息后，将新投稿件信息存储到数据库中，然后调用 PaperList 控制器显示已投稿件列表。PaperList 中生成已投稿件记录集，并在已投稿件视图中显示此记录集。具体实现代码如下：

实例演示：(源代码位置：ch10\ch10－1\src\struts\PaperList. java)

```
public class PaperList extends ActionSupport implements ServletRequestAware, ServletResponseAware{
  private static final long serialVersionUID = 1L;
  private HttpServletRequest request;
  private HttpServletResponse response;
```

```
    public void setServletRequest(HttpServletRequest request){
      this.request=request;
    }
    public void setServletResponse(HttpServletResponse response){
      this.response=response;
    }
    public String execute() throws Exception{
      List papers=new ArrayList();
      Connection conn=null;
      PreparedStatement pstmt = null;
      ResultSet rs = null;
      String sql="select * from paper";
      HttpSession session=request.getSession();
      try{
        conn=DB.getConn();
        pstmt = conn.prepareStatement(sql);
        rs=pstmt.executeQuery();
        while (rs.next()) {
          Paper paper=new Paper();
          paper.setPaperID(rs.getInt("paperID"));
          paper.setAuthor(rs.getString("author"));
          paper.setTitleCN(rs.getString("titleCN"));
          paper.setTitleEN(rs.getString("titleEN"));
          paper.setSummaryCN(rs.getString("summaryCN"));
          paper.setSummaryEN(rs.getString("summaryEN"));
          paper.setKeyword(rs.getString("keyword"));
          paper.setSubject(rs.getString("subject"));
          paper.setPublish(rs.getString("publish"));
          paper.setFile(rs.getString("file"));
          paper.setStatus(rs.getString("status"));
          papers.add(paper);
        }
      }catch(SQLException e){
        e.printStackTrace();
        return INPUT;
      }
        session.setAttribute("papers", papers);
        return SUCCESS;
    }
  }
```

建立 PaperList 控制类后，需要在 struts.xml 文件中进行配置。代码如下：

```
<action name="paperlist" class="struts.PaperList">
  <result name="success">/author/paperlist.jsp</result>
  <result name="input">/author/index.jsp</result>
</action>
```

10.8.5 已投稿件列表视图

在 PaperList 控制器中获取已投稿件记录后，将记录集传递给已投稿件视图，并在视图中按照格式显示，如图 10-7 所示。

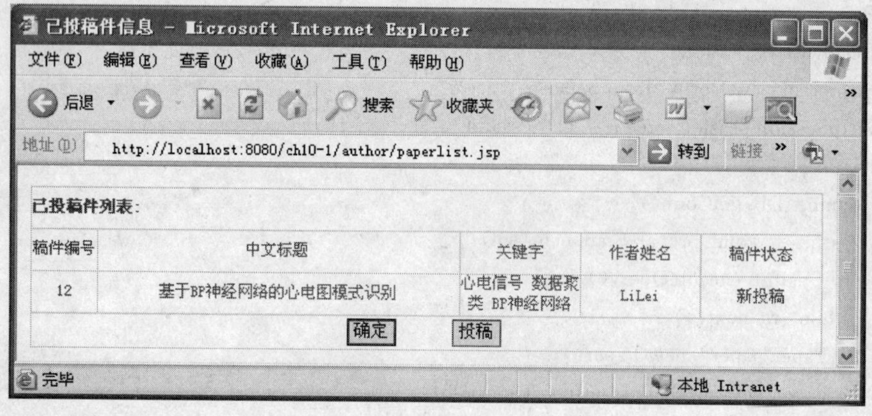

图 10-7 已投稿件列表视图

具体实现代码如下：

实例演示：(源代码位置：ch10\ch10-1\WebRoot\author\paperlist.jsp)

```
<s:form name="paperlist" theme="simple">
  <table width="100%" border="0" cellpadding="0" cellspacing="1" bgcolor="b5d6e6">
    <tr>
    <td bgcolor="#FFFFFF" colspan="5" height="30">
    <span class="STYLE1"> <b>已投稿件列表:</b></span>
    </td></tr>
    <tr>
      <td width="5%" bgcolor="#FFFFFF" height="30" align="center">
        <span class="STYLE1">稿件编号</span>
      </td>
      <td width="30%" bgcolor="#FFFFFF" align="center">
        <span class="STYLE1">中文标题</span>
      </td>
      <td width="10%" bgcolor="#FFFFFF" align="center">
        <span class="STYLE1">关键字</span>
      </td>
      <td width="10%" bgcolor="#FFFFFF" align="center">
        <span class="STYLE1">作者姓名</span>
```

```
        </td>
        <td width="10%" bgcolor="#FFFFFF" align="center">
          <span class="STYLE1">稿件状态</span>
        </td></tr>
      <s:iterator value="#session.papers"id="papers">
        <tr>
          <td width="5%" bgcolor="#FFFFFF" height="30" align="center">
              <span class="STYLE1"><s:property value="#papers.paperID" /></span>
          </td>
          <td width="30%" bgcolor="#FFFFFF" align="center">
              <span class="STYLE1"><s:property value="#papers.titleCN" /></span>
          </td>
          <td width="10%" bgcolor="#FFFFFF" align="center">
              <span class="STYLE1"><s:property value="#papers.keyword" /></span>
          </td>
          <td width="10%" bgcolor="#FFFFFF" align="center">
              <span class="STYLE1"><s:property value="#papers.author"/></span>
          </td>
          <td width="10%" bgcolor="#FFFFFF" align="center">
              <span class="STYLE1"><s:property value="#papers.status"/></span>
          </td>
        </tr>
      </s:iterator>
      <tr>
        <td height="24"  bgcolor="#FFFFFF" align="center" colspan="5">
        <INPUT style="CURSOR: hand"  type="submit" value=确定>
           <INPUT style="CURSOR: hand" type=reset value=投稿>
      </td></tr>
    </table>
  </s:form>
```

10.9　专家注册和登录

10.9.1　专家注册

由于在数据库中专家信息表和作者信息表一样，因此专家注册的信息也跟作者注册的信息一样，那么专家注册视图中的表单元素也是一样的，所不同的是表单元素的布局。因此这里不再重复给出专家注册视图的代码。如图 10-8 所示，专家注册视图代码源文件位于 ch10\ch10-1\WebRoot\professor\ addprofessor.jsp。

专家注册 Struts2 控制的 Action 类，与作者注册的 Action 类实现相同，这里不再给出代码，源文件位于 ch10\ch10-1\src\struts\AddProfessor.java。

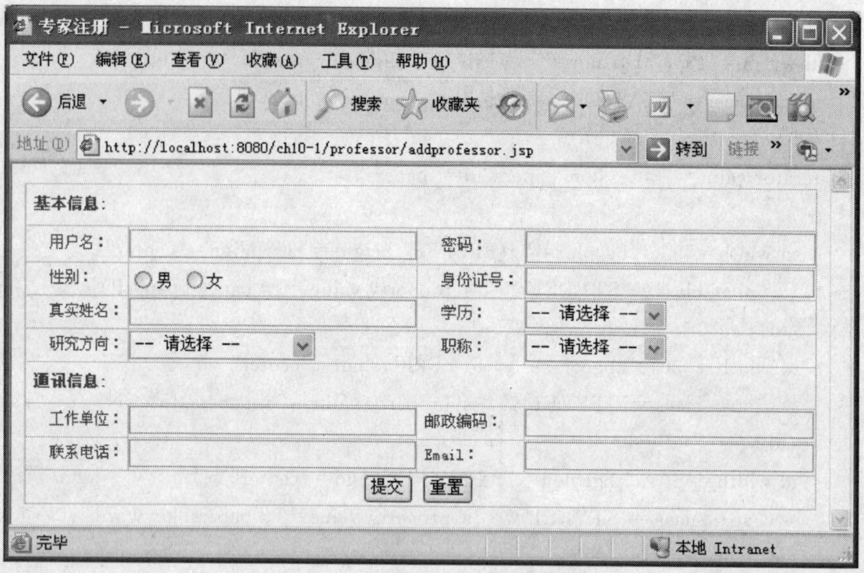

图 10-8 专家注册视图

与之对应的表单验证器文件为 AddProfessor-validation. xml，位于 ch10\ch10-1\src\struts\目录中。

10.9.2 专家登录

专家登录的实现方式与作者登录的实现方式一样，以用户名和密码作为登录合法性的验证手段，登录视图的实现代码与作者登录视图的实现代码基本一致，这里不再详细给出，源文件位于 ch10\ch10-1\WebRoot\professor\ index. jsp。专家登录视图如图 10-9 所示。

图 10-9 专家登录视图

专家登录 Struts2 控制的 Action 类，与作者登录的 Action 类实现相同，这里不再给出代码，源文件位于 ch10\ch10-1\src\struts\ProfessorLogin. java。

与之对应的表单验证器文件为 ProfessorLogin-validation. xml，位于 ch10\ch10-1\src\struts\目录中。

10.10 专家评审

10.10.1 待审稿件列表视图

在专家评审稿件时，首先要将待评审的论文稿件列表显示出来，然后需要在稿件编号处提供评审链接。待评审稿件列表视图如图 10－10 所示。

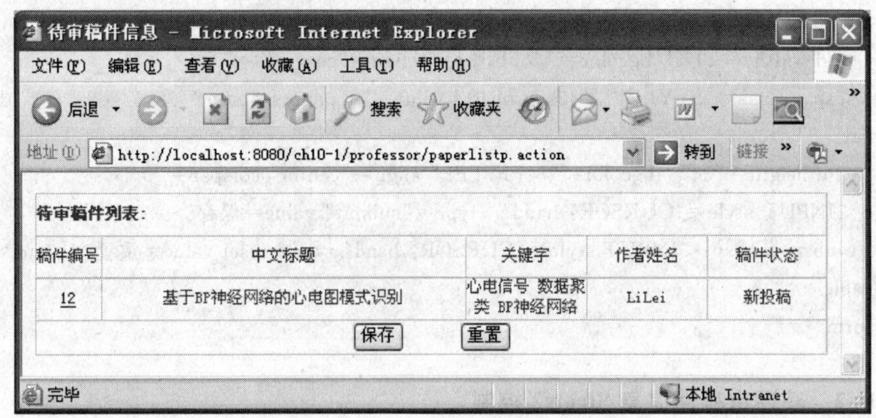

图 10－10 待评审稿件列表视图

具体实现代码如下：

实例演示：(源代码位置：ch10\ch10－1\WebRoot\professor\ paperlist.jsp)

```
<s:form name="paperlist" theme="simple">
  <table width="100%" border="0" cellpadding="0" cellspacing="1" bgcolor="b5d6e6">
    <tr>
      <td bgcolor="#FFFFFF" colspan="5" height="30">
      <span class="STYLE1"> <b>待审稿件列表:</b></span></td></tr>
    <tr>
      <td width="5%" bgcolor="#FFFFFF" height="30" align="center">
      <span class="STYLE1">稿件编号</span></td>
      <td width="30%" bgcolor="#FFFFFF" align="center">
      <span class="STYLE1">中文标题</span></td>
      <td width="10%" bgcolor="#FFFFFF" align="center">
      <span class="STYLE1">关键字</span></td>
      <td width="10%" bgcolor="#FFFFFF" align="center">
      <span class="STYLE1">作者姓名</span></td>
      <td width="10%" bgcolor="#FFFFFF" align="center">
      <span class="STYLE1">稿件状态</span></td></tr>
      <s:iterator value="#session.papers"id="papers">
    <tr>
      <td width="5%" bgcolor="#FFFFFF" height="30" align="center">
```

```
        <span class="STYLE1">
        <a href="paperhandle.action? paperid=<s:property value='#papers.paperID'/>">
        <s:property value="#papers.paperID" /></a></span></td>
        <td width="30%" bgcolor="#FFFFFF" align="center">
        <span class="STYLE1"><s:property value="#papers.titleCN" /></span></td>
        <td width="10%" bgcolor="#FFFFFF" align="center">
        <span class="STYLE1"><s:property value="#papers.keyword" /></span></td>
        <td width="10%" bgcolor="#FFFFFF" align="center">
        <span class="STYLE1"><s:property value="#papers.author"/></span></td>
        <td width="10%" bgcolor="#FFFFFF" align="center">
        <span class="STYLE1"><s:property value="#papers.status"/></span></td></tr>
      <tr>
        <td height="24"  bgcolor="#FFFFFF" align="center" colspan="5">
        <INPUT style="CURSOR: hand"  type="submit" value=保存>
          <INPUT style="CURSOR: hand" type=reset value=重置></td></tr>
    </table>
  </s:form>
```

10.10.2 获评审稿件信息 Struts2 控制

由上面的待审稿件列表中获取评审稿件的 ID，然后在 Action 中查询找到数据库中对应的论文记录，并返回 Paper 对象。具体实现代码如下：

实例演示：（源代码位置：ch10\ch10－1\src\struts\ PaperHandle.java）

```
public class PaperHandle  extends ActionSupport implements  ServletRequestAware, ServletRespon-
seAware{
    private static final long serialVersionUID = 1L;
    private HttpServletRequest request;
    private HttpServletResponse response;
    public void setServletRequest(HttpServletRequest request){
        this.request=request;
    }
    public void setServletResponse(HttpServletResponse response){
        this.response=response;
    }
    public String execute() throws Exception{
        Connection conn=null;
        PreparedStatement pstmt = null;
        ResultSet rs = null;
        Paper paper=new Paper();
        String paperid=request.getParameter("paperid");
        String sql="select * from paper where paperid=?";
        try{
```

```
        conn=DB.getConn();
        pstmt = conn.prepareStatement(sql);
        pstmt.setString(1,paperid);
        rs=pstmt.executeQuery();
        if(rs.next()){
          paper.setPaperID(rs.getInt("paperID"));
          paper.setAuthor(rs.getString("author"));
          paper.setTitleCN(rs.getString("titleCN"));
          paper.setTitleEN(rs.getString("titleEN"));
          paper.setSummaryCN(rs.getString("summaryCN"));
          paper.setSummaryEN(rs.getString("summaryEN"));
          paper.setKeyword(rs.getString("keyword"));
          paper.setSubject(rs.getString("subject"));
          paper.setPublish(rs.getString("publish"));
          paper.setFile(rs.getString("file"));
          paper.setStatus(rs.getString("status"));
        }else{
          return INPUT;
        }
      }catch(SQLException e){
        e.printStackTrace();
        return INPUT;
      }
      request.setAttribute("paper", paper);
      return SUCCESS;
    }
}
```

建立 PaperHandle 控制类后，需要在 struts.xml 文件中进行配置。代码如下：

```
<action name="paperhandle" class="struts.PaperHandle">
  <result name="success">/professor/paperhandle.jsp</result>
  <result name="input">/professor/index.jsp</result>
</action>
```

10.10.3 专家评审视图

由上面 PaperHandle 控制类获取要评审稿件的详细信息，显示到专家评审视图中，并在视图中提供专家对稿件处理的意见和稿件评审意见。专家评审视图如图 10－11 所示。

具体实现代码如下：

实例演示：(源代码位置：ch10\ch10－1\WebRoot\professor\ paperhandle.jsp)

```
<s:form name="addauthorForm" method="post" action="" theme="simple">
  <table width="100%" border="0" cellpadding="0" cellspacing="1" bgcolor="b5d6e6">
    <tr>
```

```
            <td bgcolor="#FFFFFF" colspan="3" height="30">
            <span class="STYLE1"> <b>稿件评审:</b></span></td></tr>
          <tr>
            <td width="5%" bgcolor="#FFFFFF" rowspan="7"></td>
            <td width="10%" bgcolor="#FFFFFF" height="30">
            <span class="STYLE1">稿件编号</span></td>
            <td width="85%" bgcolor="#FFFFFF"><s:property value="#request.paper.paperID" />
</td></tr>
          <tr>
            <td width="10%" bgcolor="#FFFFFF" height="30">
            <span class="STYLE1">中文标题</span></td>
            <td width="85%" bgcolor="#FFFFFF"><s:property value="#request.paper.titleCN" />
</td></tr>
          <tr>
            <td width="10%" bgcolor="#FFFFFF" height="30">
            <span class="STYLE1">关键字</span></td>
            <td bgcolor="#FFFFFF"><s:property value="#request.paper.keyword" /></td></
tr>
          <tr>
            <td width="10%" bgcolor="#FFFFFF" height="30">
            <span class="STYLE1">稿件</span></td>
            <td bgcolor="#FFFFFF"><img src="images/word.png"/> <a href="<s:property value
='#request.paper.file' />">稿件</a></td></tr>
          <tr>
            <td width="10%" bgcolor="#FFFFFF" height="30">
            <span class="STYLE1">稿件处理意见</span></td>
            <td bgcolor="#FFFFFF"><s:select id="status" name="status" list="{'建议录用','建议
修改后录用','建议退稿'}" headerKey="1" headerValue="-- 请选择 --"/></td></tr>
          <tr>
            <td width="10%" bgcolor="#FFFFFF" height="30">
            <span class="STYLE1">评审意见</span></td>
            <td bgcolor="#FFFFFF"><s:textarea id="suggestion" name="suggestion" cols="80"
rows="5"></s:textarea></td></tr>
          <tr>
            <td height="24"  bgcolor="#FFFFFF" align="center" colspan="7">
            <INPUT style="CURSOR: hand"  type="submit" value=保存>
              <INPUT style="CURSOR: hand" type=reset value=重置></td></tr>
        </table>
    </s:form>
```

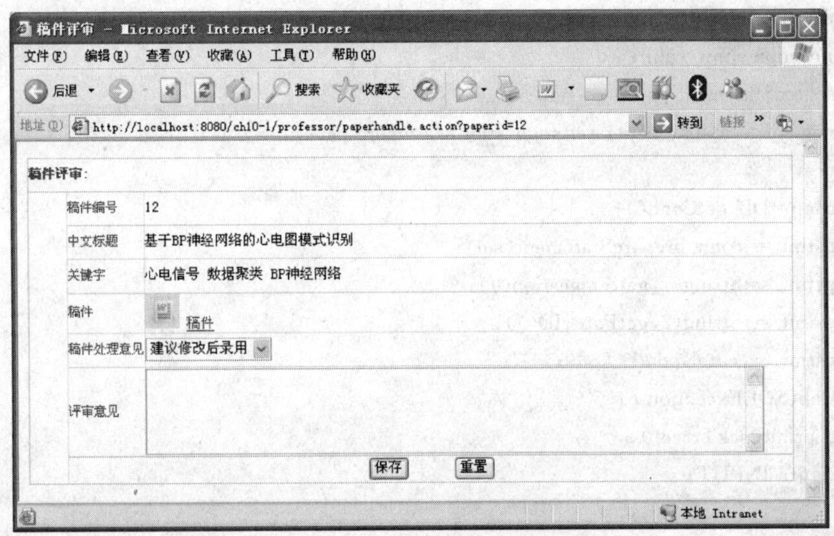

图 10 - 11　专家评审视图

10.10.4　专家评审 Struts2 控制

此 Action 类实现将专家对稿件的处理意见和评审意见存储到和 PaperID 一致的数据库中。具体实现代码如下：

实例演示：(源代码位置：ch10\ch10 - 1\src\struts\ PaperHandled. java)

```
public class PaperHandled extends ActionSupport{
  private static final long serialVersionUID = 1L;
  private String paperid;
  private String status;
  private String suggestion;
  public String getPaperID(){
    return this.paperid;
  }
  public void setPaperID(String paperid){
    this.paperid=paperid;
  }
  public String getStatus(){
    return this.status;
  }
  public void setStatus(String status){
    this.status=status;
  }
  public String getSuggestion(){
    return this.suggestion;
  }
  public void setSuggestion(String suggestion){
    this.suggestion=suggestion;
  }
```

```
    public String execute() throws Exception{
        Connection conn=null;
        PreparedStatement pstmt = null;
        String sql="update paper set suggestion=? where paperid=?";
        try{
            conn=DB.getConn();
            pstmt = conn.prepareStatement(sql);
            pstmt.setString(1,getSuggestion());
            pstmt.setString(2,getPaperID());
            pstmt.executeUpdate();
        }catch(SQLException e){
            e.printStackTrace();
            return INPUT;
        }
        return SUCCESS;
    }
}
```

建立 PaperHandled 控制类后，需要在 struts. xml 文件中进行配置。代码如下：

```
<action name="paperhandled" class="struts.PaperHandle">
    <result name="success">/professor/paperhandle.jsp</result>
    <result name="input">/professor/index.jsp</result>
</action>
```

10.10.5 专家评审表单验证

首先定义一个专家评审表单验证的验证器文件，文件的名字要与 PaperHandled 控制器统一起来，也就是验证器文件名为 PaperHandled-validation. xml，并将此文件放在 PaperHandled 同一目录下。实现的验证功能为：评审意见不能为空。实现代码如下：

```
<validators>
    <field name="suggestion">
        <field-validator type="requiredstring">
            <param name="trim">true</param>
            <message key="suggestionMess">评审意见不能为空！</message>
        </field-validator>
    </field>
</validators>
```

10.11 习　题

1. 简要叙述视图、控制器之间的关系。
2. 修改作者登录表单验证为手工验证。
3. 继续完善稿件管理系统。

参考文献

[1] Elisabeth Freeman, Eric Freema. 深入浅出 HTML 与 CSS、XHTML[M]. 英文影印版. 南京:东南大学出版社,2006.

[2] 陈华. ajax 从入门到精通[M]. 北京:清华大学出版社,2008.

[3] 孙卫琴. Tomcat 与 Java Web 开发技术详解[M]. 北京:电子工业出版社,2009.

[4] (美)Donald Brown, Chad Michael, Davis Scott. Struts2 实战[M]. 北京:人民邮电出版社,2010.

参考文献

[1] Elisabeth Freeman, Eric Freeman. 深入浅出 HTML 与 CSS、XHTML[M]. 英文影印版. 南京:东南大学出版社,2005.

[2] 陈华. Ajax 从入门到精通[M]. 北京:清华大学出版社,2008.

[3] 孙卫琴. Tomcat 与 Java Web 开发技术详解[M]. 北京:电子工业出版社,2009.

[4] (美)Donald Brown, Chad Michael Davis, Scott. Struts2 实战[M]. 北京:人民邮电出版社,2010.